JN174551

FPGAの原理と構成

天野英晴 ── 編

尼崎太樹・飯田全広・泉知論・長名保範・佐野健太郎・
柴田裕一郎・末吉敏則・中原啓貴・張山昌論・丸山勉・
密山幸男・本村真人・山口佳樹・渡邊 実 共著

「FPGAの原理と構成」

編者・執筆者一覧

編　　者	天野　英晴	(慶應義塾大学)	
執 筆 者	尼崎　太樹	(熊本大学)	[3章]
(五十音順)	飯田　全広	(熊本大学)	[2章, 5章]
	泉　　知論	(立命館大学)	[4章]
	長名　保範	(琉球大学)	[7章]
	佐野健太郎	(東北大学)	[6章]
	柴田裕一郎	(長崎大学)	[3章]
	末吉　敏則	(熊本大学)	[1章]
	中原　啓貴	(東京工業大学)	[6章]
	張山　昌論	(東北大学)	[8章]
	丸山　　勉	(筑波大学)	[7章]
	密山　幸男	(高知工科大学)	[4章]
	本村　真人	(北海道大学)	[8章]
	山口　佳樹	(筑波大学)	[7章]
	渡邊　　実	(静岡大学)	[8章]

はじめに

FPGA（Field Programmable Gate Array）を中心としたプログラム可能な IC は，近年，最もダイナミックに発展を遂げた電子部品であり，スマートフォン，タブレット，自動車，地デジ，オーディオ，ネットワーク機器，コンピュータ，ほとんどの家電に使われています．世界の最先端プロセスを牽引するデバイスであり，メモリ，プロセッサ，各種入出力を取り込み，1 個のチップで大規模システムを実現できるようになってきています．

ところが，これだけ一般的に使われている電子部品にもかかわらず，その知名度の低さは嘆かわしいほどです．マイクロプロセッサ CPU や，システム LSI が最先端の電子デバイスのイメージで受け入れられているのに対して，FPGA は世間一般に知られていないだけではなく，工学部の学生ですら，少し専門をはずれると全く知らなかったりします．これは，最初期の FPGA が，専用目的のシステム LSI に比べて，遅く，消費電力が大きく，コストが高かったため，特に日本のメーカから重んじられていなかったことが大きいです．さらに，内部構造が単純であり，設計技術も簡単で従来の LSI チップ設計のサブセットと考えられていたこともあると思います．このため，FPGA は，ディジタル回路のテキストの最後の数ページに少し紹介されるだけ，大学でもディジタル回路の講義の最後の一コマや学生実験で扱うだけに終わる場合が多いです．

しかし，いまや FPGA は，標準ディジタル IC とシステム LSI を駆逐し，ディジタルシステム構築の主役に躍り出ています．この構造と特徴を理解し，使いこなすことは IT 製品の開発にとって必須の知識と技能といえます．FPGA は独自の発達を遂げたデバイスであり，その構造，設計手法，設計環境，応用手法は通常の LSI 設計とは異なっています．LSI 設計のプロフェッショナルでさえ，FPGA を馬鹿にして掛かるとその能力を十分に引き出すことができません．

本書は，FPGA をはじめとするプログラム可能な IC に関して，歴史，構造，アーキテクチャ技術，設計環境，設計手法，ハードウェアアルゴリズム，入出力，応用システム，新しいデバイスを含むすべてを紹介します．執筆は，電子情報通信学会リコンフィギャラブルシステム研究会の主要メンバーにお願いし，最先端の知識を盛り込んでいます．これ 1 冊で FPGA とリコンフィギャラブルシステムのすべてがわかります．

本書は，大学，高校，高専の学生を主たる読者対象としており，ディジタルシステムの基礎，プログラム可能な論理の基礎から始めています．しかし，一部は非常に高度な最先端の内容を含んでおり，実際にFPGAを使っている技術者にも役に立つように書かれています．

1章で本書を理解するのに必要な基本知識を紹介します．この章は最後にFPGAの歴史を概観していますが，これはこの分野をよくご存知の方にも是非一読をお勧めしたいです．2章はFPGAの概要を紹介する部分で，入門者はこの前半だけでFPGAとプログラム可能なICについて理解できます．後半はかなり高度な内容を含んでいます．3章ではFPGAの構成を深く掘り下げます．この章はプロフェッショナル向きです．ここまでがFPGAの基本と構造を紹介する部分です．

4章で設計フローとツールを最新の高位合成技術を含めて紹介します．FPGAをこれから利用される方の入門的な部分となっています．5章は設計用CADツールの中身について，紹介します．この章はプロ向けで，FPGAの設計用CADツールが一般的なLSIの設計ツールとは違った独自の手法を取っていることがご理解いただけると思います．

6章ではFPGAに搭載するハードウェアアルゴリズムを紹介します．FPGAの力を十分発揮させるためには効率の良いハードウェアアルゴリズムを利用することが必要不可欠です．7章では実際の応用事例を紹介します．金融，ビッグデータ，バイオ，宇宙開発に至るまで，FPGAのもっている大きな可能性をご理解いただけると思います．8章はFPGAの入出力，光との組合せ，粗粒度リコンフィギャラブルシステム，非同期FPGAなど新しい技術動向を紹介します．

FPGA初学者は1章，2章前半，4章をお読みいただければFPGAに関する基本的な知識が得られます．一方，FPGAをもう使っておいでの方も3章，5章をお読みになれば，より深い知識が得られますし，6章から8章は今後の設計や製品企画のお役に立てると思います．

FPGA，プログラマブルICは，電子工作好きの若い方々には夢のデバイスといって良いでしょう．はんだ付けなど必要なしに，数百円のチップと無料のツールを使って驚くべきディジタルシステムを作ることができます．本書を読んで，なるべく多くの方々にこの素晴らしいデバイスの魅力を知っていただければ幸いです．

2016年3月

編者　天野英晴

目　　次

1章　FPGAを理解するための基本事項

2章　FPGAの概要

3章　FPGAの構成

4章 設計フローとツール

5章　設 計 技 術

6章　ハードウェアアルゴリズム

7章 PLD/FPGAの応用事例

8 章　新しいデバイス，アーキテクチャ

1章　FPGAを理解するための基本事項

1・1　論理回路の基礎

FPGA (Field Programmable Gate Array) は，論理仕様をプログラムすることによって，ユーザ所望の論理回路を実現できる論理デバイスである．FPGA の設計や構造を理解する準備として，最初に論理回路の基礎を簡潔に述べる(1)〜(3)．

1・1・1　論 理 代 数

論理代数では，変数はすべて 0 と 1 のどちらかの論理値を取る．論理代数は，論理値 $(0, 1)$ に関する，論理積（AND），論理和（OR），否定（NOT）の三つの演算からなる代数系として定義され，ブール代数とも呼ばれる．

論理積，論理和，否定は**表 1・1** で定義される二項演算および単項演算である．ここでは，三つの論理演算それぞれに "·"，"+"，"¯" という演算子記号を用いる．論理積 $x \cdot y$ は，x と y がともに 1 のとき，その値が 1 となる演算である．論理和 $x + y$ は，x と y の少なくとも一方が 1 のとき，その値が 1 となる演算である．また，否定 $\overline{x}$ は論理値の逆元を表す単項演算であり，x が 0 であればその値が 1 となり，x が 1 であればその値が 0 となる演算である．

また，論理代数は**表 1・2** に示す定理を満たす．ここで = の記号は両辺の計算結果が常に等しい，すなわち等価であることを表す．論理値の 0 と 1，論理積と

表 1・1—論理演算（ブール代数の公理）

論理積 (·)	論理和 (+)	否定 (¯)
$0 \cdot 0 = 0$	$0 + 0 = 0$	$\overline{0} = 1$
$0 \cdot 1 = 0$	$0 + 1 = 1$	
$1 \cdot 0 = 0$	$1 + 0 = 1$	$\overline{1} = 0$
$1 \cdot 1 = 1$	$1 + 1 = 1$	

表1・2—ブール代数の定理

零元 $x \cdot 0 = 0,\ x + 1 = 1$	単位元 $x \cdot 1 = x,\ x + 0 = x$
べき等則 $x \cdot x = x,\ x + x = x$	相補則 $x \cdot \overline{x} = 0,\ x + \overline{x} = 1$
二重否定 $\overline{\overline{x}} = x$	交換則 $x \cdot y = y \cdot x,\ x + y = y + x$
結合則 $(x \cdot y) \cdot z = x \cdot (y \cdot z),\ (x + y) + z = x + (y + z)$	
分配則 $x \cdot (y + z) = (x \cdot y) + (x \cdot z),\ x + (y \cdot z) = (x + y) \cdot (x + z)$	
吸収則 $x + (x \cdot y) = x,\ x \cdot (x + y) = x$	
ド・モルガンの法則（De Morgan's laws） $\overline{x + y} = \overline{x} \cdot \overline{y},\ \overline{x \cdot y} = \overline{x} + \overline{y}$	

論理和を交換した論理体系が元の論理体系と同一視できることを「双対」と呼ぶ．論理代数では，ある定理が成り立つならば，その双対もまた成り立つ．

1・1・2　論　理　式

論理演算子と任意の個数の論理変数と，必要に応じて括弧や定数値0，1を組み合わせて計算手順を表した式を，論理式と呼ぶ．n 個の論理変数 $x_1, x_2, x_3, \cdots, x_n$ を扱う論理式は，各々の論理変数に0，1の論理値を代入する任意の組合せ（全部で 2^n 通り）に対して，論理式の計算手順に従い，0，1いずれかの計算結果をもたらす．つまり論理式は，論理機能を表現するある論理関数 $F(x_1, x_2, x_3, \cdots, x_n)$ を定義していることになる．なお，括弧による指定がない場合には，論理積は論理和よりも優先して計算される．また，論理積の演算子 “$\cdot$” は省略されることがある．

任意の論理関数は論理式により表現できるが，同じ論理関数を表現する論理式は多数存在する．そこで，論理式の形式に制約を与えて，論理関数と論理式が1対1に対応するようにしたものを論理式の標準形と呼ぶ．

論理変数および変数の否定をリテラル（literal）と呼ぶ．リテラルの論理積（ただし，同じ変数のリテラルが2個以上含まれないもの）を積項，また積項の論理和からなる論理式を積和形という．すべての変数のリテラルを含む積項を最小項と呼び，最小項だけからなる積和形が積和標準形（加法標準形）である．

論理積と論理和の構成を反転させた和積形も存在する．リテラルの論理和（ただし，同じ変数のリテラルが 2 個以上含まれないもの）を和項という．また，和項の論理積からなる論理式を和積形という．すべての変数のリテラルを含む和項を最大項と呼び，最大項だけからなる和積形が和積標準形（乗法標準形）である．

1・1・3　真理値表

論理関数の表現法には，論理式のほかにも，真理値表や論理ゲート（次項参照）がよく知られている．論理関数のすべての入力組合せに対する出力値を列挙した表を，真理値表と呼ぶ．組合せ回路の場合，入力がとり得る値の組合せごとに出力値を定義すれば，仕様を完全に記述できる．この仕様は通常，真理値表として記述される．入力の数が n 個ある場合，真理値表の組合せ項目の数は 2^n となる．入力値の組合せ項目ごとに，対応するすべての出力値を記入する．

真理値表は，論理関数を一意に表現する．一方，論理式は論理関数の一意な表現ではない．一つの論理式はただ一つの論理関数を表現するが，一つの論理関数は何通りもの等価な論理式で表現できる．真理値表で定義された動作をその通り実行する回路がルックアップ・テーブル（Look-Up Table：LUT）であり，現在の FPGA において主流となっている基本要素である．

真理値表から論理式を導く方法としては，積和形と和積形の二つがある．積和形では，真理値表の出力が 1 となるところの入力変数の論理積（最小項）をとり，それらの最小項すべてについての論理和を求めることによって積和標準形の論理式を導ける．一方，和積形では，真理値表の出力が 0 となるところの入力変数を論理否定して論理和（最大項）をとり，それらの最大項すべてについて論理積を求めることによって和積標準形の論理式を導ける．真理値表から論理式を求める例を**図 1・1** に示す．

1・1・4　組合せ回路

論理回路は記憶素子を含むか否かによって，組合せ回路と順序回路に大別される．記憶素子を含まない組合せ回路は，その時点での入力のみにより出力（論理関数の値）が決まる．組合せ回路は，いくつかの入力信号といくつかの出力信号をもち，論理積（AND），論理和（OR），否定（NOT）などの基本的な論理関数を計算する論理ゲート（gate）と，それらを接続する配線からなる．論理積，論理

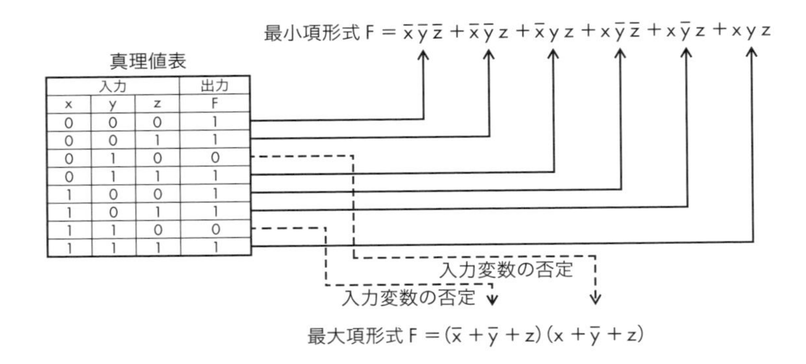

x	y	z	F
0	0	0	1
0	0	1	1
0	1	0	0
0	1	1	1
1	0	0	1
1	0	1	1
1	1	0	0
1	1	1	1

図1・1—真理値表から論理式を求める例

和，否定の三つの演算に対応した論理ゲートを，それぞれANDゲート，ORゲート，NOTゲートと呼ぶ．このほか，よく知られた二項演算としてNANDゲート，NORゲート，EXORゲートが存在する．NANDゲートは否定論理積，NORゲートは否定論理和，そしてEXORゲートは排他的論理和を計算する．これら論理ゲートのシンボル（MIL記号），真理値表，論理式を**表1・3**に示す．ここでは，排他的論理和の演算子記号に“⊕”を用いている．表では二項演算について2入力のゲートを示しているが，3入力以上のものも用いられる．また，現在のLSIの主流であるCMOSでは基本のNAND，NORのほか，OR-AND-NOTやAND-OR-NOTなどの複合ゲートがある．

任意の論理回路は積和形論理式で表現できる．したがって，任意の組合せ回路はNOT-AND-OR形式の組合せ回路で，任意の論理関数を実現できる．これをAND-OR二段論理回路，もしくはAND-ORアレイと呼ぶ．AND-OR二段論理回路を実現するデバイスとして，PLA（Programmable Logic Array）がある．

1・1・5　順序回路

記憶素子を含む論理回路を順序回路と呼ぶ．組合せ回路は現在の出力が現在の入力だけから決まる論理回路であるのに対し，順序回路は現在の出力が現在の入力だけから決まらない論理回路である．すなわち，順序回路とは過去の状態が現在の出力に影響する論理回路である．

順序回路は，出力や内部状態がクロック信号に同期して一斉に変化する同期式順

表 1・3—論理ゲートのシンボル，真理値表，論理式

論理演算	シンボル	真理値表	論理式
AND		x y | z 0 0 | 0 0 1 | 0 1 0 | 0 1 1 | 1	$z = x \cdot y$
OR	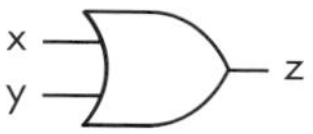	x y | z 0 0 | 0 0 1 | 1 1 0 | 1 1 1 | 1	$z = x + y$
NOT	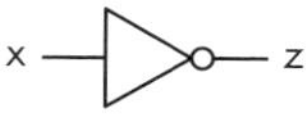	x | z 0 | 1 1 | 0	$z = \overline{x}$
NAND		x y | z 0 0 | 1 0 1 | 1 1 0 | 1 1 1 | 0	$z = \overline{x \cdot y}$
NOR	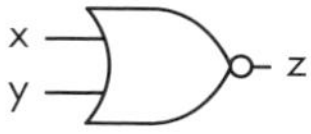	x y | z 0 0 | 1 0 1 | 0 1 0 | 0 1 1 | 0	$z = \overline{x + y}$
EXOR	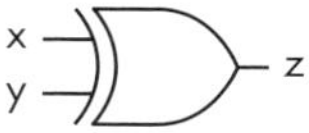	x y | z 0 0 | 0 0 1 | 1 1 0 | 1 1 1 | 0	$z = \overline{x} \cdot y + x \cdot \overline{y}$ $= x \oplus y$

序回路と，クロックを用いない非同期式順序回路に大別される．ここでは，FPGAの設計で一般的に用いられる同期式順序回路を扱うことにし，非同期式順序回路については割愛する．

順序回路の出力値は入力値と記憶されている値の両方で決まる．すなわち，順序回路とは過去の入力値に依存する状態が現在の出力値に影響する論理回路であり，**図 1・2** に示すような有限オートマトンのモデルで表現される．図 (a) のモデルをミーリ（Mealy）型順序回路，図 (b) のモデルをムーア（Moore）型順序回路という．順序回路の出力は，ミーリ型では内部状態と入力の両方により決まるの

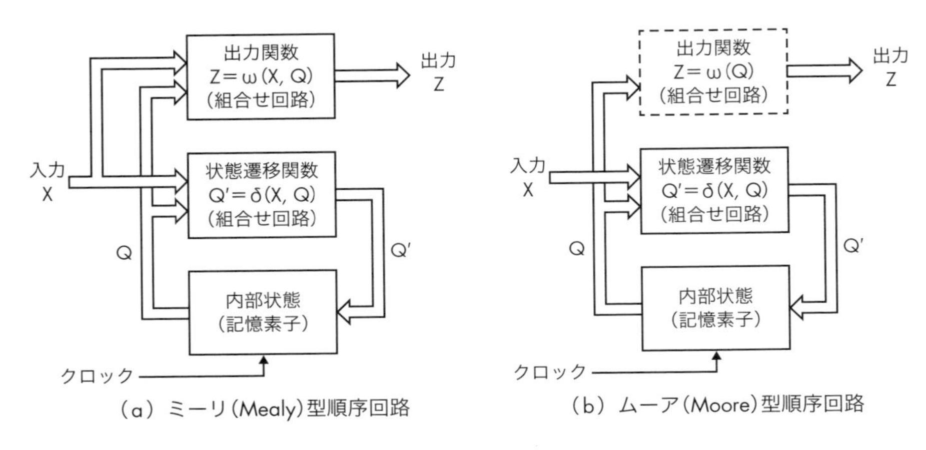

図 1・2―順序回路のモデル

に対し，ムーア型では内部状態だけで決まる．両者を比較すると，ミーリ型はムーア型よりも一般に少ない状態数で実現できるため回路規模を抑えられるが，入力に対して即座に応答するため論理素子や配線長の違いによる信号の遅延などが原因で信号が競争するような予期せぬ出力の変化が先に出てきて誤動作（ハザード）が生じやすい．一方，ムーア型は状態の出力を直接利用することができるので高速動作が可能となり，出力にハザードが生じにくいが，状態数が多くなるため回路規模が大きくなる．

1・2　同期設計

同期設計とは，システムの状態がクロックに同期して変化するものと理想化することによって設計を簡単化するものであり，FPGA 設計の基本となる．

1・2・1　フリップフロップ

順序回路の記憶素子として，フリップフロップ（Flip Flop：FF）と呼ばれる 1 ビットの記憶素子を用いる．FPGA 内の論理ブロックに組み込まれている D フリップフロップ（D-FF）は，入力の変化がクロックの立ち上がり（もしくは，立ち下がり）で出力に伝わるエッジトリガタイプである．D-FF のシンボルと真理値表を**図 1・3** に示す．D-FF は CLK 端子（クロック）の立ち上がりエッジで D 入力の値が Q 出力として保持される．

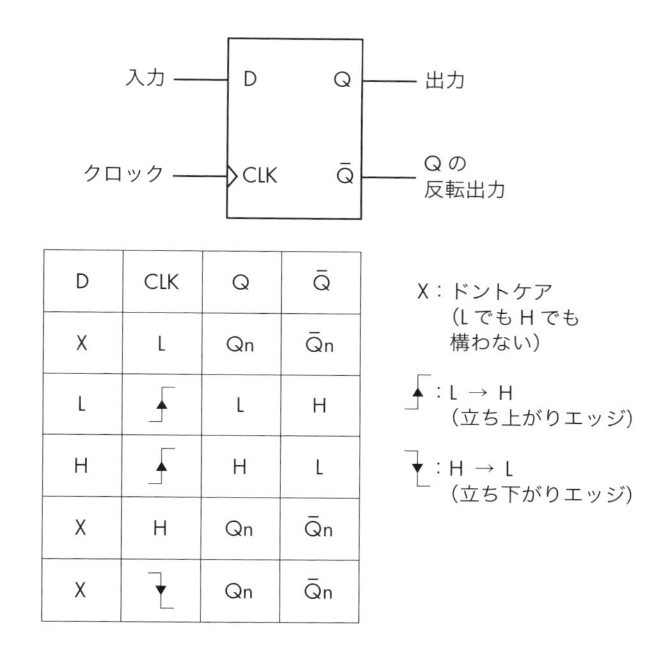

D	CLK	Q	$\bar{Q}$
X	L	Qn	$\bar{Q}$n
L	↑	L	H
H	↑	H	L
X	H	Qn	$\bar{Q}$n
X	↓	Qn	$\bar{Q}$n

図 1・3—D フリップフロップ

1・2・2　セットアップ時間，ホールド時間

D-FF の回路構造は，CMOS の場合，**図 1・4** に示すようにトランスファゲートとインバータ（NOT ゲート）を 2 個使ったループ回路（ラッチ）とが前後に 2 重になったマスタースレーブ構成をとる．トランスファゲートはスイッチの役割を果たし，CLK の状態値によってオンやオフになる．出力だけをみればクロック

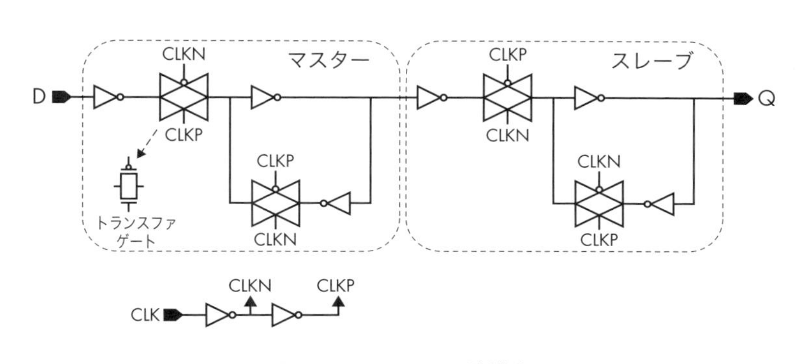

図 1・4—D-FF の回路構造

入力に合わせて前段の結果を後段に伝える動作だけを整然と行っている．前段のラッチでは，クロックの遷移直後は入力信号にハザードが現れることを考慮して，外部入力が安定するクロックの逆位相で情報を前段に取り込む．D-FF の動作を**図 1・5** に示す．

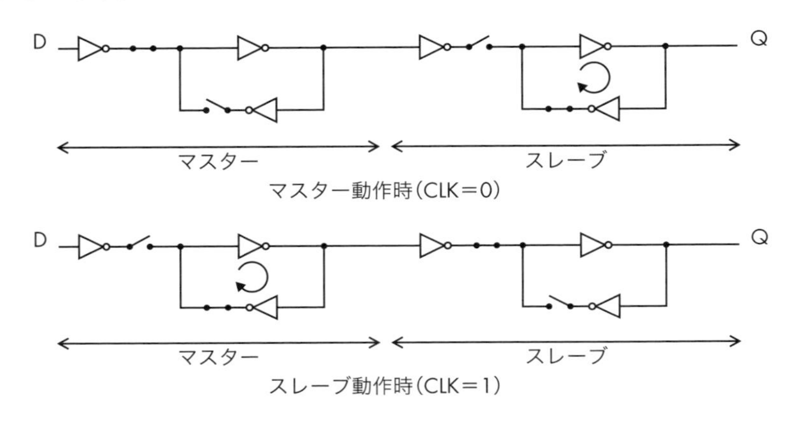

図 1・5—D-FF の動作

CLK＝0（マスター動作時）では，前段のラッチに D 入力を格納し，後段のラッチで前サイクルのデータを保持する．前段と後段のインバータループを接続するトランスファゲートはオフなので信号は伝わらない．CLK＝1（スレーブ動作時）では，前段のインバータループに保持したデータを後段へ伝送し，D 入力から信号は入ってこない．このときに，信号が前段のインバータループを 1 周していないと，**図 1・6** のように信号が 0 と 1 の間を揺れて中間電位，いわゆるメタステーブル（metastable）になる[(4)]．メタステーブルは遅延時間より長いのでデータを取り損なうことがあり，このためにセットアップ時間の制約がある．

また，CLK＝1 にして D 入力が閉まる直前に D 入力が変化すると，次のサイクルで取り込まれるはずのデータを速く取り込んだり，インバータループで発振やメタステーブルが起きるので，CLK＝1 になった後でも D 入力はしばらく安定している必要がある．このために，ホールド時間の制約がある．

FPGA 内のすべての FF には，それぞれが入力時のデータを正しく取り入れて，出力信号を生成できるように，セットアップ時間やホールド時間などのタイミング制約が定義される．

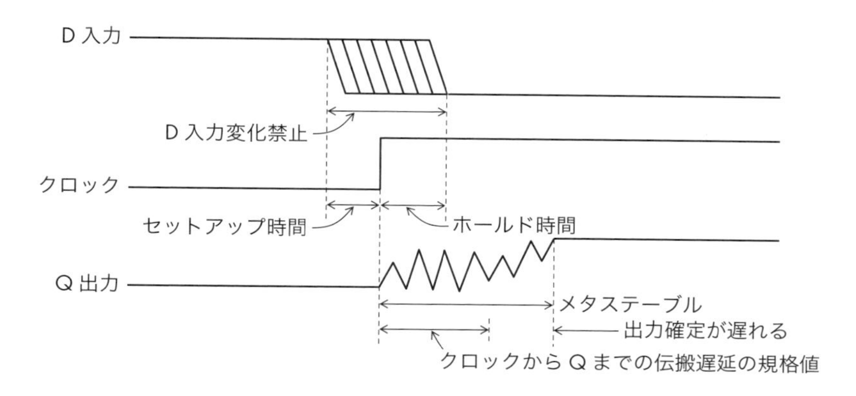

図 1・6—セットアップ時間とホールド時間

1・2・3　タイミング解析

ハードウェア記述言語（HDL）による RTL（Register Transfer Level）記述をネットリスト（ゲート間の配線情報）に変換する工程を論理合成と呼ぶ．また，論理合成によってネットリストに変換された回路を，FPGA 内部で実際にどのように埋め込むかを決める工程を配置配線という．FPGA の内部には，あらかじめ決められた回路が規則正しく並んでおり，回路と回路を繋ぐための配線も用意されている．FPGA の設計工程では，論理合成により変換された FPGA 用の回路をどこに置き，回路同士を繋ぐための配線をどの経路で繋ぐかを決定する．

設計した回路の正常な動作を確認するためには，機能（論理）の正しさを保証するばかりではなく，タイミング的にも問題がないことを確認することが必要である．FPGA の設計では論理合成と配置配線を同時に行い，作成する回路を評価して決定する．論理の正しさは RTL 記述のシミュレーションを実施し，機能検証を行う．性能的な評価には，シミュレーションのテストベンチのようにそれぞれの論理素子の論理値まで考慮して遅延を評価する動的なタイミング解析では計算量が多くなるため，静的なタイミング解析（Static Timing Analysis：STA）が行われる．STA はネットリストがあれば適用可能であり，網羅的な検証を行うことができる．しかも，解析のためには回路のトポロジーについて原理的には 1 回だけのトレースを必要とするのみであるため高速である．最近の回路の大規模化によって，FPGA に限らず，一般に EDA ツールでは要求された速度で回路が動作するかを確認するため，STA の手法が用いられる．

タイミング解析にはセットアップ解析とホールド解析があり，タイミング検証を行うことができる．タイミング検証とは，FPGA に実装する設計データがタイミング制約（タイミングに関する設計要求）によって見積もった遅延の条件を満たしているかどうかを検証することである．配線による遅延は，FPGA 用の回路が FPGA 上においてどこに配置され，どの配線が使われるかに左右され，配置配線ツールのコンパイル結果に依存する．FPGA の性能とゲート数に余裕がある場合は設計が容易であるが，実装する論理回路の規模がぎりぎりの場合には配置配線にかなりの時間を要する場合もある．タイミング解析では，すべての経路について素子遅延や配線遅延を考慮したタイミングマージンをチェックし，セットアップ時間とホールド時間の制約を満たすように設計しなければならない．

1・2・4　単相クロック同期回路

配置配線に自由度がある FPGA では同期設計が基本となり，基本的に同期設計の回路が STA の対象である．STA は検証速度が非常に高速である反面，扱える回路構成に制約がある．すなわち，遅延解析の始点と終点が同じクロックが入力される FF であることを前提としており，その間にある論理素子それぞれの遅延値を積算して検証を行う．配線による遅延が同一値ではないので，出力データの変化点に差が発生する．よって，FPGA 設計は**図 1・7** のように，入力される信号をいったん FF で受けて，出力する信号を必ず FF で出力し，同相クロックですべての FF を駆動する回路が基本である．つまり，同一クロックの同一エッジに同期して動作する回路系であり，反相クロック（反転したクロックや逆エッジ）は同一クロックと見なさない．基本的には，単一クロック同期が望ましい．

同期設計の前提条件は，すべての FF に同時にクロックが分配されることであるが，現実のクロック信号は総配線長も非常に長いものになるため厳密には同時

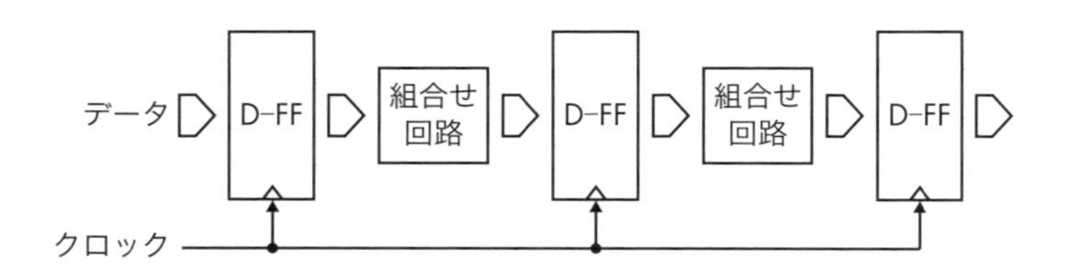

図 1・7—単相クロック同期回路

ではなく，クロックが駆動すべき負荷（ファンアウト数）や配線遅延によりFFごとに時間差がある．このずれのことをスキュー（skew）と呼ぶ．また，クロックエッジの位置が，オシレータの変動や信号波形の歪みによって平均位置からばらつくジッタ（jitter）もある．クロックが同時であるとは，このスキューやジッタが一定値以下に管理されているということである．

クロックスキューは論理ゲートの遅延時間と同様に，サイクルタイムに影響を及ぼす．このため，集積回路のタイミング設計における重要な要素の一つがクロックの設計である．FPGA の場合，あらかじめ階層的なクロックツリーが配線済みとなっており，クロックをチップ全体の FF へ低スキューで分配できるように駆動能力の高い専用配線（グローバルバッファ）が備わっているため，ASIC 設計に比べればタイミング設計の難易度が低いという利点がある．

1・3　FPGA の位置付けと歴史

本節では，本書の主題である FPGA について論理デバイスにおける位置付けを説明し，30 年余りに及ぶ普及・発展の変遷について述べる[(5)～(10)]．

1・3・1　FPGA の位置付け

論理デバイス（ロジック IC）には，**図 1・8** に示すように大きく分けて標準デバイスとカスタム IC がある．一般に，論理デバイスの性能（動作速度），集積度（ゲート数），設計の自由度はカスタムに近づくほど有利になる反面，デバイスの設計・製造にかかる開発費（Non-Recurring Engineering：NRE コスト）と，受注してから納品までのターンアラウンドタイム（Turn Around Time：TAT）に関しては不利になる．

カスタム IC は，セルの段階から設計を行うフルカスタム IC と，最適設計された標準セルを使用して 1 チップ化を可能にするセミカスタム IC に大別できる．セミカスタム IC には，標準セルライブラリを使用して設計を行うセルベース ASIC，標準セルを並べたマスタスライス（配線工程前まで完成されたウェハ状態）を作っておいて配線工程のみで最終製品とするゲートアレイ，セルベースとゲートアレイの折衷型であるエンベデッドアレイ，ゲートアレイの下地に加え SRAM やクロック用 PLL などの汎用機能ブロックをあらかじめ組み込み，最小限の設計で対応できるようにしたストラクチャード ASIC など，NRE コスト低減や短 TAT

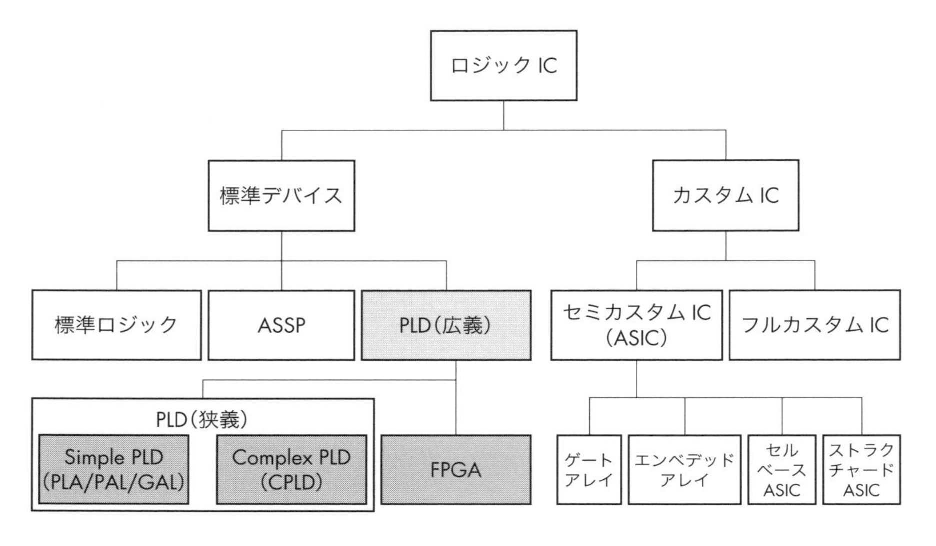

図 1・8—FPGAの位置付け

を工夫した種類がある．

一方，標準デバイスでは，カスタム化できない特定用途向け汎用ICのASSPなどと異なり，論理仕様をプログラムすることによって，種々の論理回路を実現できるロジックデバイスを総称してプログラマブル・ロジック・デバイス（Programmable Logic Device：PLD）と呼ぶ．PLDの“プログラム可能な論理回路”という基本的機能は，ユーザの手元でカスタム化できる機能や“書換え自由”という特徴を加えて大きく発展してきた．

FPGAとは，デバイス内の論理ブロックを複数組み合わせて所望の論理回路を実現するPLDの一種で，従来（狭義）のPLDとは異なり設計の自由度が高く，ゲートアレイに近い構造をもつことから，FPGA（Field Programmable Gate Array）と称される．FPGAはブランクデバイス状態（未プログラム状態）でまとめて量産できるため，半導体メーカからみると量産在庫できる標準デバイスとなるが，ユーザの立場からはマスクセット代などの開発費（NREコスト）が要らず，1個から手元でカスタム化できる簡便なASICとも見なせる．

1・3・2　FPGAの歴史

これまでFPGA/PLD業界には40社を超える企業が参入した．ここでは，FPGA

の普及・発展の変遷について**表1・4**に示す年代別に述べる(11)〜(15).

〔1〕 1970年代（FPLA，PALの登場）

PLDは，PROMと類似の構造を用いてプログラマブルなAND-ORアレイを実現することから始まった．メモリ素子を利用して回路情報を記憶させることができる．1975年にSignetics社（Philips社を経て現NXP Semiconductors社）からヒューズ方式でプログラム可能なFPLA（Field Programmable Logic Array）

表1・4—FPGAの歴史

年代	最大ゲート規模数	代表的デバイス名	技術的特徴	代表的企業
1970年代	数十〜百	FPLA（Field Programmable Logic Array）	ユーザの手元でプログラム可能なデバイス，ヒューズROMにより1回しか書き込めないワンタイム型	Signetics（Philipsを経て現NXP Semiconductors）
		PAL（Programmable Array Logic）	ORアレイ固定型でバイポーラ素子を採用して高速化，1回しか書き込めないワンタイム型	MMI（Vantisを経て現Lattice Semiconductor）
1980年代	数百	GAL（Generic Array Logic）	CMOS採用で低消費電力化，プログラム素子に電気的に消去/再書込み可能なEEPROMを採用	Lattice Semiconductor
	数百〜数千	FPGA（Field Programmable Gate Array）	基本論理ブロック，インターコネクト，I/Oセルをプログラマブルとした論理アレイの基本アーキテクチャ	Xilinx
		CPLD（Complex Programmable Logic Device）	複数のAND-ORアレイ構造論理ブロックを有し，高密度化，大容量化，高速化を実現	Altera, AMD, Lattice
		アンチヒューズFPGA	高速化しやすく，不揮発であるが，1回しか書き込めないワンタイム型	Actel, QuickLogic
1990年代	数千〜100万	SRAMベースFPGA	普及し始めたSRAMベースFPGAへの新規参入（Flex，ORCA，VF1，AT40Kなどのファミリー）	Altera, AT&T（Lucent），AMD（Vantisを経てLattice），Atmel
		フラッシュFPGA	フラッシュROMを搭載することで，不揮発で，消去/再書込みが可能なFPGAを実現	GateField
		BiCMOS FPGA	BiCMOSプロセスを採用した高速ECLロジックを採用したFPGA（DL5000ファミリー）	DynaChip

表 1・4 の続き

年代	最大ゲート規模数	代表的デバイス名	技術的特徴	代表的企業
2000 年代	100 万〜1500 万	ミリオンゲート FPGA, SoPD（System on Programmable Device）	プロセッサコア（ハード IP，ソフト IP）の搭載，DSP ブロック，多入力論理ブロック，高速インタフェース，マルチプラットフォーム（サブファミリー）化	Altera, Xilinx
		スタートアップ企業 FPGA ・超低消費電力 FPGA ・高速非同期 FPGA ・動的再構成技術 FPGA ・大規模 FPGA ・モノリシック 3D-FPGA	スタートアップ企業（新興 FPGA メーカ）の技術 ・低リークプロセスや電流遮断による低消費電力化技術 ・非同期回路によるデータトークン受渡し技術 ・仮想的な 3 次元化を実現する動的再構成技術 ・スケーラビリティをもつ配線構造による大規模化技術 ・アモルファス Si TFT 技術による SRAM（3D 化）技術	SiliconBlue, Achronix, Tabula, Abound Logic, Tier Logic
2010 年代	2000 万（28nm）〜5000 万（20nm）	28nm 世代 FPGA, 20nm 世代 FPGA, 16/14nmFinFET 世代 FPGA ・新世代 SoPD（SoC 指向 FPGA） ・動的部分再構成 FPGA ・3D-FPGA（2.5D-FPGA） ・車載向け FPGA ・オプティカル FPGA	TSMC 社 28nm，20nm，16nm FinFET 3D トランジスタ技術 Intel 社 14nm FinFET 3Dトランジスタ技術 ・ARM 組込みプロセッサ搭載「Zynq」「Cyclone V SoC」 ・動的部分再構成技術の公式サポート ・複数 FPGA を並べて繋ぐ 2.5D-FPGA 技術 ・車載向け AEC-Q100 規格完全準拠，ISO-26262 準拠 ・Vivado 高位合成ツール，OpenCL	Altera, Xilinx
		（寡占化）	QuickLogic 社，Atmel 社の FPGA マーケット退場 新興 FPGA メーカの相次ぐ業務終了 FPGA 業界の活発な M&A	主要 FPGA メーカ 4 社 ・大手メーカ：Xilinx, Altera ・中堅メーカ：Lattice, Actel
		（業界再編）	データセンター向け・IoT 向けのプロセッサ市場の覇権 ビッグデータ解析，機械学習，ネットワーク仮想化，ハイパフォーマンスコンピューティングなどに対応	Microsemi による Actel 買収 Lattice による SiliconBlue 買収 Intel による Altera 買収

が発表され，続いて1978年にはMMI社（現Lattice社）からFPLAを簡略化し，バイポーラ素子を採用して高速性能を実現したPAL（Programmable Array Logic）などが発表された．そのなかではMMI社が開発したPALが広く普及した．PALは遅延の小さいOR固定型アレイを採用するとともに，バイポーラPROMをベースとして高速動作を実現した．その代わり消費電力が大きく，消去/再書込みできなかった．

〔2〕 1980年代

(1) 1980年代前半（GAL，EPLD，FPGAの登場）

1980年代になると，低消費電力で消去/再書込み可能なCMOS EPROM/EEPROMベースのPLD製品が各社から発売されるようになった．この時期はDRAM技術などを基盤として日本の半導体メーカが急成長し，米国の大手半導体メーカが不振だった時期である．この頃のPLD市場をリードしていたのは，主として米国のベンチャー企業である．Lattice社（1983年設立）のGAL（Generic Array Logic）やAltera社（1983年設立）のEPLD（Erasable PLD）などさまざまなPLDアーキテクチャが開発され，GALが広く普及した．GALはPAL上位互換のOR固定型アレイ構造をもち，かつプログラム素子としてCMOSベースのEEPROMを採用した．

GALや前述のFPLAとPALなど単一のAND-ORアレイ構造をもつPLDを総称してSPLD（Simple PLD）と呼び，集積度は数十～数百ゲート程度であった．LSIの集積度が向上してGALより大規模なPLDが作れるようになると，単一のAND-ORアレイを大型にしたのでは無駄が多くなってくる．そこで，より柔軟な構造をもつ大規模PLDとして，FPGAやCPLDが登場することになる．

FPGAを最初に製品化したXilinx社（1984年設立）は，Zilog社をスピンアウトしたRoss H. FreemanとBernard V. Vonderschmittが設立したベンチャー企業である．Freemanは，4入力1出力のLUTとFFの組合せを基本論理セルとして採用することにより，一般的なCMOS SRAM技術を用いて1985年に初めて実用的なFPGA（XC2064シリーズ）を実現した．さらに，やや遅れてXilinx社に参加したWilliam S. Carterが，効率のよいセル間の接続方法を実現した．この二人の発明は，それぞれFreeman特許，Carter特許と呼ばれて，PLD史上最も有名な特許として知られている．なお，Ross H. Freemanは，FPGAの発明により2009年に全米発明家殿堂入りしている．

Xilinx社のFPGA（製品名はLCA）は，設計の柔軟性が高く，CMOS SRAMの採用により消去/再書込み可能かつ低消費電力という特徴をもっていた．米国のMIT（Massachusetts Institute of Technology）ではペトリネットの研究が進んでいたが，Xilinx社のFPGAに触発されて，Concurrent Logic社（現Atmel社）がペトリネット向きの柔軟で部分再構成可能なFPGAを製品化した．また，英国のEdinburgh大学でも1985年からFPGAを用いた仮想コンピュータの研究が進められ，1989年にAlgotronix社（現Xilinx社）が柔軟で部分再構成可能なFPGAを製品化した．前者はAtmel社のAT6000，後者はXilinx社のXC6200として知られており，現在の動的再構成可能FPGAの元祖である．

(2) 80年代後半（アンチヒューズFPGAとCPLDの登場）

1980年代の後半には，集積度やスピードの向上のため，消去/再書込み不能のアンチヒューズを採用したFPGAが登場した．アンチヒューズFPGAはActel社（1985年設立），QuickLogic社（1988年設立），Crosspoint社（1991年設立）から製品化された．

一方，初期のFPGAは期待通りの性能を得るのが難しかったため，別の構造で大規模PLDを製品化するメーカも多かった．従来からAND-ORアレイ構造のPLDを製品化してきたAltera社，AMD社，Lattice社などのメーカは，複数個のPLDブロックを組み合わせた構造の大規模PLDを開発した．これらは，後にCPLD（Complex PLD）と総称されるようになった．CPLDは集積度や設計の自由度ではFPGAに及ばなかった．しかし，高速化しやすく，また不揮発かつ消去/再書込み可能なEPROM/EEPROMをプログラム素子として容易に採用できたため，1990年代の前半まではFPGAと並ぶ代表的な大規模PLDだった．しかし，1990年代後半にはSRAMベースFPGAの集積度や速度が急速に向上したため，現在では小規模で安価なPLDとして位置付けられている．

(3) 80年代の起業状況

FPGA事業は，これまでベンチャーによってアーキテクチャが開発され，製品化が進められてきた．FPGAを初めて製品化したXilinx社は1984年に起業したベンチャーであり，Altera社とLattice社もほぼ同時期に起業してSPLDを製品化し，後にFPGAに参入している．Actel社もXilinx社よりやや遅れて起業したベンチャーである．この4社はその後発展を続け，現在までFPGAの4大メーカとして地歩を築いている．さらに，やや遅れて起業したQuickLogic社を加えた，1980年代に起業したこの5社がFPGA業界のリーディング企業となった．大手半導体メーカで独自アーキテクチャのFPGAを製品化したのはAT&T社（Lucent社，Agere社を経てLattice社に事業売却）とMotorola社（Freescale社）だけだが，AT&T社は元々Xilinx社のセカンドソースからFPGA事業に参入し，またMotorola社はPilkington社からライセンスを受けて製品を開発しており，1から自社でアーキテクチャを開発した例はない．それ以外では，TI社と松下電器産業（現パナソニック）がActel社，またInfineon社とロームがZycad社（Gatefield社）と提携してFPGA事業を行っていたにとどまる．いずれも，現在は事業から撤退している．

(4)　日本半導体メーカ，大手半導体メーカの動向

Lattice社，Altera社，Xilinx社，Actel社など80年代に創業したPLDメーカは，製造設備をもたないファブレスメーカであり，Xilinx社とLattice社はセイコーエプソン，Altera社はシャープというように，当時CMOSプロセスで急成長していた日本メーカに製造を委託していた．また，Actel社は単に製造を委託するだけでなく，TI社や松下電子工業との間で製造委託，技術提携，販売提携など幅広い協力関係を結んでいた．1990年代にも，フラッシュFPGAを製品化したGateField社がロームとの間で製造委託，技術提携，販売提携供給など幅広い協力関係を結んだ例がある．しかしながら，近年はPLD製造の主力はUMC社，TSMC社など先進のCMOSプロセス技術をもつ台湾メーカに移行している．

日本の大手メーカは，汎用品ではDRAM，カスタム品ではゲートアレイに注力していたことから，単独でPLD市場に参入することはなかった．

TI社，National Semiconductor社など，ロジック製品やメモリ製品を得意とする米国の大手半導体メーカは，AND-ORアレイ構造のバイポーラPLDで市場に参入しており，CMOS EPROM/EEPROMベースのPLDも製品化してきた．しかし，新しいアーキテクチャを開発して市場をリードしていく積極性ではPLD専業メーカに及ばなかったため，現在はPLD事業から撤退してしまったメーカが多い．なお，大手メーカの中で，AMD社は1987年にMMI社を買収するとともに，CPLDなどの新アーキテクチャを積極的に開発してきた．しかし，好調だったCPU分野に注力するため，1996年にはPLD事業を分社化してVantis社に移し，1999年にはLattice社に売却している．

〔3〕 1990 年代

(1) FPGA 大規模化の進展

1990 年代の FPGA は，Xilinx 社，Altera 社それぞれ XC4000 と FLEX のアーキテクチャを改良・拡張して論理回路規模（ゲート数）を急速に増やして行き，1990 年代前半には数千ゲートから数万ゲートへ，1990 年代後半には数万ゲートから数十万ゲートへと発展した．さらに，当時の FPGA を多数使用した大規模ラピッドプロトタイピング環境も登場した（**図 1・9**）．それとともに，FPGA は 1990 年代に入って次第に普及をはじめ[16]，AT&T 社（PLD 事業は現 Lattice 社），Motorola 社（現在は撤退），Vantis 社（現 Lattice 社）など，SRAM ベース FPGA に参入するメーカが増えてきた．日本メーカでも，川崎製鉄，NTT，東芝などが製品化を進めていたが，いずれも発売には至らなかった．

図 1・9—12 個の FPGA を使用したラピッドプロトタイピング環境

SRAM ベース FPGA の場合，Xilinx 社の基本特許（Freeman 特許，Carter 特許）に抵触する可能性から，製品化を断念したメーカもあるといわれている．また，Altera 社が 1993 年から発売している SRAM ベース PLD 製品（FLEX ファミリーなど）は，これらの基本特許への抵触をめぐって Xilinx 社との間で長期間の特許紛争が続いていた．なお，この特許紛争は 2001 年に和解し，以降，Altera 社も FPGA という呼称を使うようになった．

また 1990 年代後半には，従来見られなかった新しいタイプの FPGA も製品化された．例えば，不揮発で消去/再書込み可能なフラッシュメモリをプログラム素子に採用したGateField（Actel社を経て現Microsemi社）のFPGA，BiCMOSプロセスを用いた高速ECLロジックを採用したDynaChip社のFPGAなどである．

1990年代の後半以降は，FPGAの集積度，速度が急速に向上し，特に集積度の面でCPLDに大差をつけたことから，FPGAが代表的な大規模PLDとなった．一方，FPGAとゲートアレイやセルベースICなどのセミカスタム製品の性能の差が縮小してきたことから，FPGAはセミカスタム製品（特にゲートアレイ）の市場にも浸透してきた．

1990年代を通じて，汎用のFPGAはひたすらシステムレベルへと大規模化を追及してきたといえる．その結果として，MPUやDSPの混載は必然となってきた．また，1995年にはAltera社FLEX10Kにメモリブロックを搭載して，適用できるアプリケーションの範囲を広げ，さらにPLL（Phase-Locked Loop）を搭載してクロック管理と高速設計への対応が強化されている．この時期からFPGAが本格的に量産システムに応用され，急速に普及していった．1997年には，ロジック規模は25万ゲート，動作周波数は50～100 MHzに達するまでになっている．そして1999年，Xilinx社から新構造のFPGAであるVirtex-Eが，Altera社からAPEX20Kが発表され，さらなる大規模化と高速化が進められて100万システムゲートまでの高い集積度を提供するミリオンゲートFPGA時代を迎えた．

(2)　1990年代の起業状況

1990年代前半のFPGAチップメーカの参入は，Crosspoint社，DynaChip社(Dyna Logic)，Zycad社（Gatefield）あたりにとどまる．Zycad社は元々論理エミュレータを主力とするEDAベンダとして実績をもっていたが，FPGA事業に参入した後にEDA事業を売却してしまったので，この時期に起業したベンチャーとも見なせる．この時期は先行するXilinx社，Altera社，Actel社，Quicklogic社が次第に力を蓄えており，Crosspoint社，DynaChip社は中途で業務を終了している．

Crosspoint社は1991年に創業し，アンチヒューズFPGAでは最後発のメーカとなった．1991年に基本特許を出願し，製品化も発表していたが，1996年に業務を終了した．株主であるアスキーの仲介で，本格始動後1年を待たずに，日本の大手半導体メーカ（日立製作所）と技術開発と製造販売に関する契約を結ぶと同時に，別の大手とも販売契約を締結し，FPGA市場に打って出る計画を立てたが，この計画はさまざまな理由で破綻してしまった．Crosspoint 社の FPGA は，簡単にいえば，アルミ配線の層間スルーホールにアモルファスシリコンのアンチヒューズを作ることにより，手元でカスタム化できるゲートアレイを作るというものである．トランジスタペアを基本とする最も細粒度のアーキテクチャを採用し，通常のゲートアレイとまったく同じトランジスタレベルの接続を可能にした．トランジスタレベルまで CMOS 論理ゲートと同じ構造ならば，実用上の集積度の格差など FPGA の欠点は原理的に生じないはずである．それが Crosspoint 社の新技術の狙いであった．もちろん，そのような FPGA は以前にはなく，その後も CMOS ゲートアレイとまったく同じアーキテクチャをもつプログラマブルデバイスは登場していない．

一方，1990 年代後半には Xilinx 社，Altera 社の 2 社が FPGA 市場で極めて強力になり，FPGA チップメーカとしての新規参入はしばらく途絶えた．その代わり，FPGA コアや動的再構成可能プロセッサなど新しいカテゴリーで起業したメーカが多数現れ，特に後者の数が多い．ただし，これらも買収されたり業務終了したメーカが多く，現在まで続いているメーカでもビジネス的に大きな成功を収めているとはいえない．

〔4〕　2000 年代

(1)　ミリオンゲート時代とシステム LSI 化

2000 年代に入り，FPGA のシステム LSI 化が始まった．FPGA メーカが開発し，サポートするプロセッサ IP として，Altera 社からソフトコアプロセッサ Nios の提供が始まっている．同じく，2000 年に Altera 社は「Excalibur」という世界初のプロセッサコア内蔵 FPGA を製品化した（**図 1・10**）．Excalibur は，ARM プロセッサ（ARM922 と周辺機能）と FPGA を 1 チップに集積したものである．一方，Xilinx 社はソフトコアプロセッサとして MicroBlaze を提供するとともに，PowerPC プロセッサコア内蔵 FPGA（Virtex II Pro）を製品化している．

システム LSI 化は，高速な外部インタフェースも重要になる．FPGA でも SERDES (Serializer-Deserializer) 回路と LVDS (Low Voltage Differential Signaling，低電圧差動信号）を搭載して，シリアル伝送による高速インタフェースへの対応が始まっている．また，画像処理などの演算性能の要求に応えるために，汎用の論理ブロックとは別に，乗算や乗算＋加算の専用ブロック（DSP ブロック）の搭載や，高性能で面積効率の高い多入力論理ブロックの搭載などで高集積

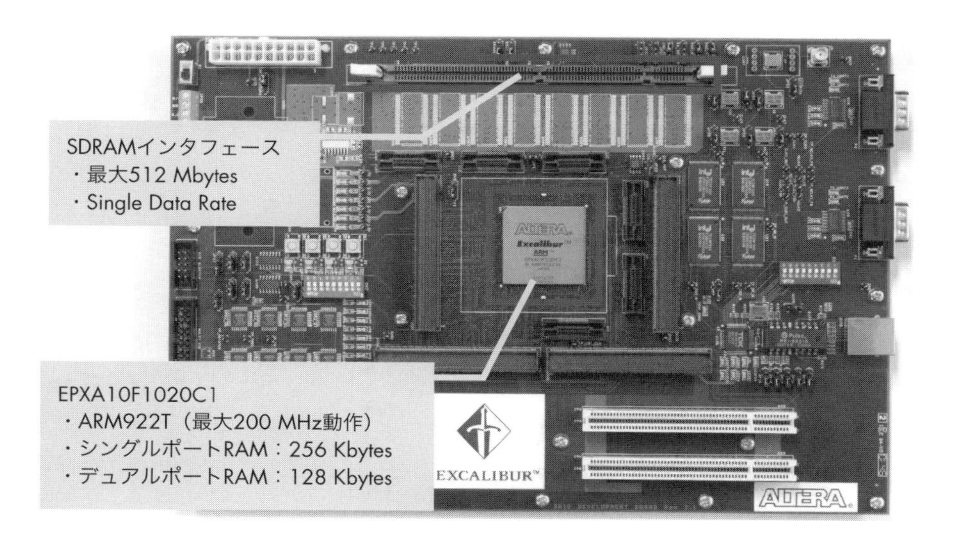

図 1・10―世界初のプロセッサコア内蔵 FPGA「Excalibur」(17)

化と内部回路の高性能化に著しい発展がみられる．なお，これらハード IP は使われないと無駄が大きくなるため，複数製品ラインアップを用意して分野別に選択するマルチプラットフォーム（サブファミリー）化を図るものが登場している．

Altera 社の例をとると，これらの革新的進化はハイエンド FPGA の新しいシリーズ「Stratix（2002 年，130 nm）」を皮切りに，その後継の「Stratix II（2004 年，90 nm）」「Stratix III（2006 年，65 nm）」「Stratix IV（2008 年，40 nm）」と 2 年ごとに実施されている．1995 年の FLEX10K 発表当時の論理回路規模は 10 万ゲート，内部動作クロックは最大 100 MHz だったものが，2009 年には 840 万ゲート ＋ DSP ブロックで合計 1 500 万ゲート（Stratix IV E）と 15 年前の 150 倍となり，内部動作クロックは最大 600 MHz になっている．また，Xilinx 社の例でも，ハイエンド FPGA をみると「Virtex II Pro（2002 年，130 nm）」「Virtex-4（2004 年，90 nm）」「Virtex-5（2006 年，65 nm）」「Virtex-6（2009 年，40 nm）」とほぼ 2 年ごとに進化している．ロジック IC は約 2 年ごとに次世代のプロセス技術に微細化されており，2000 年以降の FPGA もほぼこれと同じ歴史を辿ってきている．

(2)　2000 年代の新興メーカ

FPGA では二つの有名な基本特許，すなわち Freeman 特許と Carter 特許が新規参入を考える企業にとって極めて大きな障壁となっていた．しかし，Carter特許やFreeman特許の特許存続期間もそれぞれ2004年と2006年で期限切れを迎えた．そこで，これらFPGA基本特許の期限切れを一つの契機としてFPGA業界へ新規参入する新興FPGAメーカも相次いで現れた．例えば，SiliconBlue Technologies社，Achronix Semiconductor社，Tabula社，Abound Logic社(旧M2000社)，Tier Logic社などが久々に新規参入を遂げている．

SiliconBlue社は既存FPGAの泣き所といわれる消費電力に重点を置いた携帯機器向け低消費電力FPGAとして，TSMC 65 nm低リーク電流プロセスにて製造して超低消費電力化を実現した「iCE65ファミリー」を製品化している．SRAMベースFPGAに不揮発コンフィギュレーションメモリを混載した1チップ構成可能なFPGAで，従来FPGAに比べ動作時電力は1/7程度，待機時電力は1/1000程度を実現した．

Achronix社は米国コーネル大学の研究成果を元にした高速FPGA「Speedsterファミリー」を提供している．Speedster FPGAの特徴は，非同期回路にてデータトークンを受け渡す技術である．データトークンの受け渡しにハンドシェークを用い，データトークンは従来FPGAにおいてデータとクロックをマージしたものである．最初の製品（TSMC 65 nmプロセス技術）の「SPD60」は従来FPGAに比べ，約3倍の最大1.5 GHzのスループットを実現している．

Tabula社の技術は，同じロジックセルを複数機能の実現に向けて使いまわすことができる動的再構成の特徴を，FPGAの低価格化に振り向けている点で特徴的である．ASICなど既存デバイスと比較して，チップ単価が高いとされるFPGAの風評を突いたベンチャー企業らしい製品といえる．同社製品ABAXシリーズは，チップ内のロジックセルを処理内容に応じて動的に書き換える独自の動的再構成技術を使って，少ないリソースで大規模な回路を実現するFPGAである．外部から供給されるシステムクロックをFPGAの内部で逓倍して，高速クロックを生成する．そのクロックでプログラマブルロジック領域を駆動するとともに，回路の再構成も行う．これによって，たとえプログラマブルロジック領域の物理的な規模が一定でも，時分割でより高速に回路を切り換えられれば，実効的なロジックの規模を増やせる．Tabula社は，チップ上の2次元平面に「時間」の次元を加えて，実効的なロジック規模を増大させた3次元のFPGAと呼んでいる．

なお，Abound Logic社は，クロスバスイッチとスケーラブルアーキテクチャを特徴とする大規模FPGA「Rapter」を発表したが，2010年には業務を終了している．また，Tier Logic社は，FPGAのコンフィギュレーションSRAMの部分をCMOS回路の上部にアモルファスシリコンTFT技術で形成するという独特の構造をもったモノリシック3D-FPGAを東芝などと共同で開発していたが，2010年には資金調達に行き詰まり業務終了している．

〔5〕 2010年代

(1) 微細化の進展と新しい技術潮流

2010年にXilinx社とAltera社の両社がそれぞれ発表していた28nm世代FPGAの出荷が2011年春から始まり，ASICに対する優位性をより一層高めている．最大手である両社では，ハイエンドとローエンドに加え，ミッドレンジ製品ラインも登場している．例えば，Xilinx社はそれまでのファウンドリ戦略を台湾のUMC社からTSMC社へ変更し，Xilinx 7シリーズ全製品（ハイエンドFPGA Virtex-7，ミドルエンドFPGA Kintex-7，ローエンドFPGA Artix-7）に28nm製造技術を適用して高機能化ならびに低消費電力化を実現している．Xilinx社とAltera社の両社とも最新FPGAはTSMC社をファウンドリとしている．

ここで，28nm世代FPGAにおける新しい技術潮流について述べる(18)(19)．

(a) 新世代のSoC化の流れ

2000年ごろにXilinx社やAltera社はハードマクロの形でプロセッサコアを内蔵する第1世代のSoC化したFPGAを製品化したが，それらは比較的短命に終わった経緯がある．一方，ソフトコアプロセッサを実装したFPGAは，広い用途で活用されるようになってきた．そこで，FPGAのプロセス技術が進んだことでハードコアプロセッサをFPGAに実装しても演算性能やコストの面で市場のニーズに応えることが可能になったこと，32ビットプロセッサでは淘汰が進んだことから，ARMなどの組込みプロセッサ向けCPUコアや周辺コアを内部に搭載し，I/Oを強化したSoC指向FPGAが登場してきた．これらはSoC FPGAやプログラマブルSoC，SoPD（System on Programmable Device）などと呼ばれる．例えば，Xilinx社は新ブランド「Zynq」として，ARM Cortex-A9 MPCoreプロセッサをベースとするSoCに，同社28nm 7シリーズFPGAのプログラマブルロジックを統合した製品ファミリー「Zynq-7000」を出荷している．Altera社の新製品「SoC FPGA」は，デュアルコアARM Cortex-A9 MPCoreプロセッサとFPGAファブリックを一つのデバイスに集積したもので，Cyclone V SoCが出荷されている．

(b)　部分再構成（パーシャルリコンフィギュレーション）

部分再構成は，FPGA内のほかの部分を動作させたまま特定の部分のみを再構成可能にする機能である．これにより，システムを中断させることなく機能を更新することができる．Xilinx社がVirtex-4以降のハイエンドFPGAデバイスについて，開発ツール（ISE 12以降）で正式に部分再構成のサポートを開始していたが，Altera社もStratix Vから部分再構成のサポートを開始した．最大手FPGAメーカの両社が相次いで部分再構成技術を公式にサポートし始めたことからも，部分再構成への期待が大きいことが分かる．

(c)　3D-FPGA（2.5D-FPGA）

Xilinx社は，シリコンインタポーザ上に集積するスタックドシリコンインターコネクト技術を用いて複数FPGAを並べて繋ぐ「2.5D」と呼ばれる2次元の配置手法を用いた初のFPGAを製品化した．TSVチップを複数枚積層した3次元実装（3D）は理想的な立体構造であるが，TSVを作りにくいチップがあるほか，TSVの多数のマイクロバンプのボンディングでは歩留まりの確保が難しく，結局コストアップにつながる．これらの問題を軽減しTSVのないチップでも積層でき，3Dに近い性能が得られるシリコンインタポーザをもつ2.5Dが注目されている．TSMCの28 nmHPLプロセスで製造される「Virtex-7 2000T」には，68億トランジスタで実現される業界最大の2 000万ASICゲート相当の200万論理セルが集積されている．

(d)　車載向けFPGA

Xilinx社はArtix-7 FPGAを拡張し，新たに車載向けのAEC-Q100規格に完全準拠したFPGAがXA Artix-7 FPGAである．XA Artix-7 FPGAは車載向けプログラマブルSoC「XA Zynq-7000」を補完する製品である．さらに，サードパーティの設計ツール認定プロセスも実施し，機能安全規格「ISO-26262」に準拠している．そのほか，Altera社やLattice社も車載ソリューションに取り組んでいる．

(e)　C言語設計環境

最近は，FPGAの開発にもC言語設計環境が提供されるようになってきた．Xilinx社のVivado高位合成ツールはRTLを手動で作成する必要がなく，C，C++，System C仕様をFPGAデバイスへ直接合成でき，Vivado HLSはISE

と Vivado 設計環境の両方で利用できる．一方，Altera 社は OpenCL 対応を積極的に進めている．これは C ベースのプログラミング言語を使用して，CPU や GPU，DSP，そして FPGA をはじめとする各種プラットフォームで実行可能なコードを開発でき，並列コンピューティングのハードウェアアクセラレータとして Altera 社製 FPGA が普及することを狙った取組みを積極的に行っている．

(f)　その他

帯域幅増大という業界の課題を解決する最先端技術としての光インタフェース搭載 FPGA（オプティカル FPGA とも呼ぶ）のほか，耐放射線 FPGA（Radiation-hardened FPGA）などへの取組みがある．

(2)　FPGA のプロセス技術ロードマップ[20]

28 nm 世代の後は，Xilinx 社が最新アーキテクチャ「UltraScale」を採用した 20 nm 世代の FPGA 製品「Kintex UltraScale」および「Virtex UltraScale」シリーズを製品化する．規模が最も大きい「Virtex UltraScale」は 5 000 万 ASIC ゲートに相当する．この UltraScale 製品はすべて TSMC 社の 20 nm 世代プロセスで製造するが，ハイエンドの Virtex UltraScale については TSMC 社の 16 nm 世代 FinFET 技術で製造する．一方，Altera 社は次世代 FPGA「Generation 10」として Arria 10 FPGA ならびに Stratix 10 FPGA，組込みプロセッサ搭載 SoC を製品化する．Generation 10 デバイスは，業界最先端のプロセス技術である Intel 社の 14 nm 世代 FinFET 技術および TSMC の 20 nm 世代プロセスで製造し，ハイエンド製品「Stratix 10」の動作周波数は 1 GHz 以上が可能となる．

ロジック IC の微細化は，約 2 年ごとに次世代のプロセス技術に微細化されている．Intel のプロセッサが代表的な例だが，2000 年以降の FPGA もほぼこれと同じ歴史を辿ってきている．一方，ASIC は 2000 年代前半まで先端プロセスを追い求めてきたが，ゲーム機向けなどの一部の用途を除くと，一般に多く採用されているプロセス技術は 130〜90 nm であり，この 10 年ほど変わっていない．

一方，FPGA の場合は**図 1・11** のプロセス技術ロードマップに沿って製品化されてきた．FPGA は，いまや汎用プロセッサなどと並び凌ぐほどのペースで先端プロセスを用いて製品化されている．FPGA は今後，28 nm, 20 nm, 16/14 nm と微細化を進めることにより，プロセス技術が 3〜4 世代以上の差がつくため，130 nm や 90 nm，そして 65 nm の ASIC と競合できる性能を手に入れると予想される．

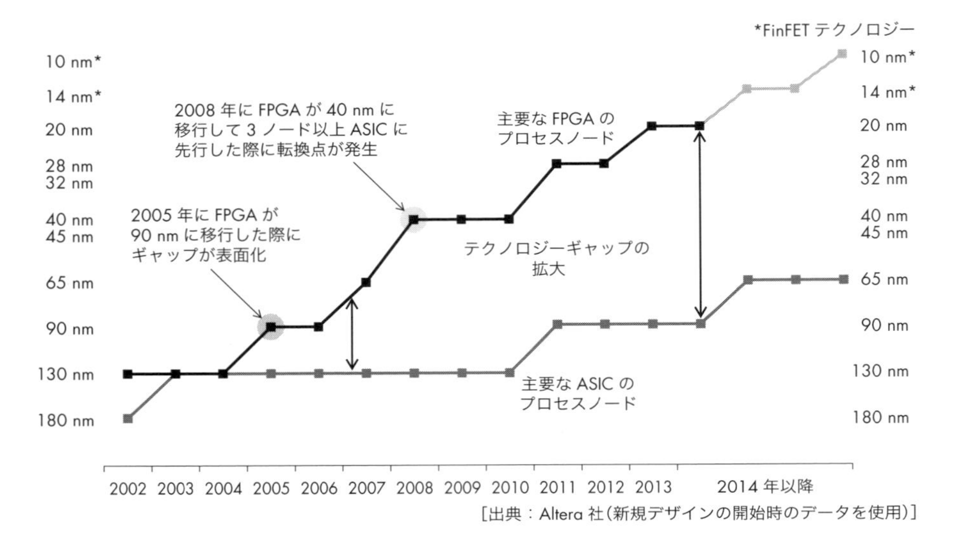

図1・11—FPGAとASICのプロセス技術ロードマップ

(3)　寡占化と業界再編

2010年代に入ると寡占化がいっそう進み，大手FPGAメーカのXilinx社とAltera社の2社で8割超のシェアを握り，残りを中堅FPGAメーカのLattice社とActel社の2社で大方占める様相を呈している．業界4位のActel社は2010年10月に高信頼性半導体を手掛ける米Microsemi社によって買収され，現在はMicrosemi FPGAとしてフラッシュ方式とアンチヒューズ方式の不揮発性FPGAを提供している．

1980年代に起業したFPGAメーカのうち，QuickLogic社はアンチヒューズ方式のFPGAを売りにしていたが，製品戦略の方針を変更し，カスタマイズ領域だけをプログラムするCSSP（Customer Specific Standard Products）という新戦略を採り，FPGAマーケットからは距離を置いている．CSSPは全面プログラム方式でなく，一部はプログラム方式として残りは標準インタフェース回路を多数搭載することによって，顧客が欲しいところだけカスタマイズする製品である．また，Atmel社のFPGAテクノロジーは，内蔵コアとして自社のAVRマイクロコントローラと組み合わせた使い方が主流で，QuickLogic社と同様にFPGA

マーケットからは退いている[†1]．

2000 年代中ごろに起業した新興 FPGA メーカのうち，超低消費電力 FPGA 専業の SiliconBlue 社は 2011 年末に Lattice 社に買収された後，Lattice 社から 40 nm プロセスの新しい「iCE40 ファミリー」が製品化されている．また，動的再構成技術による低コスト FPGA という斬新な技術を特徴とした Tabula 社は 2015 年 3 月に業務を終了した．一方，Achronix 社は 2015 年には Intel 社の 22 nm トライゲートプロセス技術で製造した「Speedster22i FPGA ファミリー」を製品化している．

近年（2016 年 2 月現在），半導体業界は大再編時代に入り大型の M&A が相次いでいるが，FPGA 業界も無関係ではない．FPGA 業界での象徴的な動きは，Intel 社と FPGA 大手の Altera 社が 2015 年 6 月に Intel 社が Altera 社を買収するかたちで合意したことである．買収金額は Altera 社の売上高を 1 桁近く上回る約 167 億米ドル（約 2 兆円）で，Intel 社として過去最大である．同社の狙いは，FPGA 統合チップによって今後大きく成長するデータセンター向けと IoT 向けのプロセッサ市場の覇権を握ることであり，不可欠の技術として Altera 社が手掛ける FPGA を選択したことになる．

これに対し，Qualcomm 社と Xilinx 社は 2015 年 11 月，戦略的技術提携を発表した．両社は，それぞれが得意とする先端のサーバ用 ARM プロセッサと FPGA の技術をもち寄ってデータセンター向けに提供する．今回の提携で得られる成果を，ビッグデータ解析や機械学習，データストレージなど，クラウドコンピュータ向けの技術基盤として提案していく．さらに，Xilinx 社は 2015 年 11 月に，IBM 社と複数年にわたる戦略的提携を締結したと発表した．IBM 社の Power Systems に Xilinx FPGA を組み込んで特定処理のアクセラレータとして利用することで，エネルギー効率の高いデータセンター向けシステムを構築し，機械学習やネットワーク仮想化，ハイパフォーマンスコンピューティング，ビッグデータ解析などのアプリケーションに対応する．これら戦略的提携によって技術開発を加速することにより，Microsoft 社が Altera 社や Intel 社などと一足先に実用化しつつあるアクセラレータシステム「Catapult」[(21)] に対抗する．

[†1] 2015 年 9 月に英国の Dialog Semiconductor による買収に合意したが，2016 年 1 月にその買収合意を取り消し，Microchip Technology 社が Atmel 社を買収することで決着した．

1・4　FPGAに関する用語

ここでは，FPGAに関する用語をまとめて解説する．本書を読む過程でわからない用語があれば本項を適宜参照されたい．

■ **ASIC　Application Specific Integrated Circuit**

特定顧客のニーズに合わせて設計製造する特定用途向け集積回路の総称である．特定用途向け集積回路にはフルカスタムICとセミカスタムICがあるが，一般にASICといえばゲートアレイ，エンベデッドアレイ，セルベースASIC，ストラクチャードASICを指す．

■ **ASSP　Application Specific Standard Product**

ASICは特定顧客を対象とする特注のLSIであるのに対し，ASSPは分野・アプリケーションを限定した特定用途向け汎用LSIである．特定顧客向けにカスタマイズされていないため，複数の顧客に汎用部品（標準品）として提供することができるという利点がある．

■ **CPLD　Complex PLD**

単一のAND-ORアレイを大型にしたのでは無駄が多くなるため，小規模であるSPLDを基本論理ブロックとして複数個搭載し，これらをスイッチで接続した中規模（大規模）のPLDである．CPLDは，ロジック部の遅延時間やスイッチ部の遅延時間がほぼ一定であるため，設計が容易である．

■ **DLL　Delay-Locked Loop**

基本的な機能はPLLと同じで，ゼロ伝搬遅延，デバイスに分散している出力クロック信号間の低クロックスキュー，高度なクロックドメイン制御を可能とする．DLLはPLLと違ってオシレータではなく，入力されたクロックを遅延させて出力しており，遅延の大きさをコントロールして遅延クロックと次のクロックのエッジの位相を合わせることで，スキューのないクロックを作り出す．

■ **DSP　Digital Signal Processor**

ディジタル信号処理に特化したプロセッサで，積和演算を高速に連続実行できる．一方，FPGAにはDSPブロックと呼ばれるハードマクロが多数実装されている．これはプロセッサの回路ブロックではなく，高速な乗算器で構成されている．

■ **EDA　Electronic Design Automation**

LSIや電子機器など電子系の設計作業を自動化し支援するためのソフトウェア，ハードウェアおよび手法の総称である．論理設計や回路設計において主にシミュレーションの支援を行うCAE（Computer Aided Engineering）や，レイアウト設計やマスク設計などの支援を行う CAD（Computer Aided Design）を包含する用語であり，実際のシステムのことを EDA ツールと呼ぶ．

■ **EEPROM　Electrically Erasable and Programmable ROM**

電源を断っても記録内容が消えない不揮発性メモリの一種で，紫外線一括消去型の EPROM と違い，ユーザが電気的に内容の書換えを行える ROM である．

■ **EPROM　Erasable and Programmable ROM**

電源を断っても記録内容が消えない不揮発性メモリの一種で，ユーザによって書込み可能な ROM である．通常の ROM や PROM は一度記録した内容の変更はできないが，EPROM は紫外線を照射することで記憶内容の消去が可能である．RAM のように指定した一部分だけを消去・書き換えることはできず，すべて消去して再度書き込むという形となる．

■ **FPGA　Field Programmable Gate Array**

内部論理ブロックと配線領域から構成される PLD の一種である．論理ブロックを任意に結合することができるため設計の自由度が高いが，内部の配置配線状況に応じて遅延時間が変化する．この構造は，単純なゲート部と配線部をもつゲートアレイに似ていることから，ユーザが手元でプログラムできるゲートアレイということで，FPGA と呼ばれている．

■ **HDL　Hardware Description Language　ハードウェア記述言語**

「ハードウェア記述言語」を参照.

■ **IP　Intellectual Property**

本来は「知的財産権」の意味だが，半導体分野では CPU コアやメガセル（大規模マクロセル）のような機能ブロックを「IP」（設計資産）と呼ぶ．動作が確認されている既設計の機能ブロック（IP）を利用すると，新たに回路を設計するよりも効率的で設計期間が短縮できる．ファームウェアやミドルウェアなどのソフトウェアの IP と区別するために，「ハード IP」や「IP コア」とも呼ぶ．

■ **LUT　Look-up Table　ルックアップ・テーブル**

所望の関数の真理値表を少量のメモリに保持して組合せ回路を実現する構成要素を LUT と呼ぶ．複雑な関数を回路で実現すると回路規模や動作速度の面で不利になる場合があるが，LUT を使用すれば高速かつ小面積化が期待できる．

■ **LVDS　Low Voltage Differential Signaling**

電圧振幅が小さい信号を差動方式で伝送するインタフェース技術で，数百 Mbps（bps：bits per second，ビット/秒）の信号伝送を実現するためのディジタル伝送規格である．

■ **PLD　Programmable Logic Device**

ユーザが所望の回路を設計し，チップに書き込むことができるプログラマブル・ロジック・デバイスの総称である．代表的PLDにはSPLD，CPLD，FPGAがある．

■ **PLL　Phase-Locked Loop　位相同期回路**

入力信号と出力信号の周波数，位相を合わせる位相同期回路であり，入力信号の整数倍の周波数を出力する場合にも使用する．FPGAでは，PLLを利用して基本周波数の逓倍/分周できるようになっており，PLLの出力クロックどうしは同期しているとして扱える．DLLとの基本的な違いは，PLLでは入力クロックに似たクロック信号を生成するVCO（電圧制御オシレータ）を，遅延線の代わりに使用することである．

■ **RTL　Register Transfer Level　レジスタ転送レベル**

HDLを用いて論理回路を設計する際の設計抽象度を表しており，設計はトランジスタや論理ゲートよりも高い抽象度であるレジスタ転送レベル（RTL）で行われる．RTL設計では，回路の動作をレジスタ間のデータ転送とそれに対する論理演算の組合せで記述する．

■ **SERDES　Serializer-Deserializer**

シリアル，パラレルを相互変換する回路モジュールで，高速インタフェースにおいてパラレルインタフェース間をシリアル接続する際などに利用される．最近の高速インタフェースでは，パラレル転送方式で問題となる配線長の差で生じるビット間スキューを考慮する必要がないシリアル転送方式が主流となっている．

■ **SoC　System on a Chip**

従来のLSIは，処理ロジック，メモリ，インタフェースなどの機能別に分かれていたが，今後はこれら多彩な機能を1個のLSI上にシステム化して実現する方向にあり，これをSoCと呼ぶ．また，システムLSIと呼ぶこともある．

■ **SPLD　Simple PLD**

積和形式のAND-ORアレイ（プロダクトターム）を基本構造にもつ小規模なPLDである．製品には各種マクロセルやレジスタを付加した構成のものもある．

■ **SRAM　Static Random Access Memory**

読み書きを自由に行える半導体メモリ（RAM）の一種で，電力の供給がなくなると記憶内容が失われる揮発性である．DRAMとは異なり定期的なリフレッシュ（記憶保持動作）が不要であるため，スタティック（静的）と呼ばれる．

■ **アンチヒューズ　Anti-fuse**

通常は絶縁（不導通）状態にあり，高電圧を印加して絶縁層にビアを開けて溶着することで接続状態になるため，合金ヒューズの逆特性になることからアンチヒューズと呼ばれる．内部接続のインピーダンスを低くできるため，高速回路を実現しやすい．一方，アンチヒューズは不揮発性であるが，1回しか書き込めないワンタイム型という短所がある．

■ **エンベデッドアレイ　Embedded Array**

ユーザが使用するハードマクロが決定した時点でシリコンウェハを先行投入し，ハードマクロ以外のユーザ論理の部分はゲートアレイの下地で製作しておく．ユーザ論理の設計が完了した時点で，メタル層のみのプロセスでユーザ論理の部分の配置配線を実施する．これにより，セルベース ASIC のハードマクロを搭載した高機能チップを，ゲートアレイ並みの開発期間で入手することができる．

■ **クロックツリー　Clock Tree**

大規模 LSI になると配線遅延によって各信号の到着時刻にずれが生じる．特に同期式と呼ばれる回路ではクロック信号に従って動作するため，この伝達時間差が悪影響を及ぼす．そこで，クロックツリーと呼ばれるクロック専用の配線と駆動回路を設け，このずれと信号の伝達速度の改善を図っている．

■ **ゲートアレイ　Gate Array　GA**

配線工程以外はすべて加工済みのマスタスライスを作っておき，チップ上に配列されたゲート間の金属配線工程のみで最終製品となる．開発期間が短いという特徴がある．ゲート領域と配線領域を固定したチャネル型と，チップ全面にゲートを敷き詰めたシーオブゲート型がある．

■ **高位合成　High Level Synthesis　HLS**

対象となる処理のアルゴリズムを C 言語や C ベース言語によって直接的に記述した動作記述から，レジスタやクロックによる同期などハードウェアに特有の概念を意識した RTL 記述を自動的に合成する工程を高位合成（動作合成）という．

■ **ストラクチャード ASIC　Structured ASIC**

開発期間を短縮するために，ゲートアレイの下地に加え SRAM やクロック用 PLL，入出力インタフェースなどの汎用機能ブロックをあらかじめ組み込み，最小限の個別設計で対応できるようにしたものである．クロック分配回路は製造者側で専用配線層を用いて配線するなど，ユーザの設計負担を減らす工夫がある．

■ **セルベース ASIC　Cell-based ASIC**

標準セルライブラリを基本に，規模の大きな回路ブロック（メガセルやマクロセル）の存在を可能にした IC である．標準セルで実現するランダムロジックに加え，ROM や RAM，マイクロプロセッサなどのメガセルを取り込める．システム LSI は，このセルベース ASIC が高機能化，大規模化したものである．

■ **ソフトコアプロセッサ　Soft-Core Processor**

ソフトコアプロセッサは論理合成で完全に実装することのできるマイクロプロセッサコアであり，FPGA 業界で広く利用されている．ソフトコアの利点は多くの FPGA ファミリーに適用できること，必要な周辺回路や I/O を必要な数だけ搭載できること，また必要な個数を自由に内蔵できる点（マルチコア化）である．

■　**動的部分再構成　Dynamic Partial Reconfiguration**

部分再構成（パーシャルリコンフィギュレーション）とは，再構成可能デバイスに実装している論理回路のうち，ある一部分のみを再構成することをいう．動的部分再構成とは，この部分再構成の対象外である回路を動作させながらダイナミック（動的）に部分再構成を行うことである．動的部分再構成機能により同時に動作しないハードウェアを削減し，面積効率，電力効率を改善することができる．

■　**動的リコンフィギャラブルプロセッサ　Dynamically Reconfigurable Processor DRP**

リコンフィギャラブルシステムの一種で，商品化されたものには粗粒度のPE（Processing Element）と分散メモリモジュールを二次元アレイ状に配置した構成をとり，各PEの命令とPE間の接続を動的（動作中）に変更するものなどがある．

■　**ハードウェア記述言語　Hardware Description Language　HDL**

ハードウェアの動作と接続を記述するプログラミング言語のことである．旧来のディジタル回路設計では，AND，OR，NOT，FF（Flip-Flop）などの論理回路記号を回路図ベースで組み合わせて設計していたが，近年はハードウェア記述言語による設計入力が主流となっている．ハードウェア記述言語としては，Verilog HDLとVHDLが業界標準として広く普及している．

■　**ハードマクロ　Hard Macro**

FPGAの内部に，マスク固定のハードウェアとして組み込まれている回路ブロックを指す．乗算器をFPGAの基本ゲートを用いて組むことは可能であるが，使用ゲート数が非常に多くなり，コスト増大につながる．ハードマクロの回路ブロックを使うことで，アプリケーションの性能に影響を与えることなく，マクロの機能を使用できる．

■　**フラッシュメモリ　Flash Memory**

通常のEEPROMはアドレス指定の消去タイプであるが，フラッシュメモリは構造を簡略化して高速・高集積化し，その代わりに一括消去型としたEEPROMの一種である．FPGAにおけるフラッシュメモリの使い方には，フラッシュ素子をセルや配線の記憶に使用する直接タイプと，SRAMベースFPGAにコンフィグレーション用のフラッシュメモリを集積した間接タイプの2種類がある．

■　**プロセス技術　Process Technology**

半導体プロセスの開発は微細化と新材料の二つを大きな柱として進められているが，シリコン材料を使ったトランジスタの歴史を振り返るとき，微細化のプロセス技術が半導体産業の成長の礎である．LSIを構成する主要な要素はMOS型電界効果トランジスタ（MOSFET）であり，MOSFETを微細化すれば，消費電力の削減と，応答速度の向上，単位面積当たりの素子数の増加を同時に実現できる．

■ **プロダクトターム　Product Term**

任意の論理式は積項（AND）を和（OR）で表現する積和形式に変換することができ，AND アレイと OR アレイを組み合わせた AND-OR 構造をプロダクトターム方式と呼ぶ．プロダクトタームは SPLD や CPLD の代表的な基本構造である．

■ **リコンフィギャラブルシステム　Reconfigurable System**

細粒度（FPGA）や粗粒度（PE アレイ）などの再構成可能なデバイスを活用して，アプリケーションに応じてデータパスを含めたハードウェア構成を適応的に変更するシステムの総称である．これは専用ハードウェアを開発する方法と比べて柔軟であり，問題の解法アルゴリズムに合わせて最適な構成をとることによって高い性能を実現する．

■ **リコンフィギャラブルロジック　Reconfigurable Logic**

PLD のうち，再書込みによって回路構成の変更が可能な論理 LSI の総称である．プログラム素子として，SRAM セル，EEPROM セル，フラッシュメモリセルなどを使っている FPGA や CPLD が該当する．特に，動作中に回路構成を変更できるものを動的リコンフィギャラブルロジックと呼ぶ．

■ **ルックアップ・テーブル　Look-up Table　LUT**

LUT を参照．

■ **粒度　Granularity**

回路規模とも．本来は粉状物体の粒子（grain）の大きさの度合，すなわち粗さ，あるいは細かさの度合いを表す言葉である．現在主流の FPGA では，基本論理ブロックの粒度が通常のゲートアレイ（トランジスタレベル）と CPLD（プロダクトターム）の中間程度だが，一般にこれを細粒度（fine grain）という．一方，粗粒度（coarse grain）とは動的リコンフィギャラブルプロセッサにおける 4～32 ビットの PE（Processing Element）アレイなどを指す．

■ **論理合成　Logic Synthesis**

Verilog HDL や VHDL などのハードウェア記述言語で書かれた RTL（Register Transfer Level）記述から AND，OR，NOT などのゲートレベルのネットリスト（ゲート間の配線情報）に変換する工程を論理合成という．

■ **論理ブロック　Logic Block**

論理を構成する回路ブロックを指す．CPLD ではプロダクトターム方式のマクロセルが論理ブロックに相当する．FPGA では，構成や呼び方が各社で異なるが，例えば LUT とフリップフロップのペアを基本として高性能化のための付加回路などから構成されたものが論理ブロックに相当する．

参考文献

(1) Zvi Kohavi, "Switching and Finite Automata Theory," second edition, McGraw-Hill (1978).

(2) http://www.ieice-hbkb.org/portal/, 電子情報通信学会「知識ベース」, 1群8編論理回路 (2010).

(3) V. Betz, J. Rose, and A. Marquardt, "Architecture and CAD for Deep-Submicron FPGAs," Kluwer Academic Publishers (1999).

(4) Altera Corp., "FPGAにおけるメタスタビリティを理解する," WP-01082-1.2 (2009).

(5) S.D. Brown, R.J. Francis, J. Rose, and Z.G. Vranesic, "Field-Programmable Gate Array," Kluwer Academic Publishers (1992).

(6) S.M. Trimberger, "Field-Programmable Gate Array Technology," Kluwer Academic Publishers (1994).

(7) 末吉敏則, "リコンフィギャラブルロジック," 電子情報通信学会誌, Vol.81, No.11, pp.1100-1106 (1998).

(8) 末吉敏則, 天野英晴（編著）, "リコンフィギャラブルシステム," オーム社 (2005).

(9) 末吉敏則, 稲吉宏明（編）, "特集：やわらかいハードウェア," 情報処理, 40巻, 8号, pp.775-801 (1999).

(10) 末吉敏則, "東京FPGAカンファレンス2003〜2013講演資料, " FPGAコンソーシアム (2003〜2013).

(11) 平成13年度特許出願技術動向調査分析報告書 "プログラマブル・ロジック・デバイス技術," 特許庁 (2002).

(12) 平成18年度特許出願技術動向調査分析報告書 "リコンフィギャラブル論理回路," 特許庁 (2007).

(13) 大島洋一, 川合晶宣, 末吉敏則, "FPGAと特許," 第10回FPGA/PLD Design Conference 予稿集, session12, pp.1-80 (2003).

(14) 末吉敏則, 川合晶宣, "特許出願から見るリコンフィギャラブル・デバイスの世界," 第14回FPGA/PLD Design Conference 予稿集, Session4, pp.1-54 (2007).

(15) 末吉敏則, 尼崎太樹, "FPGA/CPLDの変遷と最新動向 [V・完]—FPGAと特許—," 電子情報通信学会誌, Vol.93, No.10, pp.873-879 (2010).

(16) 末吉敏則, "教育へのFPGA応用例," 情報処理, 第35巻, 第6号, pp.519-529 (1994).

(17) 柴村英智, 飯田全広, 久我守弘, 末吉敏則, "EXPRESS-1：プロセッサ混載FPGAを用いた動的セルフリコンフィギャラブルシステム," 電子情報通信学会論文誌D, Vol.J89-D, No.6, pp.1120-1129 (2006).

(18) http://www.xilinx.com

(19) http://www.altera.com

(20) Altera Corp., "次世代FPGAがもたらすブレークスルーとは？," WP-01199-1.0 (2013).

(21) Putnam, A. et al., "A Reconfigurable Fabric for Accelerating Large-Scale Datacenter Services," in Proc. 2014 ACM/IEEE 41st International Symposium on Computer Architecture (ISCA), pp.13-24 (2014).

2章　FPGAの概要

2・1　FPGAの構成要素

FPGA（Field Programmable Gate Array）は，プログラマブル・ロジック・デバイス（PLD）の一種であり，任意の論理回路を実現できる集積回路である．特にユーザが手元で回路を変更できるという特徴から，現場（Field）でプログラム可能な（Programmable）ゲートアレイ（Gate Array）という名前が付いている．しかし，実際の回路構成はゲートが敷き詰められた構造ではない．

図 2・1 に典型的なアイランドスタイル FPGA の構造を示す．FPGA の基本部分は大きく分けて三つの部分からなる．一つ目は論理回路を実現する論理要素（論理ブロック，Logic Block：LB），二つ目は外部との信号の入力および出力を行う入出力要素（I/O ブロック，Input/Output Block：IOB）．そして，三番目はそれらを接続する配線要素（配線チャネル，スイッチブロック（Switch Block：

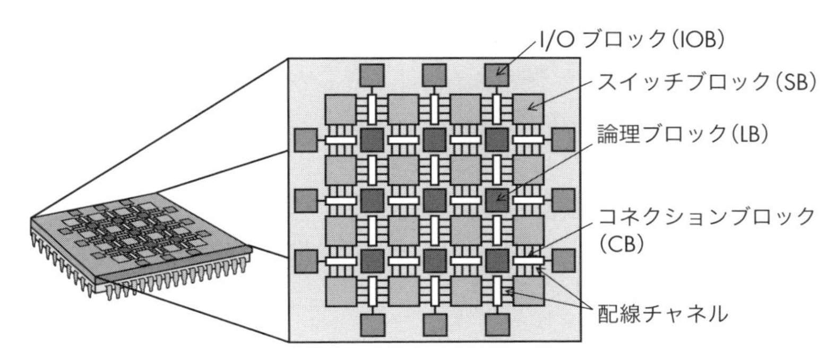

FPGA は回路を実現する論理要素，外部との信号の入力および出力を行う入出力要素，そして，それらを接続する配線要素からなる．アイランドスタイル FPGA は，それらが格子状に配置される．

図 2・1—アイランドスタイル FPGA の概要 (1)(2)

SB)，コネクションブロック（Connection Block：CB)）である．これらの基本要素を用いて任意の論理回路を実現するのだが，それ以外ではクロックネットワーク，コンフィギュレーション/スキャンチェーン，テスト回路なども含まれる．また，商用 FPGA はプロセッサやブロックメモリ，乗算器などの固定機能の回路も内蔵する．以下に各要素の概要を示す．なお，詳細は 3 章で解説する．

論理要素：プログラムロジックにおける論理ブロックの実現方式には，GAL（Generic Array Logic）時代からあるプロダクトターム方式[†1]，ルックアップ・テーブル（LUT：Look-Up Table）方式，マルチプレクサ（MUX：Multiplexer）方式などがある．いずれの方式でも任意の論理回路を実現するプログラム可能な部分とフリップフロップ（FF：Flip-Flop）などの値を保持する回路，セレクタなどからなる．

入出力要素：I/O ピンと内部の配線要素とを接続するブロックである．プルアップ，プルダウン，入出力の方向や極性，スルーレート，オープンドレインなどの制御回路，およびフリップフロップなどの値を保持する回路を備える．商用 FPGA ではシングルエンドの標準 I/O である LVTTL, PCI, PCI express, SSTL や，差動標準 I/O 規格の LVDS などの十数種の規格をサポートしている．

配線要素：論理ブロック間の接続や，論理ブロックと I/O ブロックとの接続を行う部分で，配線チャネル，コネクションブロック（CB），スイッチブロック（SB）からなる．配線チャネルは，格子状に配置されたアイランドスタイル（図 2・1）のほかに階層構造になっているものや H-tree を構成するものがある．各スイッチはプログラム可能であり，内蔵している配線資源を用いて，任意の配線経路を形成できる．

その他の要素：論理ブロック，I/O ブロック，スイッチブロック，そしてコネクションブロックは，すべてコンフィギュレーションメモリによって，論理関数や接続関係が決められる．全コンフィギュレーションメモリに対し，順次コンフィギュレーションデータを書き込むための経路がコンフィギュ

---

†1　プロダクトタームとは，積（product）項（term），すなわち積和表現に基づく方式である．いわゆる，AND-OR アレイ構造のこと．

レーションチェーンである．基本はシリアル転送で行い，セットやリードバックが可能である．このようなデバイス全体にわたる構造は，コンフィギュレーションチェーンのほかに，スキャンパスとクロックネットワークがある．ほかには，LSIテストを支援する回路や組込プロセッサやブロックメモリ，乗算器などの固定機能の回路を内蔵するものもある．

2・2　プログラミングテクノロジー

先に述べたようにFPGAは，プログラム可能なスイッチによって回路情報を制御している．この「プログラム可能な」スイッチは，これまでさまざまな半導体技術を用いて実現している．歴史的には，EPROM，EEPROM，フラッシュメモリ，アンチヒューズ，そしてスタティックメモリ（SRAM）が使われてきた．これらのテクノロジーのなかで，フラッシュメモリ，アンチヒューズ，スタティックメモリの3種類が，現代のFPGAでも広く利用されているプログラミングテクノロジーである．本節では，これらを比較しながら利点と欠点を整理する．

2・2・1　フラッシュメモリ

〔1〕　フラッシュメモリの原理

フラッシュメモリは，EEPROM（Electrically Erasable Programmable Read-Only Memory）の一種で，不揮発性メモリ[†2]に分類されるメモリである．**図2・2**にフラッシュメモリの構造を示す．フラッシュメモリの構造はMOS[†3]の仲間であるが，絶縁膜中にフローティング・ゲートをもつという特徴がある．通常，このフローティング・ゲートはポリシリコン膜で形成され，どこにも接続されていない絶縁体（SiO_2）中のフローティング・ゲート電極となる．

フラッシュメモリには書込み方式によって2種類に分類できる．NAND型とNOR型である．その特徴として，NAND型は書込みタイプが高電圧を必要とする電圧型，NOR型は大電流を必要とする電流型である．ここではNAND型のフラッシュメモリを例に原理と動作を説明する．

[†2] 不揮発性メモリは電源を切っても値を保持しているメモリで，EEPROMとは電気的に消去可能なプログラム可能なROMという意味．しかし，プログラム可能なら読出しだけ（Read Only）のメモリと言えないと思うのだが…．書込みと読出しでは手順が異なるので納得することにする．

[†3] Metal-Oxide-Semiconductor，金属（Metal）-半導体酸化物（Oxide）-半導体（Semiconductor）の三層構造になっている半導体構造の一種．半導体酸化膜（SiO_2）は絶縁体として機能する．

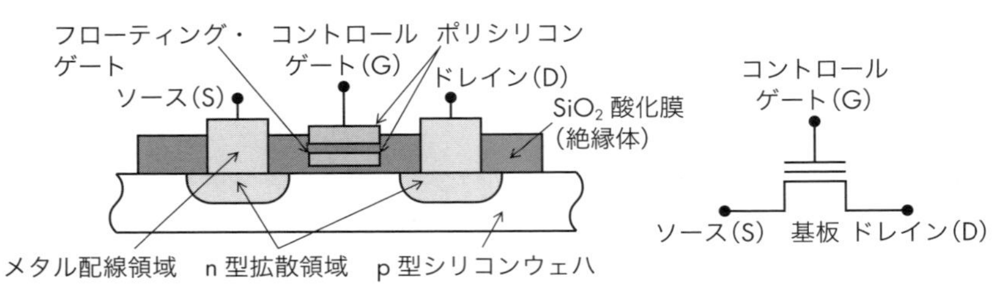

この構造は DRAM のトランジスタとよく似ているが，絶縁体中にフローティング・ゲートをもつことが異なる．ここに電荷を溜めることで値を記憶する．

図 2・2—フラッシュメモリの構造

書込み前でフローティング・ゲートに電荷が帯電していない場合は，**図 2・3**(a) のようにゼロバイアスでも電流が流れるデプレッション型であり，書込み後にフローティング・ゲートが帯電している場合は，図 2・3(b) のようにコントロールゲートがゼロバイアスでは電流が流れないエンハンスメント型となる．このフローティング・ゲートにある電荷によって，電流が流れるときの電圧が変わることを利用して「0」と「1」の状態を作る．具体的にはフローティング・ゲートに電荷がある場合，コントロールゲートにかける電圧が低電圧（1 V 程度）でも電流は

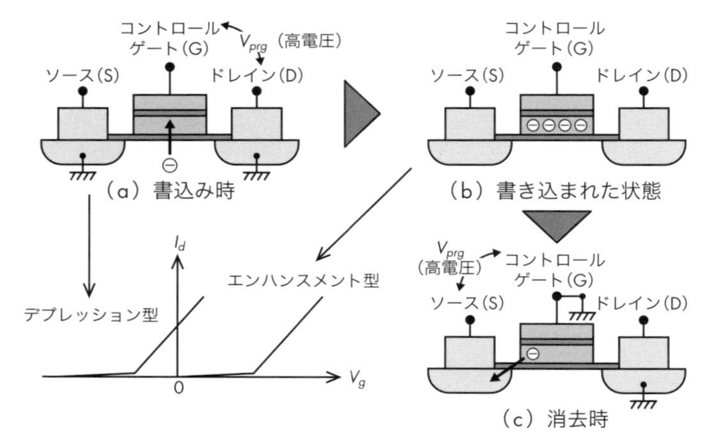

フローティング・ゲートに帯電しているときはエンハンスメント型となり，帯電していないときはデプレッション型となる．

図 2・3—フラッシュメモリの原理

流れ始めるが，電荷がない場合は比較的高い電圧（5V 程度）をかけないと電流が流れないことで区別する．

また，フローティング・ゲートに電荷を溜めると，電荷は逃げるルートがないため半永久的にその状態を保持する．すなわち，不揮発性メモリとなるわけである．では，どこにも繋がっていないゲートにどうやって電荷を溜めるかというと，ドレインとコントロールゲート間に高電圧をかけることで，電子がトンネル電流†4となってフローティング・ゲートに注入される（図 2・3(a)）†5．消去時は，ソースに高電圧をかけることでフローティング・ゲート内の電子をトンネル電流として抜く（図 2・3(c)）．

そのほか，一般的なフラッシュメモリは書込み時はビットごとに行えるが，消去時はブロック単位でまとめて行う．つまり，上書きができないという特徴をもつ．

フラッシュメモリを用いたプログラマブル・スイッチ

次に，FPGA で使われるフラッシュメモリを用いたプログラマブル・スイッチについて，Actel 社 ProASIC シリーズ[(3)〜(5)]を例に説明する†6．

図 2・4 にフラッシュメモリを用いたプログラマブル・スイッチの構造を示す．このスイッチは二つのトランジスタからできており，一つ目はフラッシュメモリの書込み/消去を行う左側の小さいトランジスタである．もう一つは，右側の大きなトランジスタで，これは FPGA としてユーザの回路の接続を制御するスイッチとして動作する．この二つのトランジスタはコントロールゲートとフローティング・ゲートが共通であり，プログラム用のスイッチで注入された電子がそのままユーザ用のスイッチの状態を決める．このように専用の書込み/消去用のトランジスタをもつことで，ユーザ用のスイッチの接続に制限がなくなるだけではなく，ユーザ信号と独立しているためプログラミングも容易になる．

---

†4 量子力学におけるトンネル効果によって流れる電流．トンネル効果とはポテンシャル障壁を越えて粒子（この場合は電子）がある一定の確率で通り抜けてしまう現象．江崎玲於奈博士は固体でのトンネル効果発見の功績により 1973 年にノーベル物理学賞を受賞している．現在問題になっている半導体微細化によるリーク電流の増大も，これが最大の原因の一つ．

†5 NOR フラッシュメモリはソース–ドレイン間に大電流を流し，その一部がホットエレクトロンとしてフローティング・ゲートに注入されることで書込みが行われる．

†6 ProASIC シリーズは，元々 Zycad 社の GateField 事業部の製品として 1995 年に発売したフラッシュメモリを用いた最初の FPGA である．その後，1997 年に Zycad 社は社名を変更し GateField 社となり，さらに 2000 年に Actel 社に買収され，このシリーズも Actel 社のラインナップに加わった[(6)]．

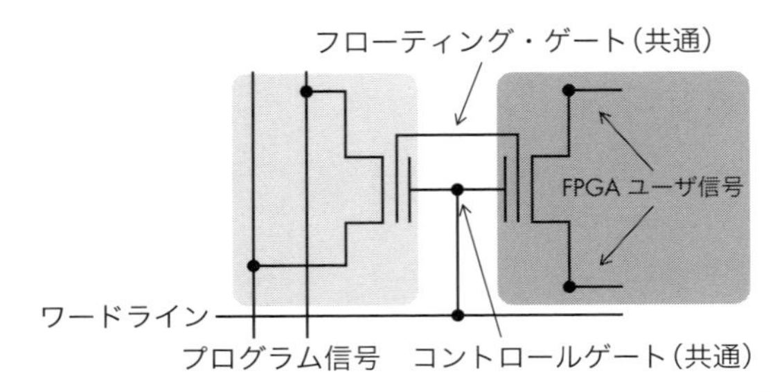

二つのスイッチがフローティング・ゲートとコントロールゲートを共有する．左の小さいスイッチはプログラム用，右の大きなスイッチは FPGA のユーザ信号の接続用である．

図 2・4—フラッシュ・プログラマブル・スイッチ

実際のプログラムは NAND フラッシュメモリのようにトンネル電流を用いて次のように行う(3)．はじめにプログラミング・トランジスタのソースおよびドレインを 5.0 V に印加する．次に，コントロールゲートに –11.0 V をかけると電子が流入し，スイッチがオンになる．通常動作時は，コントロールゲートを 2.5 V に保持する．こうすることで，フローティング・ゲートの電位は概ね適正な 4.5 V 程度に維持される．消去時（スイッチオフ）は，プログラミング・トランジスタのソースおよびドレインをグランドレベルにし，コントロールゲートに 16.0 V を印加する．この結果，通常動作時のフローティング・ゲートは 0 V 以下になる．

〔2〕 フラッシュメモリを用いたプログラマブル・スイッチの利点・欠点

フラッシュメモリを用いたプログラマブル・スイッチの利点をまとめると次のようになる．

- 不揮発であること
- サイズが SRAM と比較して小さいこと
- LAPU（Live At Power-UP；電源投入後の即動作）が可能なこと
- 再構成可能なこと
- ソフトエラー耐性が強いこと

また，欠点は次の通りである．

- 書換えに高い電圧が必要なこと

- CMOS の最先端プロセスが使えないこと（フラッシュメモリのプロセスは微細化に向いていない）
- 書換え回数に制限があること[†7]
- オン抵抗，負荷容量が大きいこと

2・2・2　アンチヒューズ

アンチヒューズ[(7)]を用いたスイッチは，通常，開放（絶縁）されており，電流をかけて焼き切る（この場合，正確には焼き繋げる）と導通する．つまり，ヒューズ[†8]とは反対の動作をすることが，アンチヒューズと呼ばれる由縁である．

Actel 社の PLICE (Programmable Logic Interconnect Circuit Element)[(8)]と QuickLogic 社の ViaLink[(9)(10)]を例にとり，アンチヒューズスイッチの構造と特徴をみていく．

Actel 社のアンチヒューズスイッチ PLICE の構造を**図 2・5** に示す．

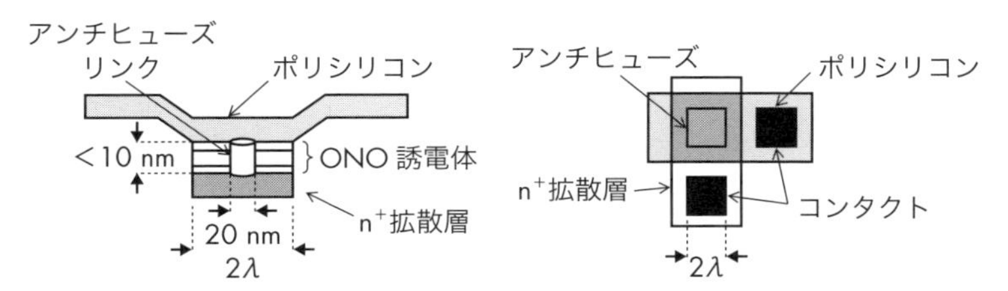

ポリシリコンと n⁺拡散層を導体として用い，その間を ONO 誘電体を絶縁体として挿入する構造をとる．サイズはコンタクトと同程度である．

図 2・5—ポリシリコンタイプのアンチヒューズ PLICE の構造

PLICE はポリシリコンと n^+ 拡散層を導体として用い，その間を Oxide-Nitride-Oxide（ONO；酸化膜-窒化膜-酸化膜）誘電体を絶縁体として挿入する構造をとる．ONO 誘電体は，厚み 10 nm 以下であり，標準的には 10 V 程度の電圧，約 5 mA の電流をかけることで上下の接続を作ることができる．アンチヒューズ自

†7 Actel 社の ProASIC3 シリーズで 500 回までとなっている[(4)]．これが多いか少ないかはユーザやアプリケーションによる．

†8 ヒューズは定格以上の電流から回路を保護，あるいは事故防止のために付ける部品．通常は導体としてふるまうが，定格以上の電流によって，自らの発熱（ジュール熱）によって焼き切れることで電流経路を切断し，対象回路を保護する．

体のサイズは，概ねコンタクトホール[†9]と同程度である．ONO 誘電体タイプのアンチヒューズのオン抵抗は 300〜500 Ω 程度である (1)(7)．

一方，QuickLogic 社のアンチヒューズスイッチは，配線のレイヤ間を繋ぐことから Metal-to-Metal アンチヒューズともいわれる．**図 2・6** に QuickLogic 社の ViaLink の構造を示す．ViaLink アンチヒューズは，上下 2 層のメタル配線間に，アモルファスシリコン層（絶縁体）とタングステンプラグなど（導体）を入れた構造をとる．アンチヒューズのサイズは，ポリシリコンタイプと同様に概ねコンタクトと同程度である．また，アモルファスシリコン層は，プログラム処理をするまでは相対的に高い抵抗を示し，事実上絶縁状態にある．一方，電流をかけてプログラム処理を施すと，メタル配線間の相互接続にほぼ等しい低い抵抗値に状態変化する．ViaLink のオン抵抗は，概ね 50〜80 Ω（標準偏差 10 Ω）で，プログラム電流は約 15 mA 程度である (1)(7)．

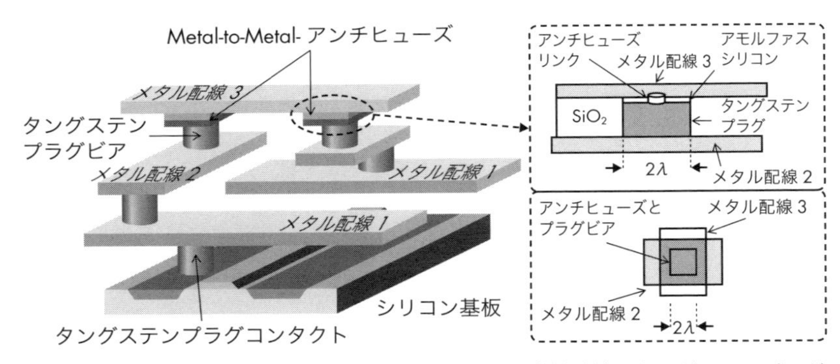

上下 2 層のメタル配線間に，アモルファスシリコン層(絶縁体)とタングステンプラグなど(導体)を入れた構造をとる．サイズはポリシリコンタイプと同様にコンタクトと同程度である．

図 2・6—Metal-to-Metal タイプのアンチヒューズ ViaLink の構造

ポリシリコンタイプと比較して，Metal-to-Metal タイプのアンチヒューズの利点は二つある．一つ目は金属配線間を直接繋ぐことができるため面積が小さい．ポリシリコンタイプはアンチヒューズ自身のサイズは同じでも，金属配線を繋ぐための領域がどうしても必要となる．二つ目はアンチヒューズのオン抵抗が低い

[†9] Contact Hole．シリコン基板上でゲートと上層の配線間，あるいは配線の上層と下層間を結ぶために設けられた穴のこと．ビアホール（Via Hole）もほぼ同義語．こちらはプリント基板用語からの転用．Beer Hall ではない．

点である．以上から，現在，アンチヒューズは Metal-to-Metal タイプが主流になっている．

また，デバイスのセキュリティを考えた場合，後述するスタティックメモリ方式はコンフィギュレーションのリードバックが可能であることから暗号化などの方策を別途とる必要がある．それに対して，アンチヒューズ方式は書込み時に専用の経路が存在しないため，それを利用した読出しは構造上不可能である．構成データを読み取るためにはリバースエンジニアリングを行い，アンチヒューズの状態から書き込まれているかを判断する必要がある．ところが，Metal-to-Metal タイプのアンチヒューズ FPGA は，ケミカルエッチングによってリバースエンジニアリングしようとしても，アンチヒューズビアは破壊される．各アンチヒューズの状態を調べる唯一の方法は，断面的に裁断することだけであり，これはチップのその他領域が破壊される可能性が極めて高くなるため，デバイスに書き込まれた回路情報を抜き出すことは，事実上不可能といえる．したがって，後述のスタティックメモリタイプの FPGA と比べて，際立って高いセキュリティ性能を有するデバイスとなる．

アンチヒューズを用いたプログラマブル・スイッチの利点・欠点

アンチヒューズの利点をまとめると次のようになる．

- サイズが小さいため高密度であること
- オン抵抗，負荷容量が小さいこと
- 不揮発であること
- リバースエンジニアリングがほぼ不可能であること
- ソフトエラー耐性が強いこと

また，欠点は次の通りである．

- 書換えができないこと
- プログラムを行うために，ワイヤ当たりに 1, 2 個のトランジスタが必要なこと
- 専用のプログラマが必要なうえプログラミングに時間がかかること
- 書込み欠陥のテストができないこと
- そのために，プログラミングの歩留まりが 100%ではないこと

2・2・3　スタティックメモリ

最後はプログラミングテクノロジーとしてスタティックメモリを用いる場合である．**図2・7**にCMOS型のスタティックメモリセルの原理的な構造を示す(11)．図の左が原理を示すゲートレベルの回路図で，右がトランジスタレベルの回路図である．スタティックメモリはCMOSインバータ2個で構成した正帰還ループ（フリップフロップ）とパストランジスタ（PT）2個で構成される．フリップフロップの双安定状態（0および1）で情報を記憶し，書込みはPTを介して行う．PTにはnMOS型を使用する．

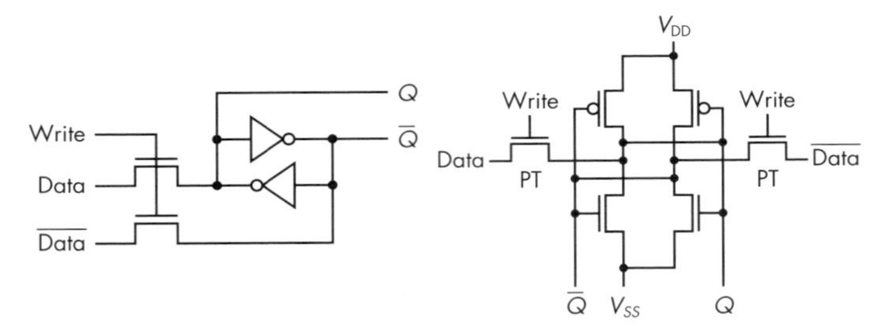

スタティックメモリは，CMOSインバータ2個で構成した正帰還ループとパストランジスタ(PT)2個で構成される．フリップフロップの双安定状態で情報を記憶し，書込みはPTを介して行う．

図2・7—スタティックメモリの原理

通常のスタティックメモリは，アドレス情報からワード線（この図のWrite信号に接続される）をドライブ[†10]し，読出しもPTを介して行う．このため，メモリセルの出力のハイレベルが$V_{\mathrm{DD}} - V_{\mathrm{th}}$[†11]となり，これをセンスアンプで増幅して出力する．しかし，FPGAは常に読出しが必要なため，PTを介して読み出すのではなく，フリップフロップ部から常に出力を引き出す（$Q/\overline{Q}$出力）．

スタティックメモリをプログラマブル・スイッチに用いるFPGAの多くは，論

---

†10　通常のスタティックメモリはアドレスによって決まるワード線にある複数のビット（8ビットとか16ビット）を一斉に読み出す．そのときにほかのワードからのデータと衝突しないように読出し時もPTによって制御される．ここでドライブと書いているのは，そのアドレスによって決まる1本のワード線を動作させることを意味する．

†11　V_{DD}は，Voltage Drainを意味し電源電圧のこと．FET（電界効果トランジスタ）を用いたCMOS回路では，ドレイン（Drain）端子に電源を接続するのでこういう名称を用いる．V_{th}はスレッショルド（Threshold）電圧（しきい値電圧）のこと．ゲート（Gate）端子にかける電圧がこの値を超えるとオンとオフが切り換わる．

理ブロックにルックアップ・テーブル（LUT）を備え，配線の接続を切り換えるのにマルチプレクサなどを用いる．ルックアップ・テーブルは論理式の真理値表を格納するメモリそのものであり，複数ビットのスタティックメモリで構成される．一方，マルチプレクサの接続を決めるセレクタ信号の入力にもスタティックメモリが使用される．このようなFPGAを一般的にSRAMタイプのFPGAと呼び，現在主流のデバイスである．LUTの構造は2・3・3節で解説する．

スタティックメモリを用いたプログラマブル・スイッチの利点・欠点

スタティックメモリの利点は以下の通りである．

- CMOSの先端プロセスを使用できる
- 再構成が可能なこと
- 書換え回数に制限がないこと

また，欠点は次の通り．

- メモリサイズが大きい
- 揮発性であること
- セキュリティ確保が困難なこと
- ソフトエラーに敏感であること
- オン抵抗，負荷容量が大きいこと

このように，スタティックメモリは，ほかのプログラミングテクノロジーと比較して多くの欠点をもっているが，「CMOSの先端プロセスを使用できる」という一点ですべての欠点を覆している．そして，現在では，スタティックメモリベースのFPGAは，先端CMOSプロセスのプロセスドライバ†12となっている．

2・2・4 プログラミングテクノロジーのまとめ

表2・1にこれら三つのプログラミングテクノロジーの比較(11)を示す．

アンチヒューズは，待機時の消費電力は少なく，接続スイッチのオン抵抗が小さいことから高速動作が可能である．また，内部回路の解析が困難であることか

†12 プロセスドライバとは，半導体プロセスを牽引する製品カテゴリーのことを指す．かつてはDRAMやゲートアレイ，プロセッサなどが最先端プロセスを開発しつつ製品として進歩していた．現在はハイエンドのプロセッサとFPGAが半導体微細化の最先端であり，あらゆる最新技術が投入されている．

表 2・1—プログラミングテクノロジーの特徴比較

項目	フラッシュメモリ	アンチヒューズ	スタティックメモリ
不揮発性	○	○	×
再構成性	○	×	○
メモリ面積	中（1 Tr.）	小（none）	大（6 Tr.）
製造プロセス	フラッシュプロセス	CMOS プロセス ＋アンチヒューズ	CMOS プロセス
ISP[†13]	○	×	○
スイッチ抵抗	500〜1 000 Ω	20〜100 Ω	500〜1 000 Ω
スイッチ容量	1〜2 fF	<1 fF	1〜2 fF
プログラミング歩留り	100%	>90%	100%
書換え回数	10 000 回程度	1 回	無制限

ら，機密性の高い用途に向いている．しかし，書込み時に回路を固定的に接続するため，後から回路情報の書換えはできない．また，微細化が困難であり，そのため集積度は低い．

一方，フラッシュメモリは，書換え可能なうえ，不揮発であることから，LAPU が可能である．スタティックメモリは複数個のトランジスタで一つのセルを構成するため，1 セル当たりのリーク電流が大きくなるのに対し，フラッシュメモリは一つのフローティング・ゲート・トランジスタで一つのセルを構成するため，リーク電流が構造的に小さい．この特徴は原理的にスタティックメモリより高集積化が可能であることを示しているが，しかし，実際の集積度は低い．さらに，フラッシュメモリの回路情報の書換えは，スタティックメモリの書換えに比べ極めて高いエネルギーを要する．すなわち，書換えの消費電力が大きいわけであるが，この特徴から放射線によるエラーの耐性が高いという副次的効果も得ている．また，そのほかの特徴として，フラッシュメモリには書換え回数の制限（1 万回程度）という欠点がある．このため，動的再構成のように頻繁に書き換えて動作するデバイスには向かない．

スタティックメモリを用いた FPGA は，電源投入時に外部から回路情報を転送して動作する．スタティックメモリは回路情報の書換え回数の制限はなく何度でも書き換えることが可能である．製造も最先端の CMOS プロセスが適用できるため，その恩恵から高集積化，高性能化しやすい．その反面，スタティックメモリは揮発性なので電源の供給を止めれば回路情報が失われ，LAPU ができない．

[†13] In System Programmability，機器に搭載したままで回路情報が書換え可能であること．

また，リーク電流が多いため待機時の消費電力が大きい．さらに，放射線によるエラーが起こりやすく，回路情報を盗み見られるセキュリティ上の危険性をもつ，などのデメリットがある．

2・3　FPGAの論理表現

2・3・1　FPGAへの回路実装

ここではFPGAへの回路の実装の様子を**図2・8**の多数決回路を用いて説明する[†14]．この回路は，三つの入力の多数決をとり，その結果が1のときにLEDが光る回路である．これを実現するためには押しボタンスイッチ，抵抗，LED，FPGAなどの電子部品が必要である．図2・8の点線枠内の回路をFPGAに実装することとする．

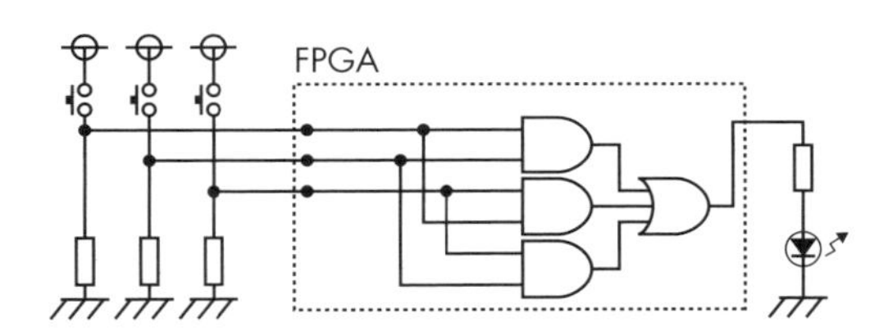

非常に簡単な例として三つの入力から多数決をとり1のときにLEDが光る回路をFPGAに実装する．

図2・8—多数決回路の例

図2・9には，この多数決回路の真理値表とカルノー図，そして簡単化した後の論理式を示す．FPGAへの実装する部分は論理回路なので，なるべく簡単化したくなるが，ASICのような最適化設計は必要ない．FPGAの論理ブロックの方式がLUT方式の場合，その入力数までの任意の論理関数が実現できるためである．プロダクトターム方式の場合は，積和標準形で表現する必要がある．

この説明では論理ブロックの入力数は3として考えることとする．したがって，図2・9の真理値表は一つの論理ブロックで実現できる．**図2・10**は，上記の論理関数をFPGAに実装したときに使われる各部分について示している．論理回路の入力信号はFPGAのI/Oパッドから入り，内部の配線経路を通って論理ブ

[†14] ここでの説明は概念的なものを理解するために詳細は省いている．また，用語の説明もないが気にしないで欲しい．そのあたりは後の章で詳しく説明する．ここでは大雑把なところを理解して欲しい．

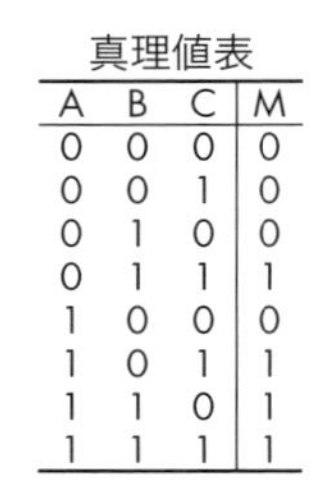

真理値表

A	B	C	M
0	0	0	0
0	0	1	0
0	1	0	0
0	1	1	1
1	0	0	0
1	0	1	1
1	1	0	1
1	1	1	1

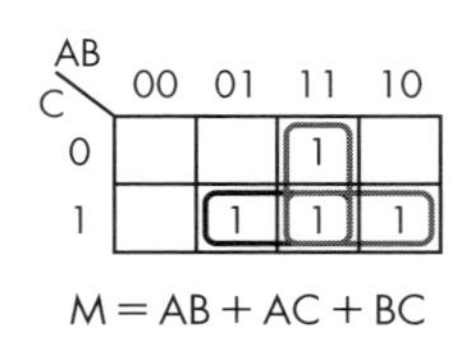

（a）多数決回路の真理値表　（b）多数決回路のカルノー図と論理式

多数決回路のさまざまな論理表現．FPGA では論理ブロックの入力数までの関数は真理値表のデータをそのまま実装できる．

図 2・9―多数決回路の真理値表とカルノー図，論理式

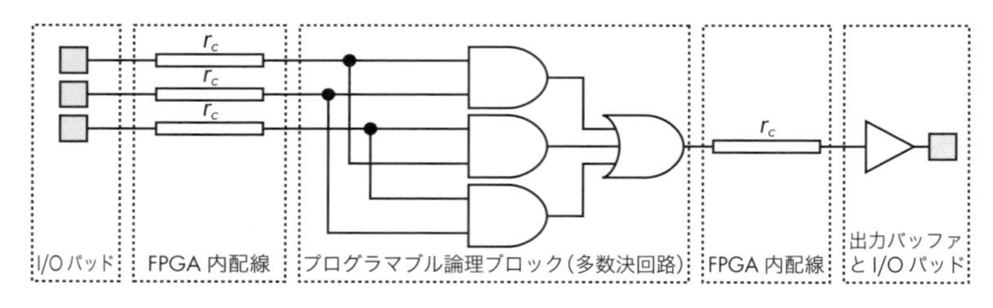

多数決回路の各部分が FPGA のどこを使うかを示している．

図 2・10―多数決回路のマッピング

ロックに入力される．論理ブロックでは，上記の真理値表に基づき出力が決定され，再び配線経路を通って I/O パッドへ向かう．ただし，出力信号は FPGA 外部で LED を光らせる必要から，出力段にバッファを挿入し，ドライブ能力を高めている．

このように分解された回路は，**図 2・11** に示したように，FPGA 内部で接続される．FPGA は内部でプログラム可能なスイッチによって信号線の経路を決定し，プログラム可能なメモリ，すなわち LUT などで論理関数を実現する．

2・3・2　プロダクトターム方式による論理表現

FPGA の論理要素である論理ブロックの実現方式のうち，ここではプロダクトターム方式の例として，PLA（Programmable Logic Array）を用いてその原理を示す．**図 2・12** は PLA の概略構成である．

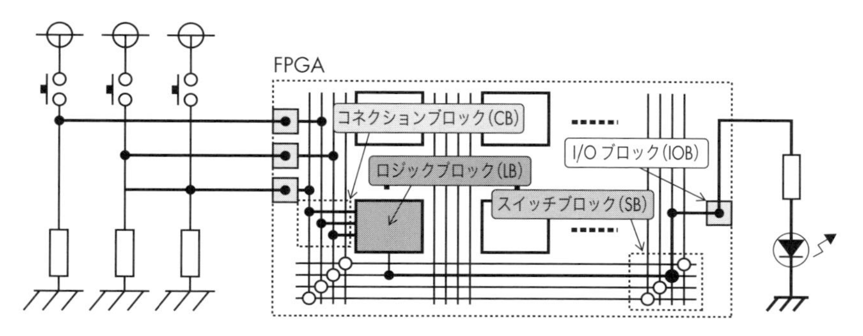

FPGA 上で多数決回路は IOB から信号が入り，配線チャネルを通り CB を経由して LB に入力される．LB は論理関数に従って結果を出力し，入力信号と同様に配線チャネル，SB を経由して IOB から出力される．

図 2・11—FPGA 上の多数決回路

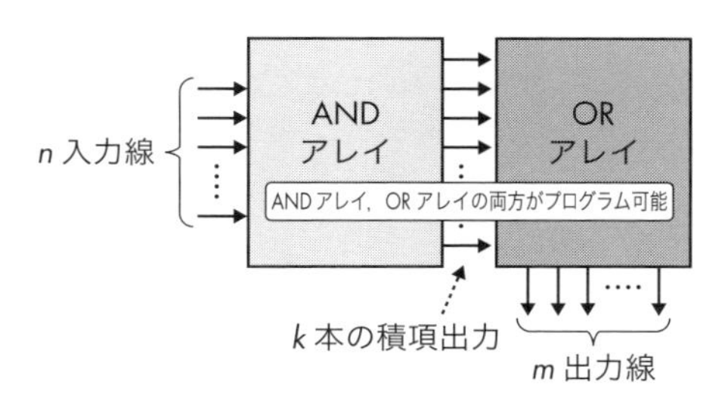

PLA は AND アレイと OR アレイから構成され，それぞれプログラム可能である．

図 2・12—プロダクトターム方式の概要

PLA は AND アレイと OR アレイが接続されており，それぞれがプログラム可能な接続構成をもつ．プロダクトターム方式では，少ない回路資源で所望の回路を実現するためには，論理関数を最小積和形で表現する必要があり，このため，設計では論理の簡単化が非常に重要である．積和形で表現された論理関数は，論理積項と論理和項とに分解し，AND アレイ，OR アレイそれぞれに実装する．

図 2・13 にプロダクトターム方式の内部構造を示す．AND アレイ内部では，入力信号のリテラルとそれぞれの AND ゲートの入力とがプログラム可能なスイッチで接続されている．OR アレイは AND ゲートの出力と OR ゲートの入力とが同じくプログラム可能なスイッチで接続される．一般に，AND アレイでは，n 入力までのリテラルの論理積項を k 個までプログラム可能である．また，その k 本

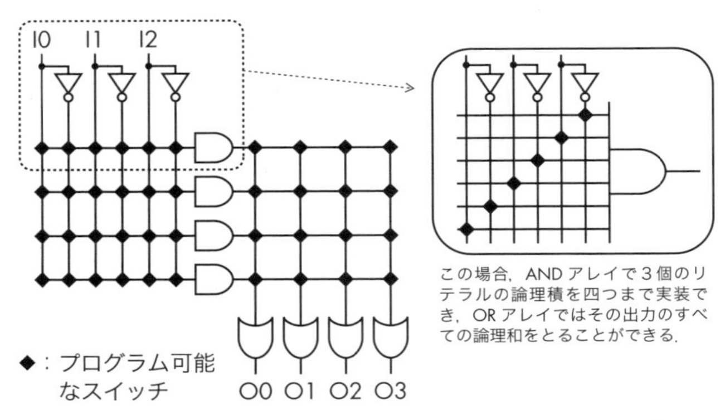

論理関数を積和形で表現し，論理積項と論理和項とに分解し，AND アレイ，OR アレイそれぞれに実装する．

図 2・13—プロダクトターム方式の構造

M = AB + AC + BC

（a）論理式による表現

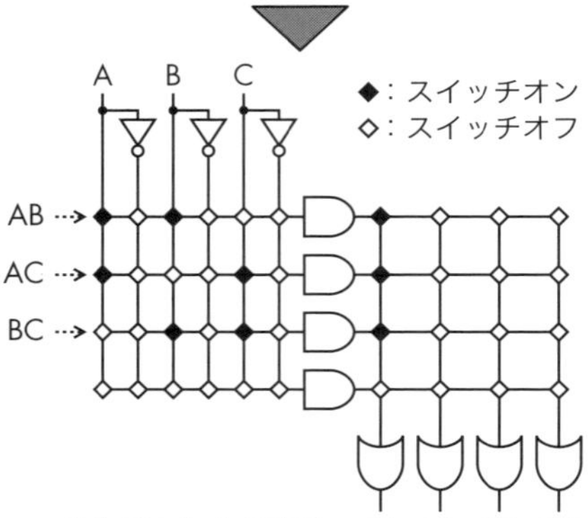

A　B　C

◆：スイッチオン

◇：スイッチオフ

AB ⋯>

AC ⋯>

BC ⋯>

（b）PLA による表現　M　O1　O2　O3

最小積和形で表現された論理関数 M = AB + AC + BC を積項は AND アレイ，和項は OR アレイのそれぞれで必要に応じてスイッチをオンにする．

図 2・14—PLA による多数決回路の実装例

の出力は次段の OR アレイに入力され，k 入力の論理和項を m 個までプログラムできる．図 2・13 の例では，3 変数の積和形で表現された論理関数を 4 個まで実装できる．

前節（2・3・1 節）の多数決回路を PLA で実装すると**図 2・14** のようになる．図中の配線上の交点の菱形はプログラム可能なスイッチを表し，白抜きはスイッチオフ，色つきはスイッチオンにプログラムされている状態を表している．この例では，AND アレイでは最初の AND ゲートには A と B が入力され，次の AND ゲートは A と C，3 番目の AND ゲートは B と C が入力されている．そして，それぞれの出力すべてが OR アレイの左端の OR ゲートの入力となり，論理関数 $M = AB + AC + BC$ を実現している．

2・3・3　ルックアップ・テーブル方式による論理表現

ルックアップ・テーブル（Look-Up Table：LUT）とは，通常 1 ワード 1 ビットのメモリテーブルであり，ワード数はアドレスのビット数に従って決まる．FPGA ではメモリに SRAM を用いることが多い．

図 2・15 に LUT の概略構成を示す．この例は 3 入力の LUT であり，3 入力の任意の論理関数を実装可能である．一般に k 入力 LUT は，2^k ビットの SRAM セルと 2^k 入力のマルチプレクサから成る．LUT の入力は，メモリテーブルのアドレスそのものであり，このアドレスに従って決まるワードの値，1 ビットを出力する．k 入力 LUT は，2^{2^k} の論理関数を実現できる．$k = 2$ で 16 種類，$k = 3$ で 256 種類，$k = 4$ で 65 536 種類の論理関数となる．

図 2・16 は，2・3・1 節の多数決回路を LUT で実装する場合の例である．LUT

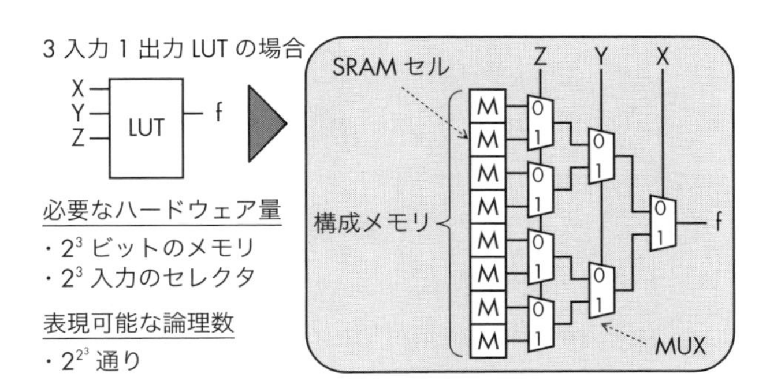

図 2・15―LUT の概要

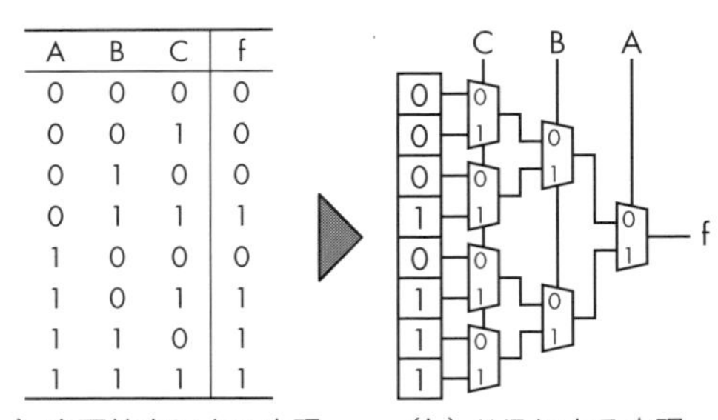

A	B	C	f
0	0	0	0
0	0	1	0
0	1	0	0
0	1	1	1
1	0	0	0
1	0	1	1
1	1	0	1
1	1	1	1

（a）真理値表による表現　（b）LUT による表現

真理値表の関数値をそのまま LUT を構成するメモリ上に書き込むことで論理関数 M＝AB＋AC＋BC を実現する.

図 2・16—LUT による多数決回路の実装例

による実装では，真理値表を LUT の入力数に合わせて作成し，その関数値（f の欄）をそのまま構成メモリに書き込む．実現したい論理関数が LUT の入力数より多くの変数（リテラル）をもっている場合は，複数の LUT を用いて実装する．このためには実現したい論理関数を LUT の入力数以下の論理関数に分解する必要がある．この方法については 5 章で詳しく述べる．

ルックアップ・テーブルの構造

2・2・3 節でスタティックメモリの概略構成をみてきたが，本節では LUT の構造について述べる．ここでは主に Xilinx 社の FPGA に使われてきた LUT の構造を，その歴史的な進化の過程とともに述べる．

図 2・17 に Xilinx 社の初期の FPGA に使用されたスタティックメモリと LUT の構成を示す．このメモリセルは Xilinx 社の Hsieh の発明である US 特許 4,750,155 (1985 年 9 月出願，1988 年 6 月成立) [12] およびその続きの US 特許 4,821,233 (1988 年出願，1989 年 4 月成立) [13] に基づいている．

図 2・17(a) のスタティックメモリは，現在ではあまり使われない 5 トランジスタ構成である．LUT は書換え頻度が少ないことから，書換えに必要なパストランジスタの数を減らし，速度より面積を優先した結果であろう．図 (b) は，これを用いた 2 入力 LUT の例である．M の部分が図 (a) の 5 トランジスタ・スタティックメモリセルである．LUT 用のスタティックメモリは常にデータを出力しているため，LUT は入力 F0 および F1 によって値を選択するだけで任意の論理回路と

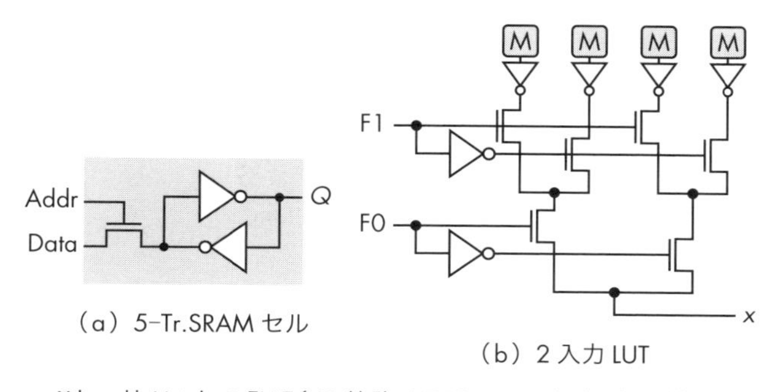

（a）5-Tr.SRAM セル

（b）2 入力 LUT

Xilinx 社 Hsieh の発明(US 特許 4,750,155，および US 特許 4,821,233)における 5 トランジスタ・スタティックメモリセルと LUT の構成.

図 2・17—SRAM セルと LUT の基本構成

して機能する.

次に Xilinx 社の Freeman らは，LUT の構成メモリを FPGA 内の分散メモリとして利用できるように改良した．US 特許 5,343,406（1989 年 7 月出願，1994 年 8 月成立）[14] である．**図 2・18** にその構成を示す．図 (a) のメモリ構成は先の

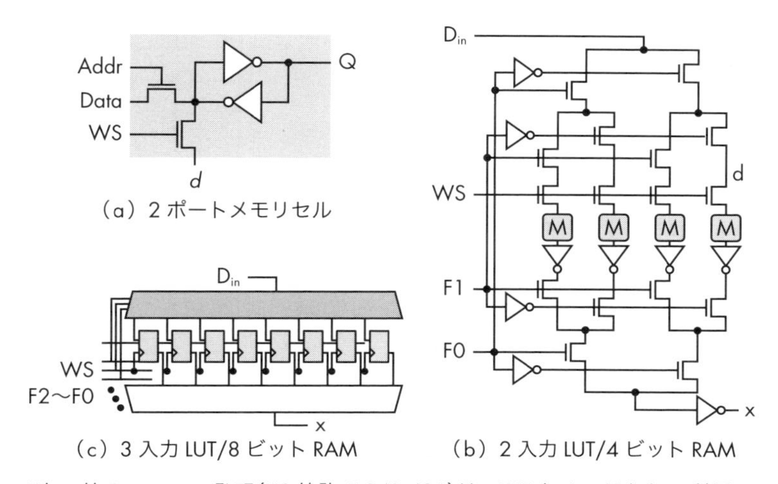

（a）2 ポートメモリセル

（c）3 入力 LUT/8 ビット RAM

（b）2 入力 LUT/4 ビット RAM

Xilinx 社 Freeman の発明(US 特許 5,343,406)は，LUT をメモリとして利用できるようにメモリセルを改良した．Altera 社の Watson も同様な発明(US 特許 5,352,940)をしている.

図 2・18—LUT をメモリとして利用するための構成

5 トランジスタ構成のスタティックメモリにもう一つパストランジスタを追加し，通常のコンフィギュレーション経路（Addr と Data）とは独立した書込みポート（WS と d）を形成する．メモリとして利用する場合のアドレスは，LUT として利用する場合の入力信号と同じ F0 と F1 を用いる．WS はライトストローブ信号であり，アドレスによって選択された d 入力には，図 (b) 上部のデマルチプレクサを通して，外部入力信号 D_{in} が入力される．読出しは従来の LUT としての出力と共通である．図 (c) は 3 入力 LUT と 8 ビット RAM の場合の構成図である．

さらに，**図 2・19** は，メモリ機能に加えシフトレジスタも構成できるように改良した LUT である．同じく Xilinx 社の Bauer の発明，US 特許 5,889,413（1996 年 11 月出願，1999 年 3 月成立）である[15]．図 (a) のメモリセルは，シフト制御用のパストランジスタ 2 個を追加している．D_{in}/Pre-m は外部または前段のメモリからのシフト入力である．また，図 (b) 中央にその接続関係を示す．PHI1，PHI2 はシフタ動作を制御する信号である．この制御信号に**図 2・20** のタイミン

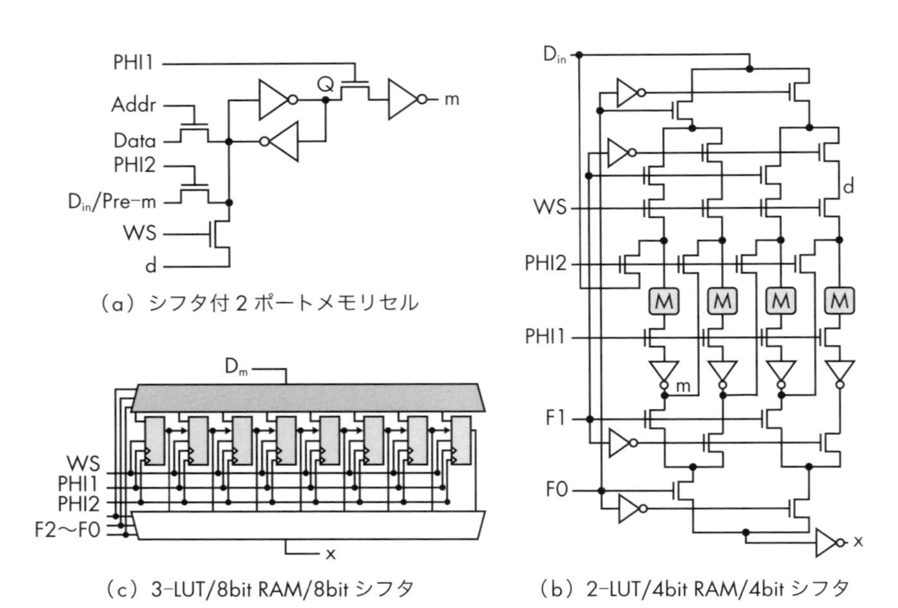

Xilinx 社 Bauer の発明(US 特許 5,889,413)は，LUT をメモリだけではなくシフトレジスタとして利用できるように改良した．

図 2・19—LUT をメモリおよびシフトレジスタとして利用するための構成

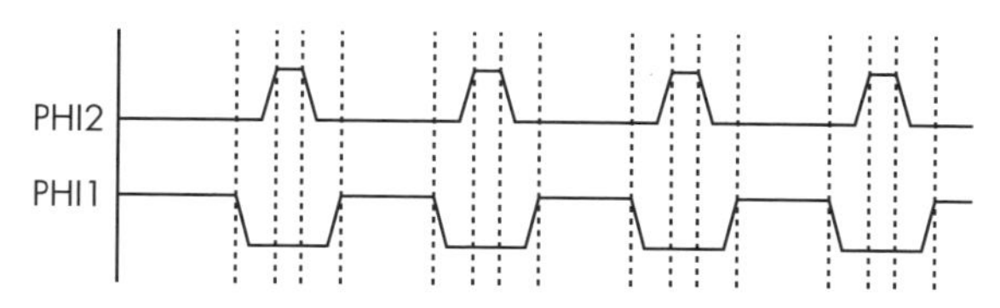

シフトレジスタとして動作させる場合は，PHI1，PHI2 に
オーバラップしない逆位相の信号を与える．

図 2・20—シフトレジスタの制御タイミング

グの波形を与えることで，シフト動作を行う．なお，PHI1 と PHI2 はオーバラップしない逆位相の信号である．PHI1 によって下のパストランジスタがオープンになっているとき，PHI2 によって上のパストランジスタが開くと，前段のメモリの出力が後段の入力と繋がり，データがシフトされる．図 2・19(c) は 3 入力 LUT，8 ビット RAM，8 ビットシフタの場合の構成図である．

さらに，現在の LUT はクラスタ化やアダプティブ化[†15]されており，入力数の少ない LUT を複数個用いて一つの大きな LUT として使用する構成を実現している．論理ブロックの構造や LUT のクラスタ化，アダプティブ化の詳細については，次章で詳しく説明する．

2・3・4　そのほかの方式による論理表現

ここでは上記以外の論理ブロックの構成による論理表現について述べる．

プロダクトターム方式や LUT 方式以外の代表的な方式にマルチプレクサ方式がある．その代表例として，Actel 社の FPGA である ACT1[(16)(17)†16]を用いて説明する．

図 2・21 に ACT1 の論理セルの構成を示す．論理セル（図 (a)）は三つの 2 入力 1 出力マルチプレクサ（2-1MUX）と一つの論理和ゲートから成り，最大 8 入力 1 出力のいくつかの論理回路まで実装できる．4 入力までなら NAND, AND, OR, そして NOR ゲートを実装でき，さらに入力の反転やいくつかの複合ゲート（AND-OR や OR-AND など），ラッチ，フリップフロップもこのセルを用いて作

[†15] 例えば，分割可能な 8 入力の LUT を，7 入力 LUT × 2 個や，7 入力 LUT × 1 個と 6 入力 LUT × 2 個のように複数の小さな LUT のクラスタで使用する手法．一般的にはこれにより LUT の利用効率が向上する．Altera 社では Fracturable LUT と呼ばれている．

[†16] ACT シリーズは既に生産を終了しており，現在は入手不可能．

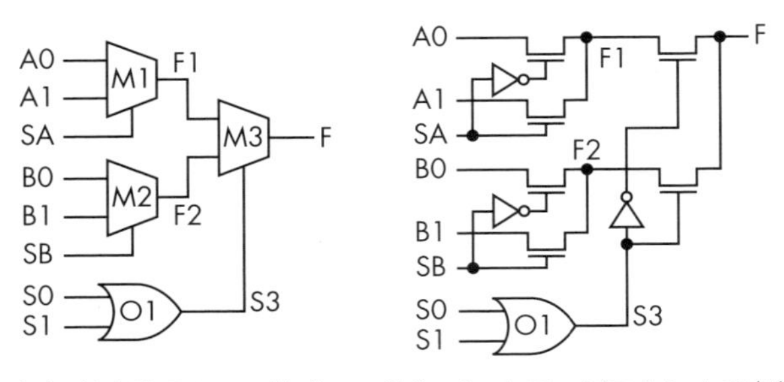

（a）基本論理セルの構成　　（b）パストランジスタによる実装

(a)は三つの 2-1 MUX と OR ゲートで構成された論理セル.
(b)はパストランジスタを用いて実現した論理セルの回路図.

図 2・21—ACT1 の MUX を用いた論理セル

ることができる.

プロダクトターム方式やルックアップテーブル方式と異なり，この論理セルはある決められた入力数のすべての論理回路を実装できるわけではない．ASIC のライブラリのようにいくつかの決まった回路を組み合わせて所望の回路を組み上げるのである．ACT1 ではその最小単位として 2-1 MUX を採用している．**表 2・2** に 2-1 MUX で実装できる論理関数を示す．表には関数名とその論理式，そして標準積和形を示す．さらに，その関数を実現するときの 2-1 MUX の入力値を併せて載せている．つまり，表に示した入力に接続することで，その論理関数を実

表 2・2—2-1 MUX で表現できる論理関数

3 入力の論理関数の数は 256 種類あるが，一つの 2-1 MUX で表現できる論理関数はわずか 10 個である．残りは二つ以上の MUX を用いて表現する.

	関数名	F	標準形	2-1 MUX の入力		
				A0	A1	SA
1	‘0’	$F = 0$	$F = 0$	0	0	0
2	NOR1-1(A, B)	$F = \overline{A + \overline{B}}$	$F = \overline{A}B$	B	0	A
3	NOT(A)	$F = A$	$F = \overline{A}\,\overline{B} + \overline{A}B$	0	1	A
4	AND1-1(A, B)	$F = A\overline{B}$	$F = A\overline{B}$	A	0	B
5	NOT(B)	$F = \overline{B}$	$F = \overline{A}\,\overline{B} + A\overline{B}$	0	1	B
6	BUF(B)	$F = B$	$F = \overline{A}B + AB$	0	B	1
7	AND(A,B)	$F = AB$	$F = AB$	0	B	A
8	BUF(A)	$F = A$	$F = A\overline{B} + AB$	0	A	1
9	OR(A,B)	$F = A + B$	$F = \overline{A}B + A\overline{B} + AB$	B	1	A
10	‘1’	$F = 1$	$F = \overline{A}\,\overline{B} + \overline{A}B + A\overline{B} + AB$	1	1	1

現できる．

2-1 MUX は 3 入力 1 出力の論理セルとみなせる．本来，3 入力 1 出力の論理セル（例えば 3-LUT など）なら，$2^{2^3} = 256$ 種類の回路が表現できるのだが，この 2-1 MUX は表の通り 10 種類しか実装できない．それでも，複数の MUX を組み合わせればあらゆる論理回路が実現できる．**図 2・22** に 2-1 MUX で実現可能な論理関数の探索に用いる関数ホイールを示す．NOT ゲートや AND ゲート，OR ゲートのような基本論理素子が含まれることから，これらを用いればすべての論理回路が作れることは自明である[†17]．この図の関数ホイールは，実現したい論理関数を EDA ツールでシャノン展開で分解したとき，そこに出てくる論理関数を照合するために用いる．これに当てはまる論理関数は一つの MUX で実現できる．

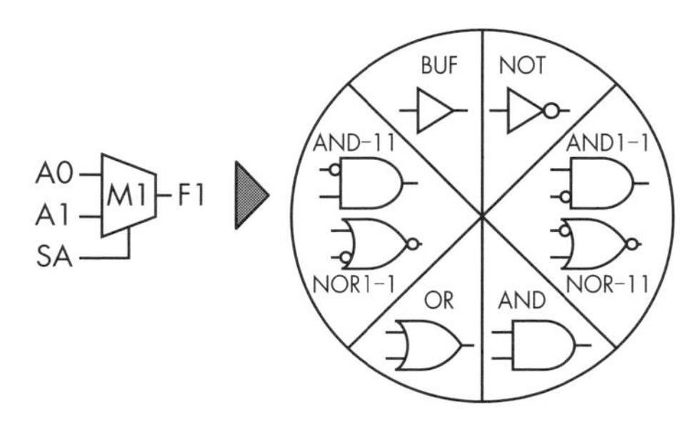

図 2・22—2-1 MUX に論理を割り当てるために用いる関数ホイール

では，先の多数決回路を用いて具体的に MUX タイプの論理セルへ実装する方法を見ていく．**図 2・23** に論理関数 $M = AB + AC + BC$ を実装する様子を示している．

まず，はじめに論理式を変数 A でシャノン展開し，部分関数 F1 と F2 を得る．この二つの関数は，先ほどの関数ホイールに当てはめると，AND と OR に相当するため，それぞれ一つの MUX で実現可能である．

†17　すべての論理関数を作ることができる論理関数の集合を万能論理関数集合という．万能論理関数集合には，ここに出てきた NOT, AND, OR のほかに NAND や NOR など単一ゲートのみの集合もある．

多数決の論理式を変数Aでシャノン展開すると，

$F = AB + AC + BC$

$= A \cdot F2(A=1) + \bar{A} \cdot F1(A=0)$

$= A \cdot (B+C) + \bar{A} \cdot (BC)$

$F2 = 1 \cdot B + 1 \cdot C + BC = B + C$

$F1 = 0 \cdot B + 0 \cdot C + BC = BC$

となり，二つの2変数論理関数F1とF2をそれぞれ2-1 MUXに割り当てると右図のようになる．

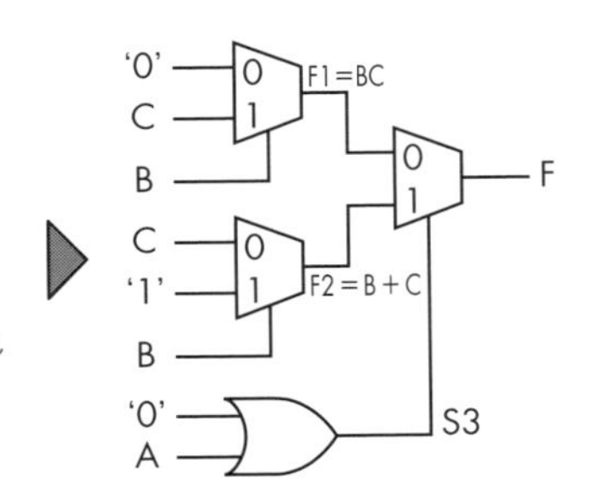

多数決回路の論理式を入力信号Aでシャノン展開をし，残りの信号Bおよび信号Cの回路をF1とF2のMUXに割り当てる．その後，ORを介した信号Aで出力Fを決定する．

図2・23—MUXを用いた多数決回路の実装例

部分関数F1は2入力論理積関数であり，変数Bが'1'のとき変数Cが'1'なら'1'を出力し，変数Bが'0'なら変数Cが何であっても'0'を出力する．これをMUXで実現する場合，Bを選択信号とし，'0'とCを切り換えればよい（もちろん，BとCが逆でもよい）．表2・2の7番の接続である．同様に部分関数F2もMUXで実現できる．

一方，変数Aは，ORゲートの入力から最終段のMUXの切換え信号端子に入力される．つまり，Aが'1'のときF2の出力を選択し，'0'のときF1の出力を選択する．これで論理式Mは実装された．

そのほかの方式の論理セルのまとめ

次に，MUXタイプの論理セルの利点と欠点について考えてみる．

まず利点であるが，図2・21(b)に示したようにパストランジスタを用いて実現すると少ない素子数で一つの論理セルを構成することができる．さらに，LUTなどは論理関数を格納するメモリ，接続を決めるメモリなど多くのトランジスタが必要となるが，ACT1はアンチヒューズのプログラマブル・スイッチを採用しているため配線の接続にメモリは不要である．したがって，ACT1の論理セルはほかの方式の論理セルより際立って小面積である．

一方，欠点としては，ACT1は論理セルでラッチやフリップフロップを構成できるなど高い汎用性を有しているが，それが性能，特に集積度の側面でマイナスに働いてしまった．現在の高性能FPGAは，フリップフロップなどを専用回路としてもち，論理セルを用いて作ることはない．そうしないと集積度が落ちるからである．

また，MUXを論理セルに用いるとEDAツールが複雑になるという欠点もある．LUTなどは論理を決められた入力数の論理関数に分割さえすれば実装できる．しかし，MUXは決められた入力数の論理関数に分割したうえで実装可能か判断しなければならない．実装できない論理関数なら，再分割や論理の再合成をすることになる．この手間は，論理規模が小さいときは気にならないが，大規模になると無視できない．さらに，アンチヒューズを採用しているため，書換えが必要な用途には使用できない．このように，ACT1は用途が限定的なことが原因で次第に使われなくなり，現在では製品ラインアップから消えてしまった．

本来，MUXタイプのような論理セル自身の論理構造を利用した論理セルは，メモリを用いる論理セルより面積効率が良く，かつ遅延性能的にも優れた性質をもっている．しかし，商業的には必ずしも大成功したとはいえず，現在，商業FPGAでMUXタイプの論理セルを採用している製品はない．研究レベルでは，著者らもCOGRE(18)やSLM(19)などLUTと同等以上の性能を有する論理セルを開発している．

参考文献

(1) S. Brown and J. Rose, "FPGA and CPLD architectures: a tutorial," Design & Test of Computers, IEEE, Vol.13, No.2, pp.42-57 (1996).
(2) 末吉敏則，天野英晴（編著），"リコンフィギャラブルシステム，" オーム社 (2005).
(3) T. Speers, J.J. Wang, B. Cronquist, J. McCollum, H. Tseng, R. Katz, and I. Kleyner, "0.25 mm FLASH Memory Based FPGA for Space Applications," http://www.actel.com/documents/FlashSpaceApps.pdf, Actel Corporation (2002).
(4) Actel Corporation, "ProASIC3 Flash Family FPGAs Datasheet," http://www.actel.com/documents/PA3_DS.pdf (2010).
(5) R.J. Lipp, et al., "General Purpose, Non-Volatile Reprogrammable Switch," US Pat. 5,764,096, GateField Corporation (1998).
(6) Design Wave Magazine 編集部 編，"FPGA/PLD 設計スタートアップ 2007/2008 年版，" CQ 出版社 (2007).
(7) M.J.S. Smith, "Application-Specific Integrated Circuits (VLSI Systems Series)," ISBN-13: 978-0201500226, Addison-Wesley Professional (1997).
(8) Actel Corporation, "ACT1 series FPGAs," http://www.actel.com/documents/ACT1_DS.pdf (1996).
(9) QuickLogic Corporation, "Overview: ViaLink,"

http://www.quicklogic.com/vialink-overview/
(10) R. Wong and K. Gordon, "Reliability Mechanism of the Unprogrammed Amorphous Silicon Antifuse," International Reliability and Physics Symposium (1994).
(11) I. Kuon, R. Tessier, and J. Rose, "FPGA Architecture: Survey and Challenges," Now Publishers (2008).
(12) H.-C. Hsieh, "5-Transistor memory cell which can be reliably read and written," US Pat. 4,750,155, Xilinx Incorporated (1988).
(13) H.-C. Hsieh, "5-transistor memory cell with known state on power-up," US Pat. 4,821,233, Xilinx Incorporated (1989).
(14) R.H. Freeman, et al., "Distributed memory architecture for a configurable logic array and method for using distributed memory," US Pat. 5,343,406, Xilinx Incorporated (1994).
(15) T.J. Bauer, "Lookup tables which double as shift registers," US Pat. 5,889,413, Xilinx Incorporated (1999).
(16) Actel Corporation, "ACT1 Series FPGAs Features 5V and 3.3V Families fully compatible with JEDECs," Actel (1996).
(17) M. John and S. Smith, "Application-Specific Integrated Circuits," Addison-Wesley (1997).
(18) M. Iida, M. Amagasaki, Y. Okamoto, Q. Zhao, and T. Sueyoshi, "COGRE: A Novel Compact Logic Cell Architecture for Area Minimization," IEICE Trans. Information and Systems, Vol.E95-D, No.2, pp.294-302 (2012).
(19) Q. Zhao, K. Yanagida, M. Amagasaki, M. Iida, M. Kuga, and T. Sueyoshi, "A Logic Cell Architecture Exploiting the Shannon Expansion for the Reduction of Configuration Memory," In Proc. of 24th Int. Conf. Field Programmable Logic and Applications (FPL2014), Session T2a.3 (2014).

3章　FPGAの構成

3・1　論理ブロックの構成

FPGA は大きく分けて三つの基本要素から成る．論理回路仕様を実現するプログラマブルな論理要素，外部インタフェースを提供するプログラマブルな入出力要素，ならびにそれらの要素間を接続するためのプログラマブルな配線要素である．このほか，演算性能を上げるためのハードウェアブロックとして DSP（Digital Signal Processing）やエンベデッドメモリ，クロックを提供するための PLL（Phase-Locked Loop）や DLL（Delay-Locked Loop）が搭載されている．これらの基本要素に設計データをダウンロードすることで，FPGA は所望の回路として動作する．

図 3・1 にアイランドスタイル FPGA の概略図を示す．アイランドスタイル FPGA は，論理要素（論理ブロック），チップ外周に配置された入出力要素（I/O ブロック），それらを接続する配線要素（スイッチブロック，コネクションブロック，配線チャネル），メモリブロックや乗算ブロックから成る．隣接する論理ブロック，コネクションブロック，スイッチブロックをまとめて論理タイルと呼び，アイランドスタイル FPGA では論理タイルがアレイ状に並んでいる．論理ブロックや乗算ブロックは論理関数を実現するための演算回路として使われ，メモリブロックはストレージを提供する．乗算ブロックやメモリブロックが専用に作り込まれた "Hard Logic" であるのに対し，論理ブロックはルックアップ・テーブル（LUT：Look-Up Table）やマルチプレクサ（MUX：Multiplexer）セルをベースに任意の論理関数を実装する "Soft Logic" と呼ばれる[1]．論理ブロックは FPGA ベンダごとに名称が異なり，Xilinx 社の FPGA では CLB（Configurable Logic Block），Altera 社の FPGA では LAB（Logic Array Block）と呼ばれるが基本原理は同じである．商用 FPGA の多くは LUT 方式を採用していることから，本章では

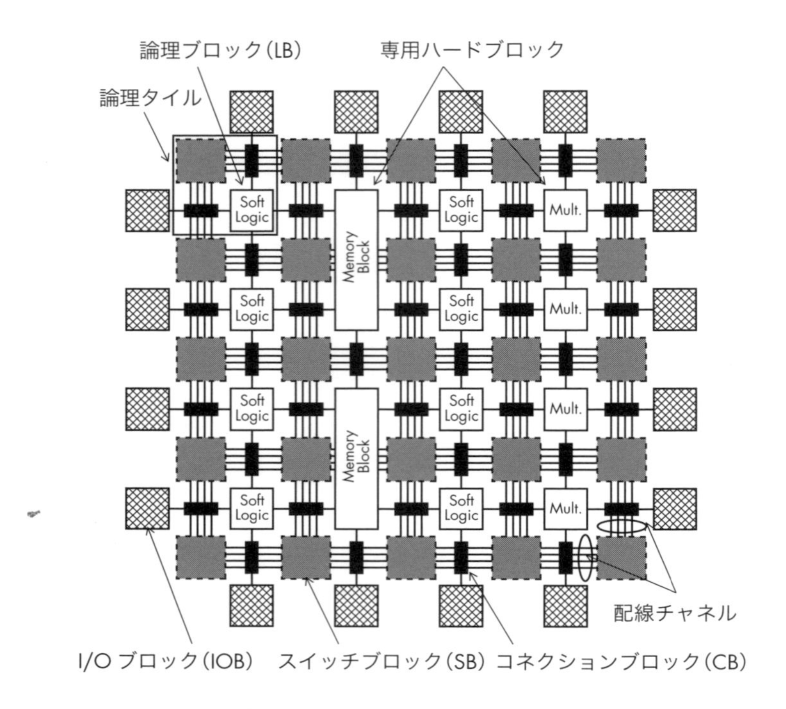

図 3・1—アイランドスタイル FPGA

LUT ベースの FPGA に焦点を当てて説明を行う.

3・1・1　ルックアップ・テーブルの性能トレードオフ

FPGA の登場初期には LUT のみで構成された論理ブロックも存在したが(2)(3), 大半の FPGA は**図 3・2** に示す BLE（Basic Logic Element）を論理ブロックの基本要素として備えている. BLE は組合せ回路を実現する LUT, 順序回路を構

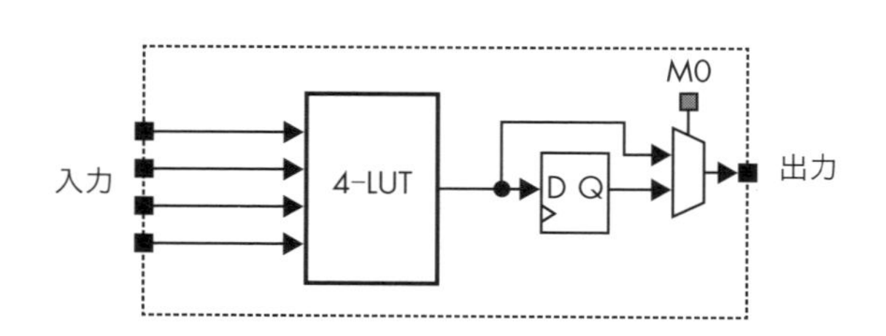

図 3・2—BLE（Basic Logic Element）

築するためのフリップフロップ（FF：Flip Flop），およびセレクタから構成される．セレクタはコンフィギュレーションメモリ M0 の値に応じて，LUT の値をそのまま出力するか，一旦 FF に格納するかをプログラマブルに決定する．

論理ブロックのアーキテクチャを決める際，面積効率，速度に関するいくつかのトレードオフが存在する．面積効率とは，FPGA 上に回路を実装する際，いかに効率良く論理ブロックが使用されるかを表す指標である．無駄なく論理ブロックが使用された場合は実装効率が高く，その逆の場合は実装効率が低い．面積効率を考慮した場合，論理ブロックには以下のトレードオフが存在する．

- 論理ブロック 1 個当たりの機能が増えると，所望の回路を実装するのに必要な論理ブロックの総数が減る．
- 一方で，論理ブロック自身の面積と入出力数が大きくなるため，論理タイル当たりの面積が増える．

論理ブロックの機能を決めるうえで最も影響が大きいのは LUT の入力サイズである．k 入力 LUT は k 入力の任意の関数を実装できるため，LUT の入力サイズが大きくなると論理ブロックの総数が減る．一方で，2^k 個のコンフィギュレーションメモリを必要とするため，論理ブロック自身の面積が増加する．さらに，論理ブロックの入出力ピン数が増えることで配線部の面積が大きくなり，結果的に論理タイル 1 個当たりの面積が大きくなる．FPGA の面積を粗く見積もると，総論理ブロック数 × 論理タイル 1 個当たりの面積で決まるため，明らかな面積トレードオフが存在する．速度に関しても以下の影響が現れる．

- 論理ブロック 1 個当たりの機能が増えると，所望の回路を実装するのに必要な論理段数（Logic Depth ともいう）が減る．
- 一方で，論理ブロック自身の内部遅延が増加する．

論理段数とはクリティカルパス上に存在する論理ブロック数のことで，テクノロジーマッピング時に決まる．論理段数が少ないと配線トラックを通る回数が減るため高速動作に有効である．一方で，論理ブロックの機能が増えることで内部遅延が増加し，段数削減した効果が減る可能性がある[†1]．このように速度面でも明らかなトレードオフが存在する．結論として，LUT の入力サイズが大きいと，

[†1] 最終的なクリティカルパス遅延は配線時の経路によって決まる．

所望の回路を実現する論理段数が少なくなり，その結果動作速度が速くなる．しかし，k 入力未満の論理関数を実装する際に無駄が多くなり，面積効率を悪化させる．一方で LUT の入力サイズが小さいと，論理段数が増え動作速度が悪化するが，面積効率は改善する．このように LUT の入力サイズは，FPGA の面積，遅延に密接に関係している．

論理ブロックのアーキテクチャ探索には，LUT の入力数のほか，評価に用いる面積モデルや遅延値，使用するプロセステクノロジーも大きな影響を与える．1990 年代当初より LUT の入力数に着目した論理ブロックのアーキテクチャ評価が行われており，4 入力 LUT が最も効率が良いとされていた(4)．実際に商用 FPGA でも，Xilinx 社の Virtex 4(5) や Altera 社の Stratix(6) までは 4 入力 LUT が使われている．一方，文献 (7) では CMOS 0.18 μm 1.8 V のプロセステクノロジーを用いてアーキテクチャ評価が行われた．ここではトランジスタレベルでカスタム設計を行ったうえで SPICE シミュレーションで遅延を算出し，各トランジスタを最小幅トランジスタで正規化した最小幅トランジスタ（MWTAs：Minimum-Width Transistor Areas）面積モデルを用いている．**図 3・3** に LUT の入力数を変化させた際の FPGA の面積およびクリティカルパス遅延の推移を示す[†2]．これらの結果は 28 種類のベンチマーク回路に対し配置配線を行い，得られた値を平均したものである．LUT の入力数が 5 もしくは 6 のとき面積，速度面で良い結果が出ている．これより近年の商用 FPGA は，6-LUT のように入力

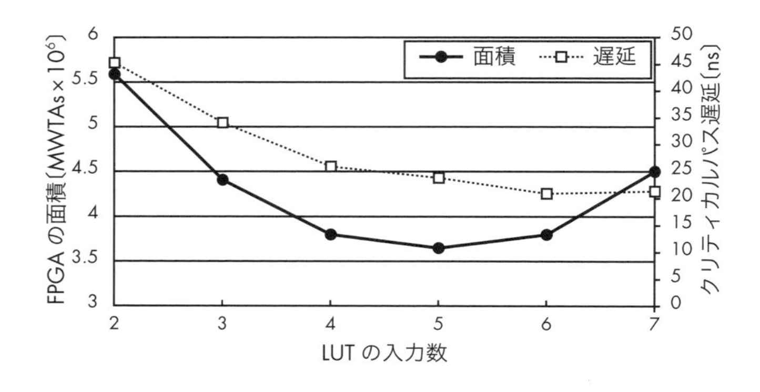

図 3・3—面積・遅延と LUT 入力数のトレードオフ

†2 文献 (7) のデータを基にグラフを作成した．

数を大きくする傾向にある.

3・1・2 専用キャリ・ロジック

算術演算回路の性能を向上させる目的で，商用 FPGA の論理ブロックには専用キャリ・ロジック回路が含まれている．実際には LUT でも算術演算を実装できるが，専用キャリ・ロジックを用いたほうが集積度と動作速度の両面で効果的である．**図 3・4** に Stratix V (8) がもつ 2 種類の算術演算モードを示す†3．図中にある 2 個の全加算器 (FA：Full Adder) が専用キャリ・ロジックである．FA0 のキャリ・イン（carry_in）入力は隣接した論理ブロックのキャリ・アウト（carry_out）と接続されている．このパスは高速キャリ・チェーンと呼ばれ，複数ビットにまたがる算術演算において高速なキャリ信号伝搬を可能にしている．図 (a) の算術演算モードでは，各加算器は 2 個の 4-LUT の出力を加算する．一方，図 (b) の共有演算モードでは，LUT で Sum を計算することで 3 入力 2 ビットの加算を一気に実行できる．これは乗算器の部分積の和を加算ツリーで求める際に使われる．

図 3・5 に Xilinx 社 FPGA の専用キャリ・ロジックを示す．Xilinx 社 FPGA

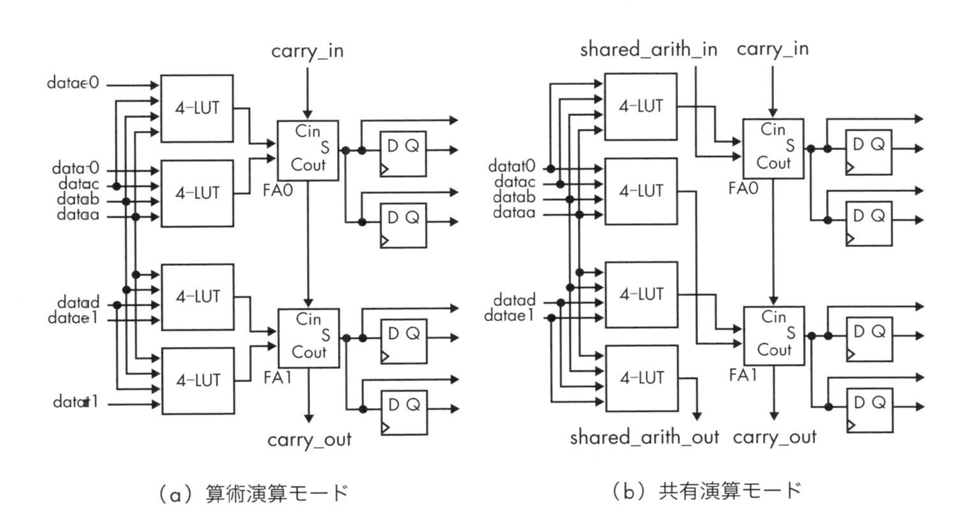

図 3・4—Stratix V の算術演算モード (8)

†3 厳密には Stratix V はアダプティブ構造をとるが，詳細は 3・3 節で述べる．

全加算器の真理値表

In0	In1	Cin	Cout	Sum
0	0	0	0	0
0	0	1	0	1
0	1	0	0	1
0	1	1	1	0
1	0	0	0	1
1	0	1	1	0
1	1	0	1	0
1	1	1	1	1

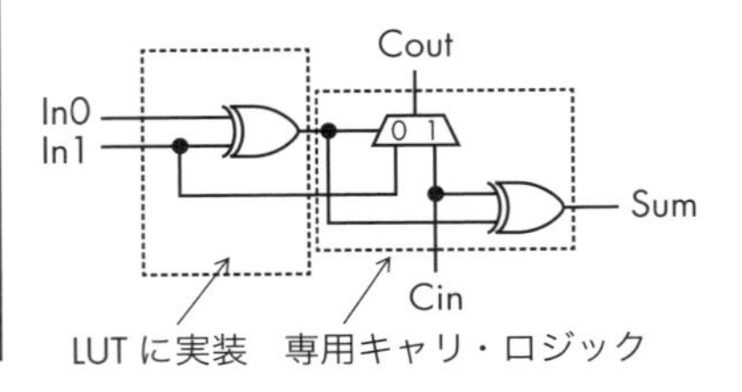

図 3・5—Xilinx 社 FPGA のキャリ・ロジック

では全加算器を専用回路としてもたず，LUT とキャリ生成回路を組み合わせることで加算を実現している．全加算器の加算（Sum）は 2 個の 2 入力 EXOR，キャリ・アウト（Cout）は 1 個の EXOR と 1 個の MUX で生成する．前段の XOR は LUT で実装し，後段の MUX と EXOR は専用回路が用意されている．図 3・4 の Stratix V と同様に，キャリ信号はキャリ・チェーンを介して近隣の論理モジュールと接続されているため，多ビット加算器への拡張が可能である．

3・2　論理クラスタ

LUT の入力数を増やさず論理ブロックの機能を上げる手段として，複数の BLE をグループ化したクラスタベース論理ブロック（論理クラスタ）が使われる．**図 3・6** に 4 個の BLE と 14×16 のフルクロスバーをもつ論理クラスタの構成例を示す．

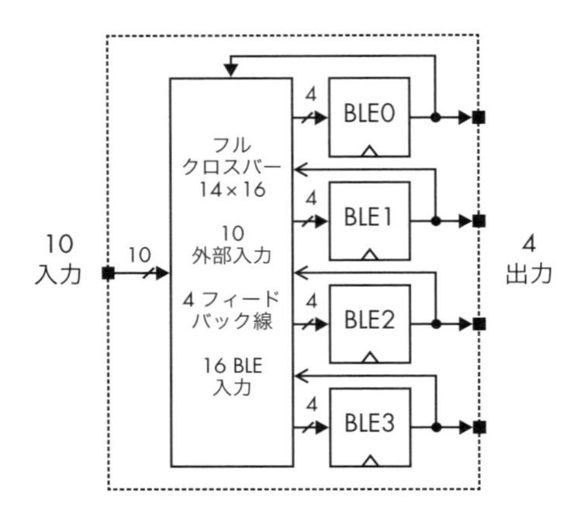

図 3・6—論理クラスタ

フルクロスバー部分はローカルコネクションブロックまたはローカルインタコネクトと呼ばれ，複数のBLEを論理ブロック内で局所的に相互接続している．論理クラスタには次の特徴がある．

1. 論理クラスタ内のローカル配線はハードワイヤードに接続されているため，論理クラスタ外の汎用配線と比較して高速である．
2. クラスタ内のローカル配線の負荷容量は，クラスタ外の汎用配線と比較して非常に小さい(9)．よって，FPGAの消費電力，特に動的電力の削減に有効である．
3. 論理クラスタ内のBLEは入力信号を共有可能である．これによりローカルコネクションブロックのスイッチ数を削減できる．

クラスタベース論理ブロックにおいて最もメリットが大きいのは，論理ブロックの機能を増やした際にFPGA全体の面積増加を抑えられる点である．LUTの面積は入力kに対し指数関数的に増加する．一方，論理クラスタを構成するBLEの数をNとすると，論理ブロックの面積は2次関数的に増加する(1)．論理クラスタの入力信号は複数のBLE間で共有できることが多く，文献(7)では論理ブロックの入力Iを以下のように定式化している．

$$I = \frac{k}{2}(N+1) \tag{3・1}$$

BLEの入力すべてを独立に扱う場合は$I = N \times k$となるため，入力信号の共有により論理ブロックの面積を小さくできる．また，LUTの入力数と同様に，論理クラスタ数Nにおいても面積，速度に関するトレードオフが存在する．Nが増えると論理ブロック当たりの機能が増え，クリティカルパス上の論理ブロック数が減ることで速度向上につながる．一方で，Nの増加に伴ってローカルインタコネクション部の配線遅延も増えるため，論理ブロック自身の内部遅延が増加する．文献(7)では面積遅延積において最も効率が高いのは，$N = 3$〜10，かつ$k = 4$〜6であることが報告されている．

3・3 LUTのアダプティブ化

ここまで単一入力のLUTをベースとした論理ブロックアーキテクチャについて述べてきた．一方，より高い実装効率を得るために，近年の商用FPGAの論理

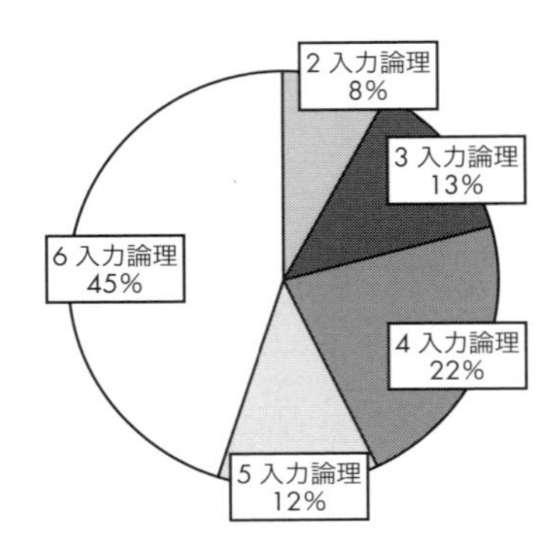

図 3・7—テクノロジーマッピング後の実装論理の内訳（ターゲットは 6-LUT）

ブロックは進化をとげている．**図 3・7** に MCNC ベンチマーク回路 [10] を対象に，6-LUT でテクノロジーマッピングした実装結果を示す．このとき用いたテクノロジーマッピングツールは面積最適化指向の ZMap [11] である．6 入力論理としてマッピングされたのは全体の 45%であることがわかる．一方で，5 入力論理は 12%存在し，この場合 6 入力 LUT の半分のコンフィギュレーションメモリが使われていない．これは入力数が少なくなるほど顕著で，2 入力論理実装時には実に約 93%ものコンフィギュレーションメモリが論理を実装することなく存在しており，実装効率を落とす要因となる．この問題は当初から知られており，Xilinx 社の XC4000 シリーズ [12][13] では，論理ブロックに異なる入力サイズの LUT を含んだ Complex LB 構造が用いられた．ところが CAD（Computer Added Design）のサポートが追いつかず，以降は 4 入力 LUT ベースのアーキテクチャに戻っていた．こうしたなか，Altera 社 Stratix II [14] や Xilinx 社 Virtex 5 [15] 以降の FPGA は，6 入力などの多入力 LUT を複数の少入力 LUT に分割する方式を採用している．Altera 社はこのような論理セルをフラクチャブル（分割可能な）LUT，またはアダプティブ（適応的な）LUT と呼び，Xilinx 社は単に LUT と呼んでいる．本書籍ではこれらを統一してアダプティブ LUT とする．アダプティブ LUT は従来の単一入力の LUT とは異なり，LUT を分割して複数の論理を実装することで高い面積効率を得るためのアーキテクチャである．

図 3・8(a) にアダプティブ LUT ベース論理ブロックの構成例 [16] を示す．論理ブロックの入力数は 40，出力数は 20，そのほかキャリ・イン，キャリ・アウト信号をもち，クラスタ数は 10 である．ローカルコネクションブロックは 60×60 の

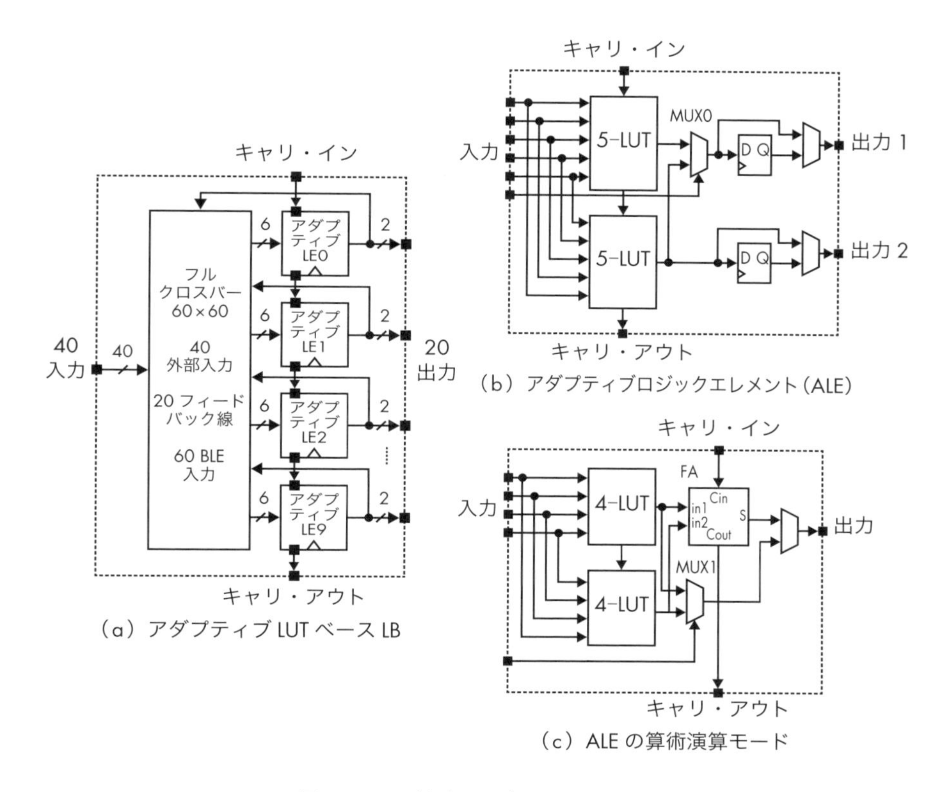

図 3・8—アダプティブ LUT ベース LB

フルクロスバーであり，その入力は各 ALE（Adaptive Logic Element）のフィードバック出力を含んでいる．ALE は 2 出力のアダプティブ LUT で構成されており，BLE と同様に FF を含んでいる．図 (b) に示すように ALE は二つの 5-LUT をもち，その入力すべてを共有している．これにより，実装回路に応じて 1 個の 6-LUT，または入力を共有した 2 個の 5-LUT として動作可能である．このように 6-LUT を小さい LUT に分割し，6-LUT の回路リソースで複数の小さいファンクションを実装することで面積効率をあげている．ただし，入出力の本数が増えることで配線領域の面積リソース増につながるため，出力の数を制限したり，入力共有するなどの対策がとられている．

アダプティブ LUT に関する代表的な特許は Altera 社の US6,943,580（2003 年出願，2005 年成立）[17]，Xilinx 社の US6,998,872（2004 年出願，2006 年成

立) (18)，熊本大学の US6,812,737 (2002 年出願，2004 年成立) (19) である．商用 FPGA に初めてアダプティブ LUT が登場した 2004 年以降，論理ブロックは今日に到るまでマイナーチェンジを重ねているものの，その基本構造は変わっていない．ここでは Altera 社の Stratix II と Xilinx 社の Virtex 5 を例に，商用 FPGA の論理ブロックアーキテクチャの説明を行う．

3・3・1　Altera 社 Stratix II

アダプティブ LUT の先駆けである Stratix II は ALM (Adaptive Logic Module) と呼ばれる論理要素[†4]を採用しており，ALM は 8 入力アダプティブ LUT，2 個の加算器，2 個の FF などで構成される．**図 3・9**(a) に Stratix II の ALM アーキテクチャを示す．ALM は 1 個の任意の 6 入力論理のほか，2 個の独立した 4 入

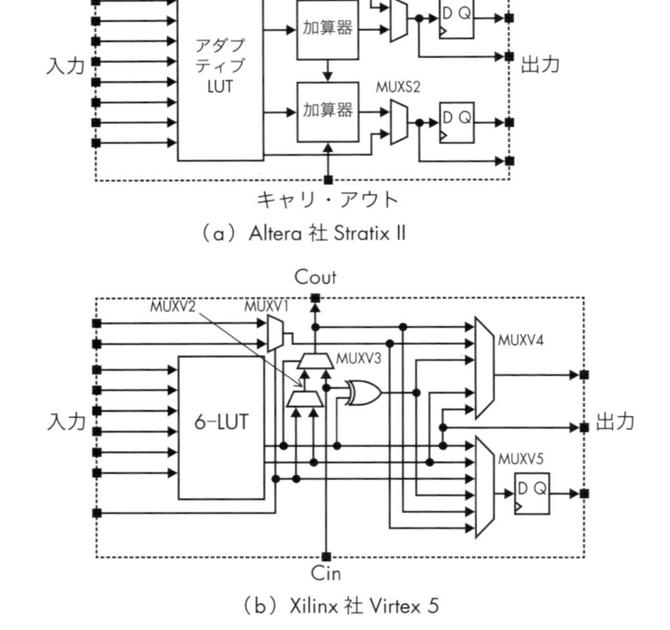

（a）Altera 社 Stratix II

（b）Xilinx 社 Virtex 5

図 3・9—商用 FPGA のアーキテクチャ

†4 Altera 社の FPGA ではアダプティブ構造をもつ LUT をフラクチャブル LUT と呼ぶ場合がある．

力論理，または独立した入力をもつ 1 個の 5 入力論理と 1 個の 3 入力論理を実装できる．そのほか，入力の一部を共有することで 2 個の論理（例：2 入力を共有した 2 個の 5 入力論理など）や 7 入力論理のサブセットを実装可能である．一方で，図 3・4 にあるように 1 個の ALM で 2 個の 2 ビット加算，もしくは 2 個の 3 ビット加算を実行できる．Stratix II では ALM を 8 個備えた LAB が論理ブロックに相当する．

3・3・2　Xilinx 社 Virtex 5

図 3・9(b) に Xilinx 社の Virtex 5 の論理要素を示す．Virtex 5 では 1 個の任意の 6 入力論理と，入力を完全に共有した 2 個の 5 入力論理を実装できる．また，複数のマルチプレクサをもち，MUXV1 は外部入力をそのまま出力するために使われ，MUXV2 では外部入力および 6-LUT の出力を選択する．MUXV3 では，隣接する論理モジュールからキャリ・イン Cin を入力としてキャリ・ルックアヘッド・ロジックを構成する．同様に EXOR は加算時の SUM 信号を生成する．MUXV4 と MUXV5 は外部へ出力する信号を選択する．Virtex 5 ではこの論理エレメントを 4 個もつ集合をスライスと呼び，スライスを 2 個備えた CLB が論理ブロックに相当する．

3・4　配線セグメント

図 3・10 に示すように FPGA の配線構造は完全結合型，1 次元アレイ型，2 次元アレイ型（またはアイランドスタイル），階層型に大別できる[20]．これらは論理ブロックと I/O ブロックをどのように接続するか，いわゆる接続トポロジーの違いで分類される．いずれも配線トラックとプログラマブルスイッチで構成され，コンフィギュレーションメモリの値に応じて配線経路が決まる．図 (a) の完全結合型は，外部入力と論理ブロック自身のフィードバック出力を常に入力する構成をとる．この配線構造はプログラマブル AND プレーンをもつ PAL（Programmable Array Logic）デバイス[21]でよくみられていたが，現在の FPGA は膨大な論理ブロックをもつため明らかに非効率である．1 次元アレイ型は図 (b) のように列状に論理ブロックを配置し，行方向に配線チャネルを備えた構造である．チャネル間はフィードスルー配線で接続され，Actel 社の ACT シリーズ FPGA[2]がこれに該当する．一般に 1 次元アレイ型配線はスイッチ数が多くなる傾向にある．

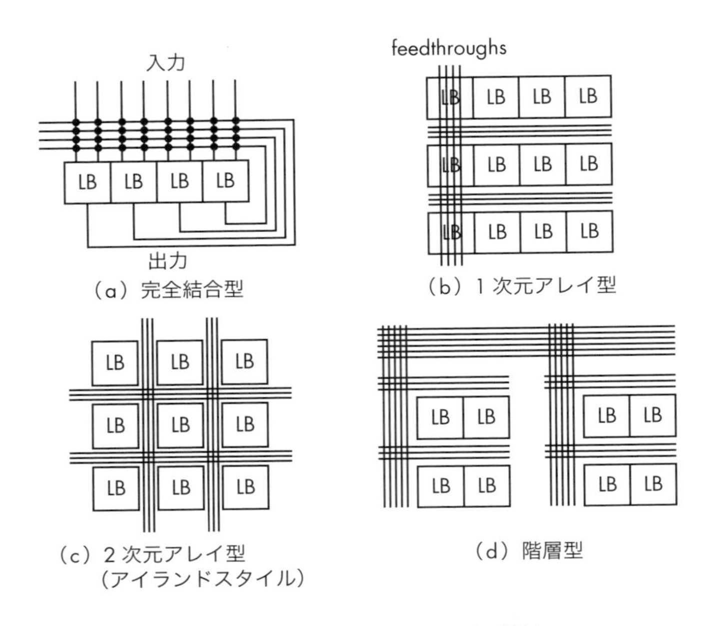

図 3・10—FPGA 配線構造の分類[20]

ACT シリーズ FPGA はアンチヒューズ型のスイッチのため，多少スイッチ数が多くても面積オーバーヘッドを抑えることができていた．しかし，近年の FPGA は SRAM 型のスイッチが主流であるため，1 次元アレイ型や完全結合型は採用されていない．上記の理由より，本章では階層型とアイランドスタイルの配線構造にしぼって説明を行う．

3・4・1　グローバル配線アーキテクチャ

FPGA の配線構造は，グローバル配線アーキテクチャと詳細配線アーキテクチャに分類される．グローバル配線アーキテクチャは，論理ブロック間の接続や配線チャネル当たりのトラック数など，スイッチを考慮しないメタな視点で決められる．一方，詳細配線アーキテクチャでは，論理ブロックと配線チャネル間のスイッチ配置など具体的な接続を決定する．図 3・10 の 4 種類の分類はいずれもグローバル配線アーキテクチャに該当する．

〔1〕　階層型 FPGA

階層型の配線アーキテクチャは Altera 社の Flex 10K[22]，Apex[23]，Apex

II[24]などで採用されている．**図3・11**に階層型FPGAの代表例として，UCBのHSRA (High-Speed, Hierarchical Synchronous Reconfigurable Array)[25]の配線構造を示す．HSRAはレベル1からレベル3まで3段階の階層構造をもつ．図中の配線の交点には，それぞれのレベルでのスイッチが存在する．一般に高階層のレベルになるほど，チャネル当たりの配線トラック数が多くなる．最も低階層のレベル1では，グループ化された複数の論理ブロック間の配線を行う．階層型FPGAのメリットとして，同じ階層内であれば信号伝搬に要するスイッチ数が少なくて済むため，高速な動作が可能となる．一方で，実装する回路が階層型FPGAにあわない場合，各階層の論理ブロックの使用率は極端に低くなる．また，各階層のレベルにははっきりとした境界線が存在するため，一度階層をまたぐと遅延のペナルティを支払う場合がある．例えば，物理的に近接した論理ブロックであっても同じ階層レベルで接続されていない場合，上位階層を経由するため遅延が大きくなる．加えて，近年のプロセスでは配線の寄生容量や寄生抵抗のばらつきが大きいため，同階層内の接続であっても遅延がばらつく可能性がある．

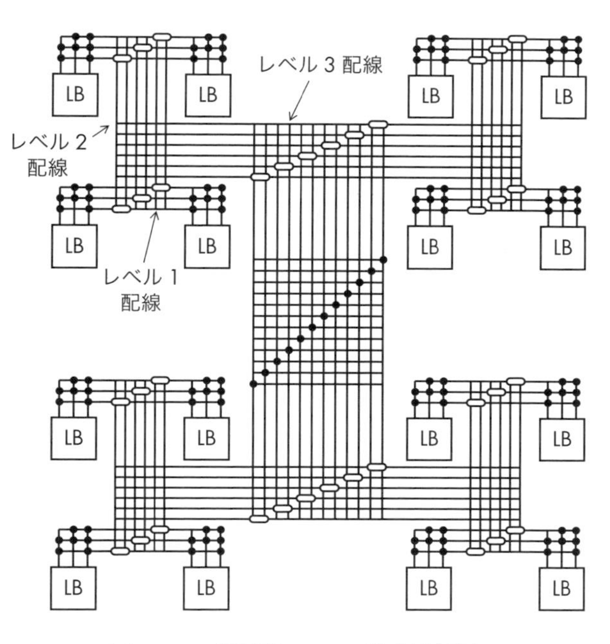

図3・11―階層型FPGAの構成例[25]

これはワースト条件で考える場合には問題ないが，積極的に遅延最適化を行う際は無視できない．以上の理由により，階層型 FPGA は配線遅延よりゲート遅延が支配的であった古いプロセスでは有効であったが，近年は使われない傾向にある．

〔2〕 アイランドスタイル FPGA

アイランドスタイル FPGA の構成例[1]を図 3・12 に示す．アイランドスタイルは近年の FPGA の大半が採用しており，アレイ状に配置された論理ブロック間を通る縦横方向の配線チャネルが用意されている．論理ブロックと配線チャネル間の接続は図のような 2 方向接続のほか，上下左右の 4 方向接続が一般的である．また，論理タイルの種類を均一化[26][27]することで，配置配線時に短い時間で遅延を算出可能である．

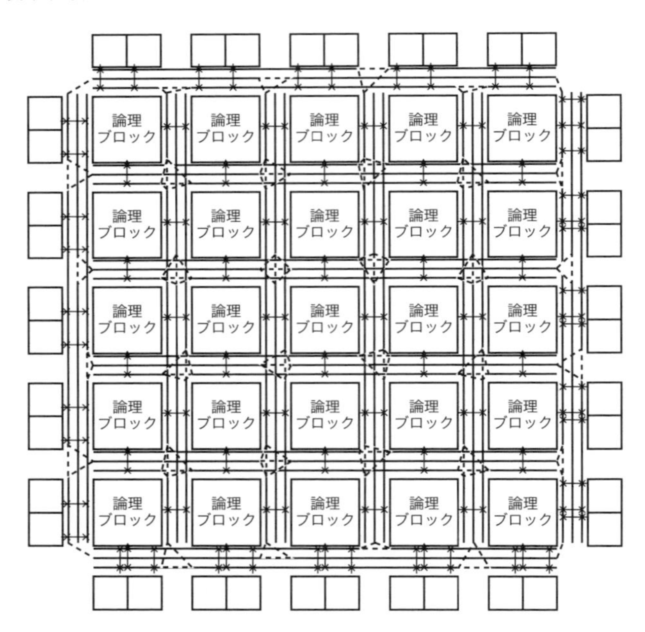

図 3・12—アイランドスタイル FPGA の構成例[1]

3・4・2　詳細配線アーキテクチャ

詳細配線アーキテクチャでは，論理ブロックと配線チャネル間のスイッチ配置や配線セグメント長が決められる．図 3・13 に詳細配線アーキテクチャの例を示

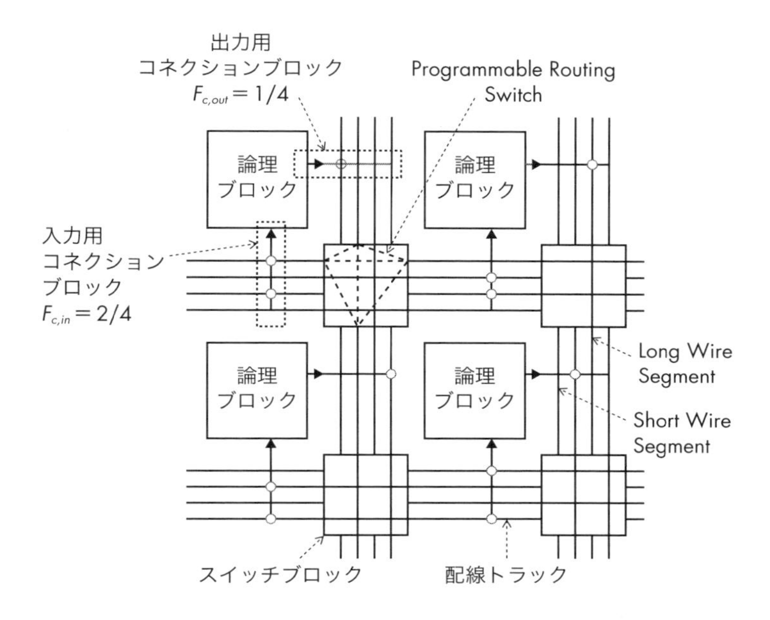

図 3・13—詳細配線アーキテクチャ[1]

す．配線チャネル当たりのトラック数は W で定義され，数種類の配線長が存在する．論理ブロックと配線チャネルを接続するコネクションブロック（CB）は入力用と出力用の 2 種類が存在し，入力用 CB の柔軟性は $F_{c,in}$，出力は $F_{c,out}$ で定義される．水平方向と垂直方向の配線チャネルの交差点にはスイッチブロック（SB）が存在し，スイッチブロックの柔軟性は F_s で定義される．この例では $W = 4$ であり，配線トラック 4 本のうち 2 本が入力用の CB と接続しているため $F_{c,in} = 2/4 = 0.5$，出力用の CB は 1 本の配線トラックと接続しているため $F_{c,out} = 1/4 = 0.25$ である．また，SB は出力 1 方向に対し 3 方向の入力をもつため $F_s = 3$ となる．

CB や SB から構成される配線要素が FPGA の面積と回路遅延に与える影響は非常に大きい[28]．前者は，CB や SB 上のスイッチが FPGA レイアウト全体に占める割合が大きいことを意味する．後者は，近年のプロセステクノロジーではゲート遅延よりも配線遅延が支配的であることに起因している．詳細配線アーキテクチャを決める際は（1）論理ブロックと配線チャネル間の接続構成，（2）配線セグメント長とその比率，（3）配線スイッチのトランジスタ構成について検討が必要である．ただし，配線の柔軟性と性能の間には複雑なトレードオフが存在するため，柔軟性を重視してスイッチ数を増やすと面積と遅延が増加する．一方で，スイッチ数を減らすと配線リソースが不足し配線不可になる．これらに，パストランジスタやトライステートバッファの使用バランスも考慮したうえで配線アーキテクチャが決定される．

3・4・3　配線セグメント長

CADツールによる配置配線時には，速度や電力の制約を満たすように配線経路が決定される．しかし，配線混雑やスイッチ段数の問題よりすべての回路に対し理想（最短）の配線を行うことは困難である．このため，中距離もしくは遠距離配線を用いたショートカット配線を行う必要がある．実際にFPGAの配線チャネルには短距離，中距離，長距離の配線セグメント長が混在している．**図3・14**に3種類の配線セグメント長の例を示す．配線セグメント長の距離は論理ブロックをまたぐ数で決定し，図中には配線セグメント長1（シングルライン），2（ダブルライン），4（クアッドライン）が存在する．ここではシングルラインが40%，ダブルラインが40%，クアッドラインは20%の比率で分配されている．ほかにも，デバイス上をまたいだ長距離配線をロングラインと呼び，Xilinx社のFPGAで使用されている．配線セグメント長の種類と比率はベンチマーク回路を用いたアーキテクチャ探索により求められる場合が多い[29][30]．

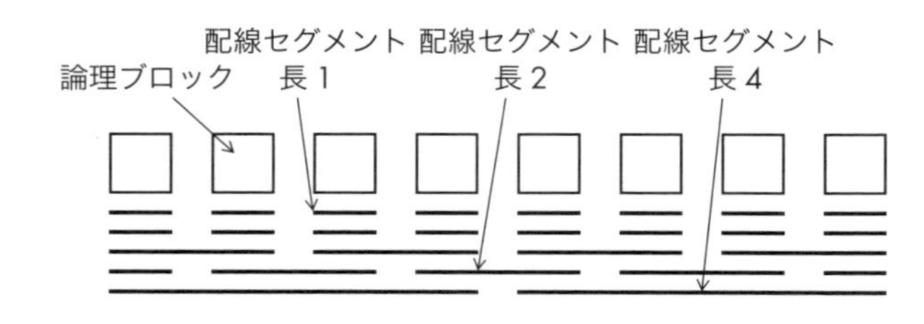

図3・14―配線セグメント長

3・4・4　配線スイッチの構造

FPGAの配線アーキテクチャを決めるうえで，プログラマブル・スイッチの構造は重要である．多くのFPGAでは，パストランジスタとスリーステートバッファが混在する形で用いられてきた[30]~[32]．**図3・15**に配線スイッチの例を

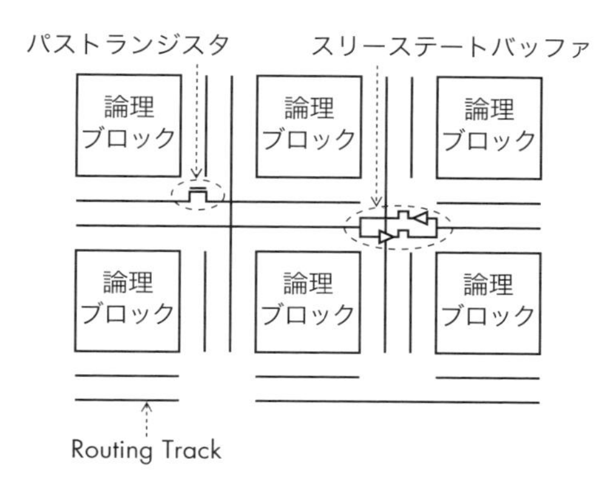

図 3・15—配線スイッチ

示す．パストランジスタは，短いパスに対し少ないスイッチ数で配線するのに有効である．ただし，パストランジスタでは信号劣化が起こるため(33)，パストランジスタを何段も通る場合はリピータ（バッファ）が必要になる．一方で，スリーステートバッファは，長いパスをドライブするのに適している．文献 (31) ではパストランジスタとスリーステートバッファの配分比率を半分にすると性能面で良くなることが報告されている．

信号伝搬する際の配線トラックの向きに関しても，双方向配線か単方向配線かの議論が行われてきた(30)．**図 3・16**(a) の双方向配線は配線トラック数を削減できるものの，スイッチの片方は常に使われない．また，配線容量も増えるため遅延に及ぼす影響も大きくなる．一方で，図 (b) の単方向配線では，配線トラッ

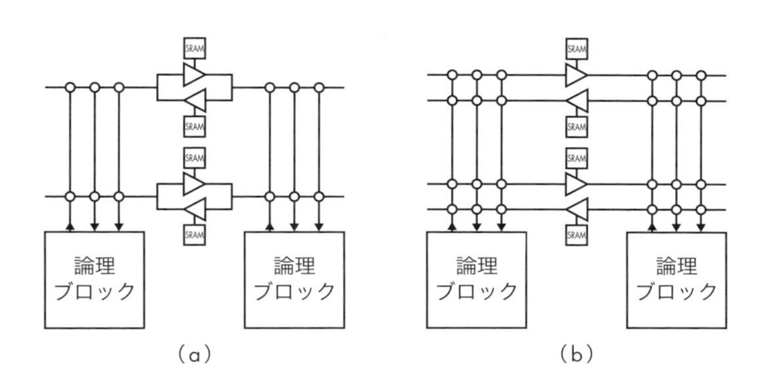

図 3・16—双方向配線と単方向配線

表 3・1—商用 FPGA の配線セグメント長および配線トラック数[28]

アーキテクチャ	クラスタサイズ N	アレイサイズ	配線セグメント長および配線トラック数						
			1	2	4	6	16	24	∞
Virtex I	4	104×156	24	-	-	48d+24	-	-	12
Virtex II	8	136×106	-	40	-	12d	-	-	24
Spartan II	4	48×72	24	-	-	48d+24	-	-	12
Spartan III	8	104×80	-	40	-	96d	-	-	24
Stratix 1S80	10	101×91	-	-	160hd+80vd	-	16vd	24hd	-
Cyclone 1C20	10	68×32	-	-	80d	-	-	-	-

(注) d：単方向配線，h：水平方向，v：垂直方向．双方向配線は特に記述しない．

ク数は双方向配線時の 2 倍になるが，スイッチは常に使用され配線容量も少ない．このように，双方向配線と単方向配線には性能面のトレードオフが存在する．近年ではトランジスタのメタル層数が増えたことや，設計容易性の点から双方向配線から単方向配線へシフトしている[1][34]．

表 3・1 に，商用 FPGA の配線セグメント長と配線トラック数を示す[28]．ただし，近年の FPGA では配線アーキテクチャの詳細は開示されていないため，数世代前のデバイスに関する情報である．Xilinx 社の Virtex はシングルライン（$L=1$）とヘックスライン（$L=6$），ロングライン（$L=\infty$）をもつ．また，ヘックスラインの 1/3 が双方向，残りが単方向である．一方，Virtex II のヘックスラインはすべて単方向である．Altera 社の Stratix はシングルラインをもたないが，これは ALB 間を専用配線で直接接続しているためである．また，長距離配線は $L=4, 16, 24$ で接続されている．このように配線セグメントの種類と比率はデバイスによって異なり，配線方向に関しても双方向と単方向配線が混在している．

3・5　スイッチブロック

3・5・1　スイッチブロックのトポロジー

スイッチブロック（SB）は水平方向と垂直方向の配線チャネルの交差点に位置し，プログラマブル・スイッチにて配線経路を決定する．**図 3・17** に代表的な 3 種類の SB のトポロジーを示す．SB のトポロジーによってチャネル間の配線の

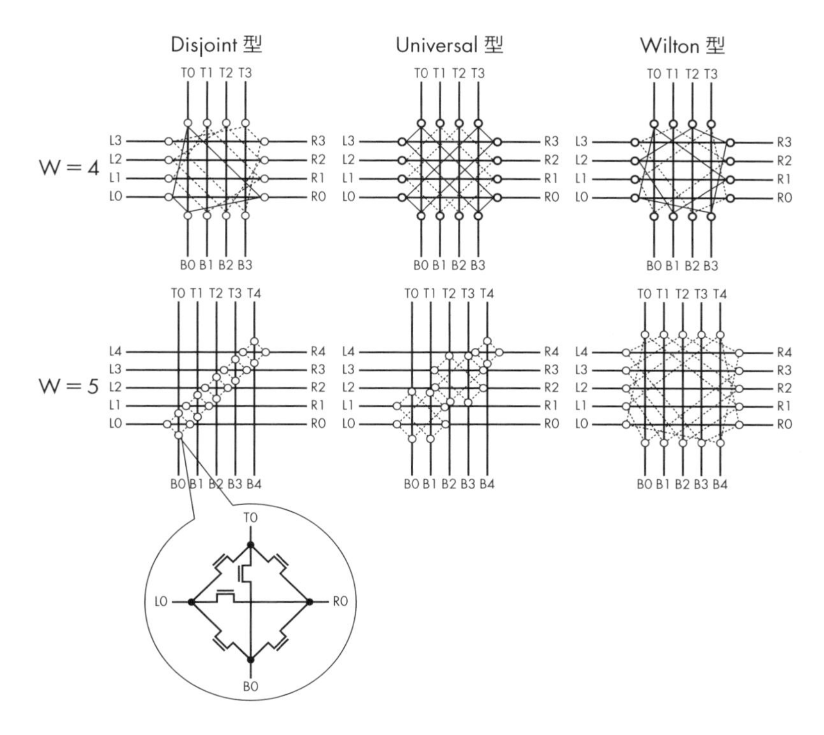

図 3・17—スイッチブロックのトポロジー

自由度が変わる．ここでは，Disjoint 型[35]，Universal 型[36]，Wilton 型[37]の 3 種類があり，トラック数が偶数本（$W = 4$）と奇数本（$W = 5$）の場合の接続関係を表している．交点の白丸はプログラマブル・スイッチが置かれるポイントを示す．いずれの SB も三つの入力経路から一つの出力を選択するため，SB の柔軟性は $F_s = 3$ である．

〔1〕 Disjoint 型（Xilinx 型）

Xilinx 社の XC4000 シリーズなどで使われている Disjoint 型 SB[35]は，別名 Xilinx 型 SB とも呼ばれる．Disjoint 型 SB は，$F_s = 3$ にて 4 方向の同じ番号の配線トラック同士を接続する．図 3・17 において，$W = 4$ では左側のトラック L0 は，T0，R0，B0 と繋がっており，$W = 5$ においても同様である．接続の際，6 個のスイッチ集合で接続を実現するため，トータルのスイッチ数は $6W$ となる．Disjoint 型 SB は接続構造が単純だが，同じ数値のトラックとしか接続できないため配線の自由度は低い．

〔2〕 Universal 型

Universal 型 SB は文献 (36) で提案されたトポロジーである．Disjoint 型 SB と同様に $6W$ のスイッチで構成されるが，二つのペアとなる配線トラックに対し SB 内で接続可能である．図 3・17 において，$W=4$ では配線トラック 0 と 1，2 と 3 がそれぞれペアとなっている．$W=5$ における配線トラック 4 のようにペアが存在しない場合，Disjoint 型 SB と同じ接続構成になる．文献 (36) では総配線トラック数を Disjoint 型 SB よりも抑えられることが報告されている．しかしながら，Universal 型 SB はシングルラインのみを想定しており，それ以外の配線長には対応していない．

〔3〕 Wilton 型

Disjoint 型 SB と Universal 型 SB では同じ番号の配線トラック，もしくはペアとなる二つの配線トラック間のみ接続されていた．一方，Wilton 型 SB では，$6W$ のスイッチにて，異なる数値の配線トラック間を接続可能である[(37)]．図 3・17 において $W=4$ の場合，左方向の配線トラック L0 は，上方向では配線トラック T0，下方向と右方向では配線トラック B3 と R0 と繋がる．ここでは少なくとも一つの配線トラックは，最も距離が離れた配線トラック（$W-1$）に接続されている．結果的に複数の SB をまたいだ配線が行われる際は，ほかのトポロジーと比較して配線の自由度が高くなる．また，Wilton 型は時計回り，半時計回りの経路を通ることで複数のスイッチブロックで閉路を形成することが知られている．この特徴を用いて，FPGA の製造テストの効率化が示されている[(38)(39)]．

3・5・2　マルチプレクサの構成

SB のトポロジーと同様に，プログラマブルスイッチの回路構成は動作遅延に大きな影響を与える．特に単方向配線では，配線要素のいたるところに多入力のマルチプレクサが存在する．一般に多入力のマルチプレクサは伝搬遅延が大きいため，その回路構成は重要である．**図 3・18** に Altera 社の Stratix II[(30)] がもつ多入力マルチプレクサの回路構成を示す．通常入力として 9 個の入力をもち，クリティカルパス上の信号用に 1 個の高速入力を別途もつ．また，スイッチ段数が 2 段でよいことから 2 レベルマルチプレクサ[(30)] と呼ばれ，文献 (30) では，面積の増加なく回路遅延を 3%改善できることが報告されている．このように，配線

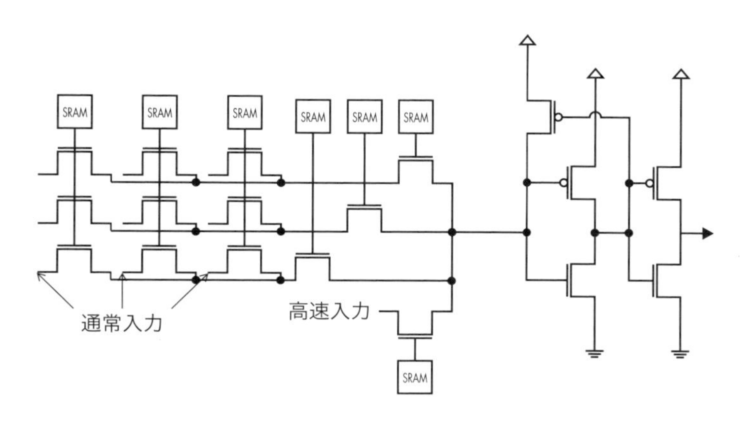

図 3・18—SB 中のマルチプレクサのトランジスタ構成

要素上のプログラム・スイッチは，多少のメモリ増を許容してでもパス遅延を少なくすることに重きをおいている．一方で，LUT はツリー状のパストランジスタで構成されることが多い(33)．

そのほか，単方向配線の回路遅延削減を目的に，リピータ配置，トランジスタサイジング，配線上のマルチプレクサのサイジングに関する研究が行われている．FPGA の配線ドライバには通常 CMOS インバータが用いられる．文献 (40) によるとドライバの個数は，偶数段より奇数段のほうが遅延特性が良いことが報告されている．この場合，信号値は反転するが，LUT に実装する際は反転を考慮したコンフィギュレーションパターンを決めればよい．文献 (34) では，リピータ回路のサイジングにおいて，CMOS 0.18 μm のインバータ 3 段を想定した最適化が行われている．初段では pMOS と nMOS のトランジスタ幅（W_p/W_n）が 1/3.5，2 段目では 1/1，最終段では 1.4/1 の場合に面積遅延積が最も良くなった．同様の条件で多入力マルチプレクサの評価を行い，遅延面では 4 入力マルチプレクサが最良で，面積遅延積は 8 入力マルチプレクサが最良であることが示されている．

3・6　コネクションブロック

コネクションブロック（CB）は配線チャネルと論理ブロックの入出力を接続する役割をもち，プログラマブルスイッチで構成される．CB はローカルコネクションブロックと同様に，スイッチ数と配線の柔軟性の間にトレードオフが存在する．特に，配線チャネル幅は非常に大きいため，単純にフルクロスバーで構成すると面積が問題となる．このため，実際の CB はフルクロスバーで構成されることは少なく，スイッチをある程度まびいたスパースクロスバーが使われる．**図 3・19** にスパースクロスバーで構成された CB の例を示す．配線トラックは単方向配線で構成され，順方向配線 14 本（F0〜F13），逆方向配線（B0〜B13）である．これら 28 本の配線トラックと 6 本の LB の入力（In0 から In5）が CB 内で接続している．LB の入力 1 本当たり，14 本の配線トラックと接続しているので $F_{c,in} = 14/28 = 0.5$ である．スパースクロスバーにはさまざまな構成[30]が存在するが，配線性と面積の最適ポイントを求めることで CB のアーキテクチャが決められる．

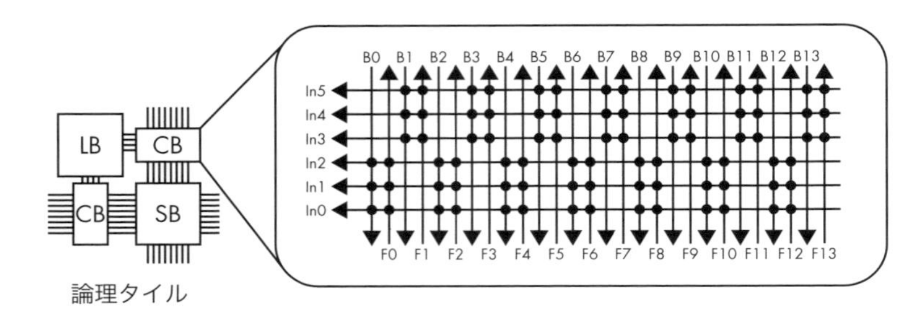

図 3・19—CB のスイッチ配置の例

3・7　I/O ブロック

入出力要素は，デバイスの I/O ピンと論理ブロック間をインタフェースする入出力専用モジュールで構成される．このモジュールを I/O ブロック（Input Output Block：IOB）と呼び，これらの I/O ブロックがデバイスの外周に沿って配置されている．FPGA の I/O ピンには，あらかじめ用途が決まった電源やクロックなどの専用ピンのほか，設計ユーザが入出力極性を決めるユーザ I/O がある．I/O ブロックは入出力バッファ，出力ドライバ，極性指定，ハイインピーダンス制御など，FPGA アレイ内の論理ブロックとデバイスの I/O パッドとの間に入って入出力信号のやりとりを行う．また，IOB には FF が存在し，入出力信号をラッチすることが可能である．**図 3・20** に Xilinx 社 XC4000 の IOB を示す．このブロックの特徴を以下に示すが，これらの基本構成は近年の FPGA でも同じである．

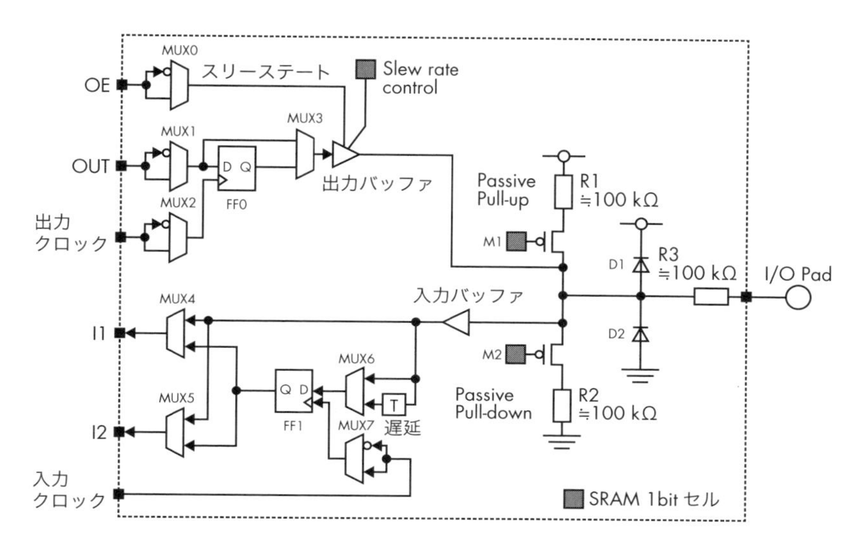

図 3・20—Xilinx XC4000 の IOB(41)

- 出力部にはプルダウン抵抗とプルアップ抵抗があり，デバイスの出力を 0 または 1 にクランプ可能
- 出力イネーブル信号 OE にて出力バッファを制御
- 入出力にはそれぞれ FF をもつため，レイテンシー調整が可能
- 出力バッファのスルーレートを制御可能
- 入力バッファは TTL もしくは CMOS のしきい値をもつ
- 入力のホールドタイム保証のため MUX6 の入力段には遅延回路をもつ

このほか，商用 FPGA は出力規格，電源電圧などさまざまなインタフェースをもつため，入出力要素では電気的な整合をとる役割をもつ．多くの FPGA では，高速な信号をやりとりするために，差動信号（Low Voltage Differential Signalling：LVDS）にも対応し，異なる電圧に対応するためのリファレンス電圧や，特定の高電圧を扱うためのクランプダイオードを備えている．**表 3・2** に Altera 社の Stratix V の I/O 規格リストを示す(8)．現在の FPGA は使用用途に応じてリリースされているため，I/O 規格もそれに合わせて搭載されることが多い．数世代前の FPGA では，クロックや電源電圧などの専用信号ピン以外の大半はユーザ I/O ピンとして使用できた．しかし，デバイスでサポートする I/O 規格の種類

表 3・2―Stratix V がサポートする I/O 規格の一部 [8]

I/O 規格	出力電圧	用　途
3.3-V LVTTL	3.3 V	汎用
3.3/2.5/1.8/1.5/1.2-V LVCMOS	3.3/2.5/1.8/1.5/1.2 V	汎用
SSTL-2 Class I/Class II	2.5 V	DDR SDRAM
SSTL-18 Class I/Class II	1.8 V	DDR2 SDRAM
SSTL-15 Class I/Class II	1.5 V	DDR3 SDRAM
HSTL-18 Class I/Class II	1.8 V	QDRII/RLDRAM II
HSTL-15 Class I/Class II	1.5 V	QDRII/QDRII+ /RLDRAM II
HSTL-12 Class I/Class II	1.2 V	汎用
Differential SSTL-2 Class I/Class II	2.5 V	DDR SDRAM
Differential SSTL-18 Class I/Class II	1.8 V	DDR2 SDRAM
Differential SSTL-15 Class I/Class II	1.5 V	DDR3 SDRAM
Differential HSTL-18 Class I/Class II	1.8 V	クロックインタフェース
Differential HSTL-15 Class I/Class II	1.5 V	クロックインタフェース
Differential HSTL-12 Class I/Class II	1.2 V	クロックインタフェース
LVDS	2.5 V	高速通信
RSDS	2.5 V	フラットパネルディスプレイ
mini-LVDS	2.5 V	フラットパネルディスプレイ

が増えたため，各 I/O が個別に対応することが困難になってきた．そこで近年の FPGA では，各 I/O はバンクと呼ばれる決められた集合に属し，それらを切り換えて使用する I/O バンク方式が採用されている [15][42]．一つのバンクに属する I/O ピンの数はデバイスごとに異なるが，Virtex 4 [5] では 64 ピン，Virtex 5 [15] では 40 ピンである．各バンクでは電源電圧とリファレンス信号を共有するため，複数のバンクでそれぞれの I/O 規格をサポートすることになる．

3・1 節から 3・7 節までのまとめとして，論理ブロックと I/O ブロックのアーキテクチャの概要は商用 FPGA のデータシートより入手可能である．しかしながら，それらのレイアウト情報や配線アーキテクチャについては詳細を知ることは難しい．**表 3・3** にデータシート以外で FPGA アーキテクチャ情報が掲載されている文献一覧を示す．

表 3・3—FPGA アーキテクチャを参照できる文献および特許

(1) FPGA アーキテクチャ（商用）

出版年	内　容
1994	XC4000 頃までの FPGA アーキテクチャ[43]
1998	Flex6000 アーキテクチャ[44]
2000	Apex20K に関する論文．コンフィギュレーションメモリの構造[45]
2003	Stratix の配線，論理ブロックアーキテクチャ[46]
2004	Stratix II の基本アーキテクチャ．アダプティブ LUT[47]
2005	Stratix II の配線，論理ブロックアーキテクチャ[30]
2005	eFPGA の基本構造と評価[48]
2009	Stratix III と Stratix IV のアーキテクチャ[49]
2015	Virtex Ultrascale CLB のアーキテクチャ[50]

(2) FPGA アーキテクチャ（アカデミック）

出版年	内　容
1990	LUT の最適入力数の評価[4]
1993	ホモジーニアス LUT のアーキテクチャ探索[13]
1998	配線セグメント長の分配[28]
1998	配線セグメントとドライバ[40]
1999	クラスタベース FPGA までの FPGA アーキテクチャ[29]
2000	配線アーキテクチャの自動生成[29]
2002	プログラマブル・スイッチのデザイン[33]
2004	クラスタサイズに関するアーキテクチャ探索[7]
2004	スイッチブロック，コネクションブロック[28]
2008	双方向配線，単方向配線の評価[51]
2008	アダプティブ LUT を含めた FPGA のサーベイ[1]
2009	FPGA と ASIC の性能ギャップを評価[52]
2014	アダプティブ LUT のアーキテクチャ[16]

(3) 特　許

成立年	内　容
1987	FPGA の内部接続に関する特許（Carter 特許）[53]
1989	FPGA の基本構造に関する特許（Freeman 特許）[54]
1993	ローカルコネクションブロックに関する特許[55]
1994	LUT を RAM として利用する特許[56]
1995	配線ネットワークに関する特許[57]
1995	キャリ・ロジックに関する特許[58]
1996	BLE，クラスタベース FPGA に関する特許[59]
1996	配線セグメント長に関する特許[60]
1999	LUT をシフトレジスタとして利用する特許[61]
2000	IOB に関する特許[62]
2002	マルチコンテキスト，マルチグレインに関する特許[19]
2003	フラクチャブル LUT に関する特許[17]
2004	アダプティブ LUT に関する特許[18]

3・8　DSP ブロック

前節までに述べたように，初期の FPGA は LUT をベースとした論理ブロックをプログラマブルな配線要素で相互に接続することで，ユーザが所望の論理回路を実現するというのが基本的な構成であった．実現可能な回路規模も比較的小さかったことから，用途としては大規模システム内のサブモジュール間インタフェース回路や，システム制御用ステートマシンなど，グルーロジックと呼ばれるものが主なターゲットであった．

しかし，FPGA がより一般的に利用されるようになると，ほどなくしてその幅広い可能性が注目されるようになり，FPGA のターゲットアプリケーションの主役は FIR（Finite Impulse Response）フィルタや高速フーリエ変換などのディジタル信号処理（DSP：Digital Signal Processing）へとシフトしていった．このようなアプリケーションでは乗算が頻繁に使われる．しかし，乗算などの演算器は入力信号線数も多いため，LUT ベースの論理ブロックで構成しようとすると，どうしても多数の論理ブロックを相互接続する必要がある．これでは配線遅延も大きく，高い演算性能を達成することは難しい．信号処理用プロセッサ（DSP）との性能競争もあり，FPGA アーキテクチャにも乗算などの演算性能を向上させるための工夫が求められるようになった．

以上のような背景から 2000 年ごろには，LUT ベースの論理ブロックとは別に，ハードウェアブロックとしての乗算器を複数搭載した FPGA アーキテクチャが登場するようになった．これらの乗算器は専用回路として実装されており，柔軟性がないものの高速演算が可能である．乗算器と論理ブロックの間にはプログラマブルな配線要素が設けられており，ユーザがアプリケーション回路と自由に接続して利用できる．例えば，Xilinx 社の Virtex-II アーキテクチャでは 18 ビットの符号付き整数用乗算ブロックが搭載されており，チップによっては 100 個以上搭載されているものもあった(63)．

ハードウェアブロックとして専用演算回路を用意すれば性能は向上するが，アプリケーションの要求と合致しない場合には使用できず，ハードウェアの利用効率が低下する．つまり，高性能性と柔軟性，および高効率性との間にはトレードオフの関係が存在する．近年は FPGA に対する要求がますます多様化していることから，ディジタル信号処理を中心としながらも，より複雑で多様な演算にも対応できるよう，一定程度のプログラマビリティーと専用回路としての高速性の両立を図った演算用ハードウェアブロックが提供されている．一般にこれらはDSPブロックと呼ばれている．

3・8・1　DSPブロックの構成例

図3・21にXilinx社の7シリーズアーキテクチャに採用されているDSP48E1スライスの構成を示す(64)．25ビット×18ビットの符号付き整数用乗算器と，その後段に位置する48ビットアキュムレータ・論理演算ユニットが中心的要素となっている．信号処理分野では，次式のように乗算結果の累算していくMACC(Multiply-Accumulate) 演算と呼ばれる処理が頻出する．

$$Y \leftarrow A \times B + Y$$

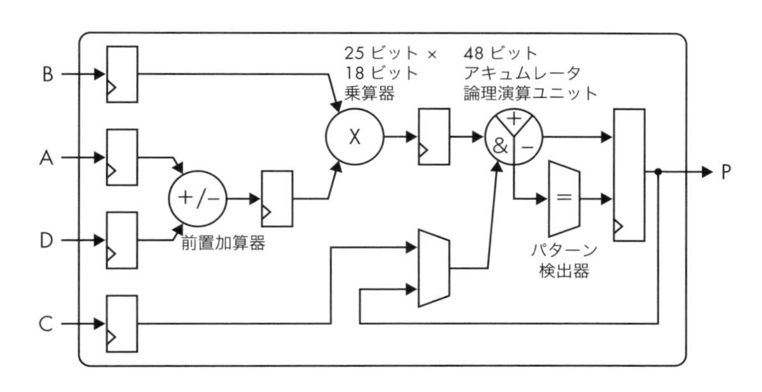

図3・21—Xilinx DSP48E1スライス構造の概要(64)

DSP48E1スライスでは，乗算器と48ビットアキュムレータを組み合わせ，最終段レジスタからのフィードバック経路をオペランド（演算対象）として選択することにより，このMACC演算を本スライス1個のみで実現できるようになっている．

48ビットアキュムレータは加減算や論理演算など多様な演算器として利用することができ，オペランドの接続にもプログラマビリティーが与えられている．このため，DSP48E1スライスは乗算やMACC演算のみならず，3値加算やバレルシフタなどさまざまな演算を実現できる．最終段レジスタの手前には，プログラマブルな48ビットのパターン検出器も用意されており，カウンタのクリア条件判定や，演算結果の例外判定など種々の用途に用いることができる．演算器間のレジスタ要素を使用することによって演算をパイプライン化することもでき，柔軟性と高速性の両立を意図した構成になっていることがわかる．

3・8・2 演算粒度

演算器をハードウェアブロック化する場合，その演算粒度（演算器のビット数）がアプリケーションの実装効率に与える影響も大きい．アプリケーションが要求する演算粒度が，ハードウェアブロックの粒度よりも大きい場合には，複数のブロックを相互に結合して使う必要があり，配線などの影響によって性能が制約される．一方，アプリケーションが要求する演算粒度が，ハードウェアブロックの粒度よりも小さい場合には，ハードウェア資源の一部しか使われないことになり，面積効率が低下する．しかし，要求される演算粒度はアプリケーションによって大きく異なる．そこで，前述のDSP48E1スライスでは，以下のようなメカニズムを設け，演算粒度に一定の柔軟性をもたせている．

- カスケードパス
  隣接する二つのDSP48E1スライス間に高速な専用配線経路（カスケードパス）を設け，ペアのスライスを直接結合することによって，より多ビットの演算を汎用ロジックの使用なしに実現できる．
- SIMD演算
  48ビットアキュムレータではSIMD（Single Instruction Stream Multiple Data Stream）形式の演算をサポートしており，四つの独立な12ビット加算あるいは二つの独立な24ビット加算を並列に実行できる．

一方，Altera社のStratix 10アーキテクチャやAria 10アーキテクチャでは，より粗粒度なDSPブロックを採用している[65]．**図3・22**に示すように，浮動小数点演算の規格であるIEEE 754に準拠した単精度乗算器と加算器を備えており，高精度DSPアプリケーションのほか，科学技術計算のアクセラレーションなどへの応用にも適した構造となっている．隣接するDSPブロックとカスケード接続するための専用パスも設けられている．また，浮動小数点演算だけでなく，18ビットや27ビットの固定小数点演算のモードも用意されており，演算粒度の

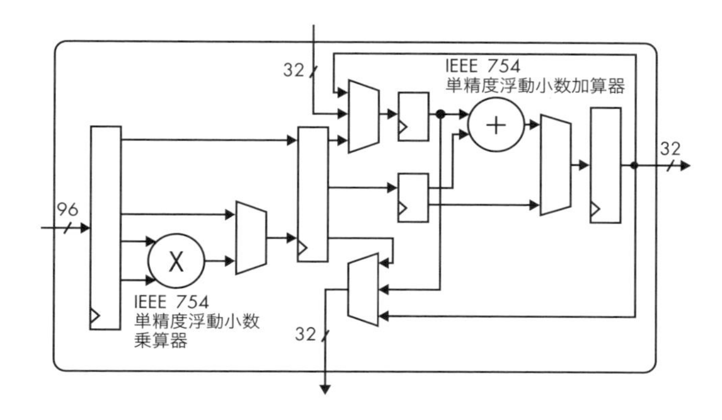

図 3・22—Altera 社浮動小数点演算 DSP ブロックの構造 (65)

柔軟性が一定程度与えられている．

3・8・3　DSP ブロックの利用法

以上に述べたように，近年の商用 FPGA アーキテクチャにおいては，同じ演算であっても，DSP ブロックを利用する方法と，論理ブロックを利用する方法があり，ユーザは異なる実現法の中から一つを選ぶことになる．当然ながら，どのような方法で実装するかにより，演算性能も大きく異なる．基本的には，DSP ブロックを利用するのが性能上有利である．しかし，DSP ブロックを使い切ってもなお論理ブロックが余っているような場合には，あえて論理ブロックで実装することにより，回路全体を小さなチップで実現できることもある．

FPGA ユーザが回路を設計する際に DSP ブロックを使用するためにはいくつかの方法がある．FPGA ベンダが提供する IP（Intellectual Property）生成ツールを使用すれば，あらかじめ用意された設計ライブラリから，演算器や信号処理フィルタなど所望の IP を選び，ビット幅などカスタマイズをしたうえで容易にモジュールを生成できる．この際，DSP ブロックの利用が可能な IP であれば，ツール上からその使用を指定したり禁止したりすることができる．

ハードウェア記述言語（HDL）で演算器などを設計する場合には，FPGA ベンダが推奨するスタイルに従って記述を行うことで，論理合成ツールに DSP ブロックの使用を推論させることができる．この場合，同じ設計記述を容易にほかの FPGA アーキテクチャやほかのベンダの FPGA に移植できるメリットがある．

もちろん，DSP の使用を推論可能な HDL 記述であっても，論理合成ツールのオプションによって，DSP ブロックの使用を抑制したり禁止したりすることも可能である．

DSP ブロックに対して直接低レベルなアクセスを実現したい場合には，DSP ブロックのモジュールを直接設計のなかにインスタンシエーション（実体化）することもできる．ただし，この場合にはほかのアーキテクチャへの設計移植性は完全に失われる．

3･9　ハードマクロ

半導体集積度の向上とともに FPGA が大規模化すると，複雑なシステムをまるごと FPGA 上に実現するという使い方に多くの注目が集まるようになった．この場合，多くのシステムにおいて共通的に使用される汎用インタフェース回路などは，各ユーザがそれぞれ独自に FPGA 上にユーザ回路として実現するよりも，あらかじめ専用ハードウェアとしてその機能を FPGA チップにつくり込んでおいたほうが，性能面からも実装効率の面からも好ましい．このため，近年の商用 FPGA には多くの専用ハードウェア回路が搭載されている．これらの専用ハードウェア回路は一般にハードマクロと呼ばれる．

3･9･1　ハードマクロ化されたインタフェース回路

前節で述べたハードウェア乗算器や DSP ブロックもハードマクロの一種であるが，その他の例としては，PCI Express インタフェース，高速シリアルインタフェース，外部 DRAM インタフェース，アナログ・ディジタル変換器などがあげられる．各種ペリフェラルデバイスの高性能化に伴い，高い周波数のクロック信号で動作させる必要のあるインタフェース回路が増加していることが背景にある．これらのハードウェアマクロ化されたインタフェース回路は，論理ブロックや DSP ブロックと異なり，チップ上に一つあるいは数個のみ用意されている場合がほとんどである．このため，論理ブロック上のユーザ回路の配置には注意を要する．ハードウェアマクロとの配線経路を考慮したうえで配置を行わないと，予想以上に長い配線を生じてしまい所望の性能を達成できないこともあるからである．

3・9・2 ハードコアプロセッサ

複雑なシステムをまるごとFPGA上に実現するとなると，多くの場合には，やはりマイクロプロセッサが欠かせない構成要素となる．FPGAは汎用回路を実現できるから，FPGA上にユーザ回路としてプロセッサを構成することも，もちろん可能である．このようにFPGA上に構成されたプロセッサをソフトコアプロセッサと呼ぶ．Xilinx社やAltera社はそれぞれ自社のFPGA用のソフトコアプロセッサを用意している[66][67]．また，自由に設計の変更が可能なオープンソースのソフトコアプロセッサも数多く公開されている[68]．

ソフトコアプロセッサには柔軟性というメリットはあるものの，純粋な性能としてはハードマクロとしてつくり込んだプロセッサのほうが当然ながら有利である．このようなプロセッサをハードコアプロセッサと呼ぶ．Xilinx社では以前はIBM社のPowerPCプロセッサをハードマクロとして搭載したFPGAを製品化していたが，現在ではXilinx社もAltera社もARM社のプロセッサをハードウェアマクロとして搭載したチップを提供している．

図3・23にXilinx社のZynq-7000 EPP（Extensible Processing Platform）アーキテクチャの構成を示す[69]．プロセッサ部とプログラマブルロジック部に分かれており，プロセッサ部はARM社のCortex A9コアが2個搭載されたマルチコア構成をとっている．また，外部メモリインタフェースや，各種入出力インタフェースコントローラがハードマクロ化されており，オンチップインタコネクトの規格であるAMBAプロトコルに基づくスイッチによりプロセッサと接続されている．これらのハードコアプロセッサ上ではLinuxなどの汎用OSを動作させることも可能である．プログラマブルロジック部はLUTベースのロジックブロックやDSPブロック，エンベデッドメモリなど，一般的なFPGAと同様の構成になっている．定められた規格に従ってAMBAスイッチに接続するインタフェースを設計すれば，プログラマブルロジック部に構成したユーザ独自の回路モジュールをハードコアプロセッサに接続することができる．プロセッサ処理の一部をユーザが設計したカスタムハードウェアにオフロードして高速化するなどの使い方も可能である．

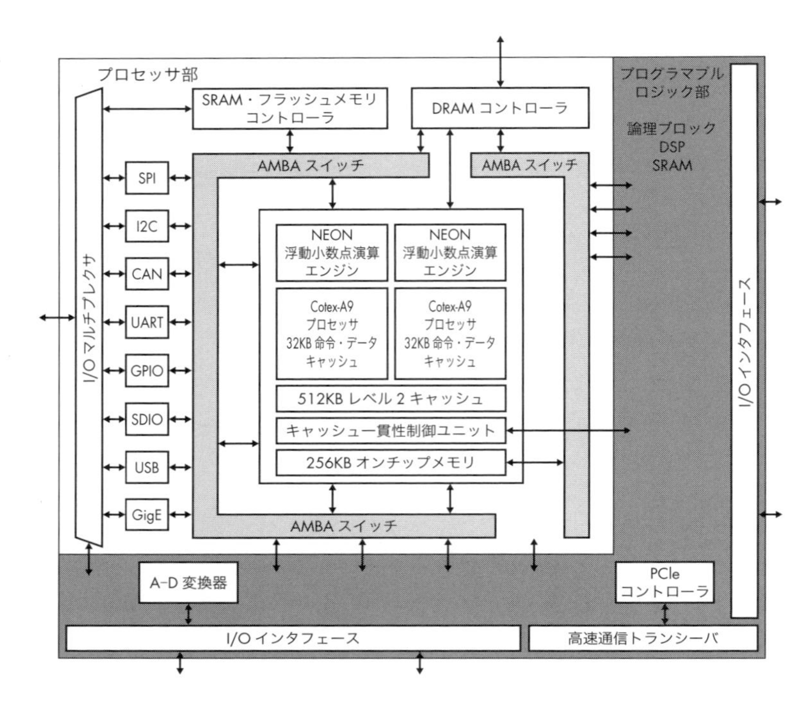

図 3・23—Znyq-7000 EPP アーキテクチャの構造 (69)

3・10　エンベデッドメモリ

初期の FPGA アーキテクチャにおいては，ユーザ回路は LUT とフリップフロップ (FF) をベースとした論理ブロックのみを使って実現するのが基本であり，記憶要素として用いることができるのは論理ブロック内の FF だけであった．このため大量のデータをチップ内に保存することは難しく，そのようなアプリケーションのためには FPGA に外部メモリを接続したシステムを構築する必要があった．しかしながら，一般にこの構成では FPGA と外部メモリ間のバンド幅がシステム全体のボトルネックになり，性能を制約してしまうことが多い．そこで商用の FPGA アーキテクチャは，その発展の過程において，チップ内部に効率的にメモリ要素を実現する仕組みを備えていくこととなった．このような FPGA 内部で提供されるメモリ要素を総称してエンベデッドメモリと呼んでいる．近年の商用 FPGA アーキテクチャでは，おおまかに分類すると 2 種類のエンベデッドメモリが利用可能となっている．

3・10・1　ハードマクロとしてのメモリブロック

効率的なメモリ機能の実現のための一つ目のアプローチは，FPGA アーキテクチャにつくり込みのメモリブロックをハードマクロとして導入するという極めて直截的なメカニズムである．

例えば，Xilinx 社のアーキテクチャでは，このようなハードマクロ型のメモリブロックをブロック RAM（BRAM）と呼んでいる．**図 3・24** に同社の 7 シリーズアーキテクチャが搭載する BRAM モジュールのインタフェースを示す．このアーキテクチャでは BRAM は 1 個当たり 36 K ビットの容量をもっている．小規模な FPGA でもチップ内に BRAM は数十個入っており，大規模になると数百個入ったものもある．また，1 個の BRAM は一つの 36 K ビットメモリとして使用することもできるし，二つの独立した 18 K ビットのメモリとして使用することもできる．反対に，隣接した 2 個の BRAM を結合し，追加の論理要素なしに 72 K ビットのメモリを構成することもできる．

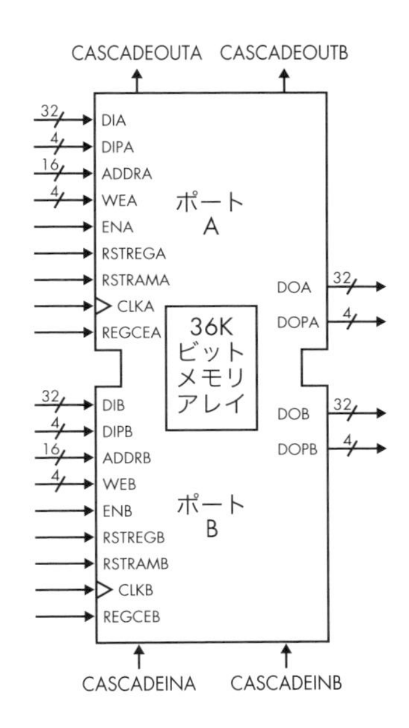

図 3・24—Xilinx 7 シリーズアーキテクチャにおける BRAM モジュール（70）

図3・24からもわかるように，メモリアクセスに必要なアドレスバス，データバス，制御信号から成る一連の信号線グループは，AポートとBポートの2系統用意されているため，シングルポートのメモリとして利用することはもちろん，デュアルポートのメモリとして構成することもできるようになっている．このデュアルポート機能を利用すれば，サブモジュール間でデータを受け渡すFIFO（First-In First-Out）メモリなども容易に構成できる．なお，BRAMへのアクセスはクロック信号に同期している必要があり，非同期的なアクセス（例えばアドレスを入力したクロックサイクル中に出力を得ること）はできないという制約があるので注意を要する[70]．

3・10・2　論理ブロック内LUTを用いたメモリ

FPGAにおけるもう一つの内部メモリの実現手法は，論理ブロック内のLUTを利用する方法である．前述のように，LUTは論理ブロックで組合せ回路を実現する際に，その真理値表として機能する小規模メモリである．一般に，FPGA内部にあるすべてのLUTが組合せ回路として利用されることはない．そこで，これらのLUTをユーザ回路がメモリ要素としてアクセスできるようにすれば，内部メモリも実現でき，ハードウェアの利用効率も高くなる．

Xilinx社のアーキテクチャでは，このようにLUTを用いて構成されるメモリを分散RAMと呼んでいる．ただし，すべてのLUTが分散RAMとして利用できるわけではなく，SLICEMと呼ばれる論理ブロックのグループに属するLUTのみが利用可能である．分散RAMはブロックメモリでは実現できなかった非同期アクセスが可能という特徴があるが，大規模なメモリを分散RAMで構成すると，ロジックに利用できるLUTが少なくなってしまうという問題もある．したがって，通常は小規模なメモリの実現に利用されることが推奨される．

3・10・3　エンベデッドメモリの利用法

DSPブロックと同様に，FPGAユーザがエンベデッドメモリを利用する方法は複数用意されている．FPGAベンダからはRAM，ROM，デュアルポートRAM，FIFOなど，種々のメモリIPを生成するツールが提供されており，これを利用することで所望のメモリ機能を容易に設計に取り込むことができる．この際，可能であればメモリの実現法（BRAMまたは分散RAM）を選択することもできる．

また，FPGA ベンダが推奨するスタイルで HDL 記述を行うことで，設計ツールにエンベデッドメモリの使用を推論させることも可能である．後者の方法では，設計の移植性が高まるというメリットがある．

FPGA サイズの増大に伴い，FPGA の内部に実現できるエンベデッドメモリの容量も増加しているが，通常のコンピュータシステムに使われる DRAM のように大規模なメモリ空間を実現することはできない．一方で，FPGA 内部では複数の BRAM や分散メモリに並列にアクセスできることから，大きなバンド幅を利用できる．FPGA にアプリケーションを実装する際には，エンベデッドメモリが提供するこの大きなバンド幅をいかに有効に利用できるかが，性能上の一つの鍵となることが多い．

3・11　コンフィギュレーションチェーン

FPGA 上に回路を構成することを FPGA をコンフィギュレーションするといい，その際に FPGA に書き込まれる回路情報をコンフィギュレーションデータと呼ぶ．コンフィギュレーションデータには，例えば LUT で実現する真理値表の内容や，スイッチブロック内における各スイッチの ON/OFF 情報など，FPGA に回路を構成するのに必要なすべての情報が含まれる．

3・11・1　コンフィギュレーション用メモリ技術

FPGA はこのコンフィギュレーションデータをチップ内に何らかの方法で記憶する必要がある．この記憶に使われる素子によって，FPGA は概ね以下の 3 種類に分類できる．

1. **SRAM 型**

   コンフィギュレーションデータをチップ内部の SRAM に記憶する．何度でも書き換えることが可能であるが，揮発性であるため電源を切ると FPGA 上に構成していた回路は消失する．したがって，外部に不揮発性メモリを別途用意しておき，電源投入時に自動的にそこからコンフィギュレーションを行うようにしておくのが一般的である．

2. **フラッシュメモリ型**

   不揮発性のメモリであるフラッシュメモリにコンフィギュレーションデー

タを記憶する．電源を切っても回路の情報が失われない．また，事実上，何度でも回路を書き換えることが可能である．しかしながら，書込みの速度はSRAM に比べて低速である．

3. **アンチヒューズ型**

アンチヒューズははじめは絶縁体であるが，高電圧をかけることにより導通させることができる．この性質を使ってコンフィギュレーションデータを記憶する．不揮発性であるが，一度導通させたアンチヒューズは元には戻らない．したがって，一度コンフィギュレーションした FPGA は二度と書き換えることはできない．

それぞれ異なる特徴をもつため，アプリケーションの性質や用途に応じて適切なデバイスを選択する必要がある．

3・11・2　JTAG インタフェース

SRAM 型の FPGA では，電源投入時に外部に設けられたコンフィギュレーションデータ用のメモリからコンフィギュレーションを行うのが一般的である．このため，ほとんどの FPGA チップには，能動的に外部のメモリにアクセスしコンフィギュレーションを行う機能が備わっている．反対に，外部の制御システムからデータを受け取る受動的なコンフィギュレーションもサポートしており，いくつかのコンフィギュレーションモードから所望のものを選べるようになっている．

一方，FPGA 回路の開発中やデバッグ中においては，開発に用いるホスト PC から頻繁に FPGA を書き換えられると便利である．このため，多くの商用 FPGA では JTAG インタフェースによるコンフィギュレーションがサポートされている．JTAG はバウンダリスキャンテストの標準規格である IEEE 1149.1 の通称であり，標準化を推進した団体 Joint Test Action Group の略である．本来，バウンダリスキャンは，半導体チップの入出力レジスタを数珠繋ぎにすることで 1 本の長いシフトレジスタを構成し，外部からこのシフトレジスタにアクセスすることで，入力ピンへテスト値をセットしたり出力ピンの値を観測したりするメカニズムである．シフトレジスタへのデータアクセスは，1 ビットの入力と出力だけで済み，そのほかにシフトレジスタを動作させるクロック信号と，テストモードを選択する信号があればよく，簡潔なインタフェースがメリットである．

多くの商用 FPGA では，このバウンダリスキャンの枠組みにコンフィギュレーションのメカニズムを実装している．JTAG のインタフェースでコンフィギュレーションを行う場合，コンフィギュレーションデータは1ビットずつシリアル化され，バウンダリスキャン用シフトレジスタを介して FPGA に供給される．このシフトレジスタの経路をコンフィギュレーションチェーンと呼ぶ．バウンダリスキャンでは複数のデバイスを数珠繋ぎにして一つのシフトレジスタに統合することができるため，複数の FPGA を1本のコンフィギュレーションチェーンにまとめ，同一の JTAG インタフェースから選択的にコンフィギュレーションをすることも可能である．

近年では JTAG インタフェースを用いた FPGA デバッグ環境も整備が進んでいる．デバッグ中には回路動作時に FPGA 内部の信号のふるまいを確認できると便利だが，そのためには観測したい信号線を出力ピンに接続したり，出力ピンに観測器を接続したりと手間がかかる．そこで，観測したい信号線のふるまいを未使用のエンベデッドメモリに書き込み，このデータを JTAG 経由でホスト PC に読み出して波形表示する環境などが FPGA ベンダから提供されている．観測データの取り込みを開始するためのトリガ条件を設定できるなど，あたかも FPGA 内部に仮想的なロジックアナライザを設置したような効果が得られるようになっている．

3・12 PLL と DLL

FPGA 上にはさまざまな回路を柔軟に構成することができるが，それらの動作周波数は回路ごとのクリティカルパスに応じて当然異なることから，チップ内でさまざまな周波数のクロック信号を生成し利用できると便利である．また，FPGA 上に構成した回路を外部のシステムと通信させる場合には，外部から入力されたクロックとの位相差のないクロック信号を生成し利用したい．さらには，外部インタフェースに応じて周波数や位相の異なる複数のクロック信号を扱いたいこともある．そこで近年の商用 FPGA では，外部から入力される基準クロックをもとに，さまざまなクロック信号を生成できるプログラマブルな PLL（Phase-Locked Loop）のメカニズムが搭載されている．

3・12・1　PLL の基本構成と動作

図 3・25 に PLL の基本構成を示す．クロック信号を生成する中心部は，電圧制御発振器 VCO（Voltage-Controlled Oscillator）である．VCO は印加電圧によって周波数を変化させることのできる発振器である．図からもわかるように，PLL は VCO に対するフィードバック制御系を構成している．外部から入力される基準クロックと VCO 自身が出力するクロックは位相周波数検出器で比較される．比較の結果，二つのクロックが一致していれば VCO の印加電圧は現状を維持してよい．もし VCO の周波数が高ければこれを低くするように，逆に低ければこれを上げるように電圧を制御する必要がある．通常，チャージポンプ回路を用いてこのようなアナログ電圧信号への変換が行われる．

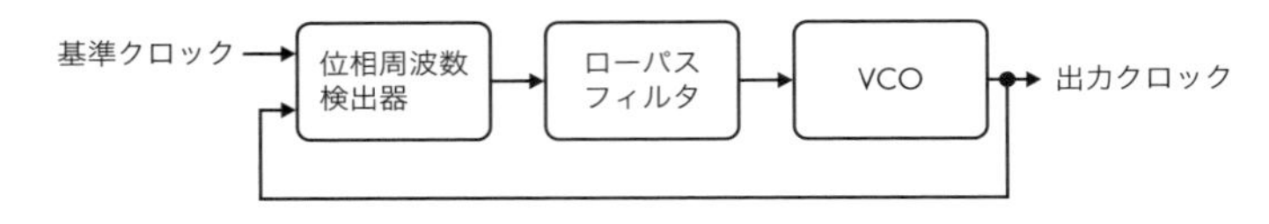

図 3・25—PLL の基本概念

基本的にはこのようにして得られた電圧信号を用いて VCO の周波数を直接制御すれば基準クロックと出力クロックを一致させることができそうである．しかしながら，この電圧信号をそのまま用いると系が安定しないという問題がある．そこでローパスフィルタによって高周波成分をカットしてから VCO に入力する．このようにして，外部から与えられるクロック信号と同じ周波数と位相をもつクロック信号を安定的に生成できる．これが PLL の動作原理であり，図 3・25 に示した主要部分は基本的にアナログ回路として実現される．

3・13　典型的な PLL ブロック

前述の構成では外部から入力される基準クロックと同じ周波数でしか発振することができない．しかし，FPGA では構成する回路に応じて，さまざまな周波数のクロック信号を生成できると便利である．そこで，実際には図 3・25 の基本構成にいくつかのプログラマブル分周器を付加した PLL ブロックが使われることが多い．典型的な構成を**図 3・26** に示す．

まず，基準クロックが位相周波数検出器に入力される前に分周器を通過させる．この分周数を N とすると，基準クロックの $1/N$ の周波数が VCO の目標周波数

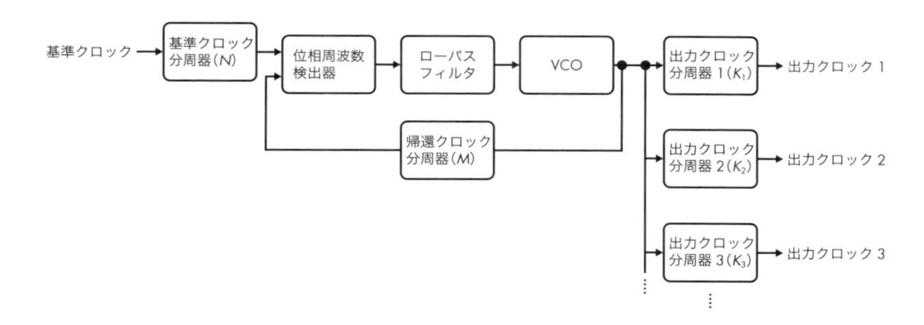

図 3・26—FPGA における PLL ブロックの構成例

となる．また，VCO の出力クロックが位相周波数検出器にフィードバックされる経路にも分周器を追加している．この分周数を M とすれば，VCO の発振周波数の $1/M$ の周波数を目標周波数と一致させるようにフィードバック系が機能する．したがって，基準クロックの周波数を F_{ref}，VCO の発振周波数を F_{vco} とすれば

$$F_{\mathrm{vco}} = \frac{M}{N} F_{\mathrm{ref}} \tag{3・2}$$

と表すことができる．FPGA の PLL においてはプログラマブルな分周器が用いられ，さまざまな値に M や N を設定することができる．なお，帰還クロック用の分周数（M）の値によって，入力される基準周波数よりも高い周波数で VCO を発振させることができる点に注意されたい．

図 3・26 に示したように，FPGA に用いられる典型的な PLL ブロックでは，VCO の後段にも分周器が設けられ，VCO が発振したクロック信号を，さらに分周できるようになっている．また，VCO の出力を分岐させ，複数の独立した出力クロック用分周器に分配することで，共通の VCO クロックから周波数が異なる複数のクロックを生成し出力することができる．ここで，i 番目の出力クロックの周波数を F_i，これに対応する出力用分周器の分周数を K_i と表せば

$$F_i = \frac{1}{K_i} F_{\mathrm{vco}} \tag{3・3}$$

が成り立つ．ここで，式 (3・2) を式 (3・3) に代入すれば，基準周波数と出力周波数の最終的な関係の式

$$F_i = \frac{M}{N \cdot K_i} F_{\mathrm{ref}} \tag{3・4}$$

が得られる．この式に従って，M，N，K_i の値を適切に設定することにより，外部より与えられる基準クロック信号から，さまざまな周波数のクロック信号を生成することが可能となっている．

3・14　PLL ブロックの柔軟性と制約

近年の商用 FPGA アーキテクチャでは，さらに柔軟なクロック信号の生成が可能なクロック管理機構を備えている．例えば，出力クロック信号ごとに位相をシフトさせたり，遅延量を細粒度に調整できる機能が備わったものがある(71)．基準クロック信号やフィードバッククロック信号には，チップ内外のさまざまな信号源を選択して入力することが可能である．また，PLL の設定を動的に変更し，FPGA を動作させたままクロック出力を変更できるものもある(72)．

なお，式 (3・4) からも明らかなように，基準クロック周波数 F_{ref} が与えられたとき，所望のクロック周波数 F_i を生成するための分周数の組合せ M，N，K_i は，必ずしも一意には定まらない．しかし，実際には各分周器がとり得る分周数の範囲には制約があり，そのなかで値を設定する必要がある．また，入力可能な基準クロック周波数 F_{ref} にも上限値と下限値が定められている．さらに，VCO の発振周波数 F_{vco} にも，その上限値と下限値の制約が設けられており，その制約の範囲内の周波数で発振させる必要がある．複数の PLL ブロックを多段結合する際にも制約があり注意が必要である．

PLL ではこれら種々の制約を満たすように，M，N，K_i の値を設定し所望のクロック信号を得る必要があり，自由に使いこなすためには FPGA ベンダが提供する関連ドキュメントによく目を通しておく必要がある．幸い Xilinx 社からも Altera 社からも，PLL のパラメータ設定を容易に行うことのできる GUI ツールが提供されており，基準周波数や所望の出力周波数，位相角などを入力することで，ハードウェア制約に違反しない分周器の設定値を自動的に計算することができるようになっている．

3・14・1　ロック出力

前述のように PLL の基本原理は，外部から与えられた基準クロック周波数を目標値とし，VCO の発振周波数を制御対象としたフィードバック制御系である．当然ながら，起動時やリセット時，基準クロックの大幅な変動後などは，フィードバック系が機能し VCO の発振が安定するまでに一定の時間を要する．このため，PLL の出力クロックが安定するまでの間は，そのクロック信号に同期するユーザ回路は予期せぬ動作を行う可能性がある．

そこで，PLL ブロックには基準クロック信号とフィードバックされたクロック信号を常にモニタする機構が備わっている．VCO 出力が安定し，基準クロックによく追随していることを，PLL がロック（Lock）しているという．PLL ブロックには出力がロックしていることを示す 1 ビットの出力信号線が設けられており，このロック出力を利用することで，外部の回路がクロックの信頼性を判断することができる．例えば，PLL がロックするまではユーザ回路をリセットし続けることで，不安定なクロック信号に起因する予期せぬ動作を回避することができる．

3・14・2　DLL

FPGA アーキテクチャによっては，PLL ではなく DLL（Delay-Locked Loop）に基づくクロック管理機構を備えたものもある．**図 3・27** に DLL の基本概念を示す．PLL と同様にフィードバック系であるが，VCO ではなく可変ディレイラインを用いてクロック信号の遅延量を制御する点が異なっている．可変ディレイラインには電圧制御遅延素子を利用することも可能であるが，FPGA の場合には，**図 3・28** に示すように，複数の遅延要素を並べておき，入力信号が通過する遅延要素の段数を変更することで遅延量を制御するディジタル方式が用いられることが多い．

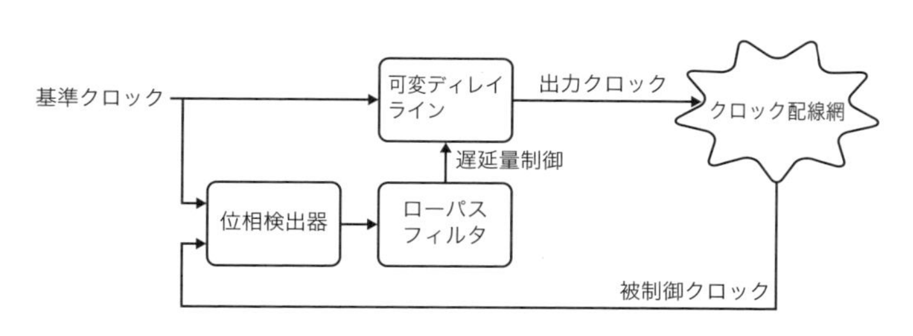

図 3・27—DLL の基本概念

DLL を用いることにより，被制御クロックと基準クロックの位相を一致させることができる．これは，外部から入力された基準クロックから被制御クロックに到達するまでの配線網による遅延を，見掛け上取り除いたことに相当する．配線

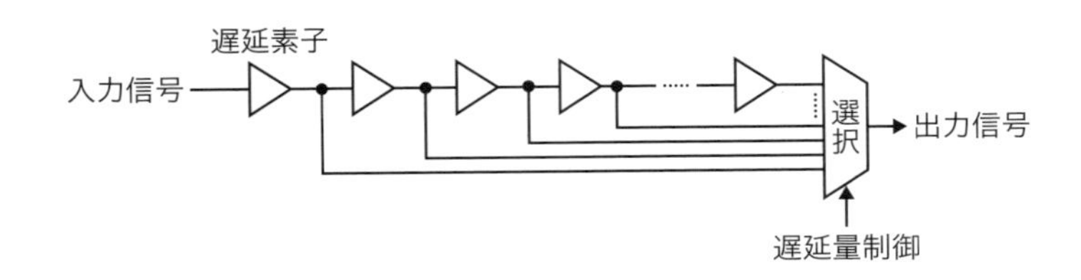

図 3・28—ディジタル方式可変ディレイラインの概念

網に起因するクロック信号のずれ（Skew）を取り除くことから，これをクロック信号のデスキュー（Deskew）と呼ぶ．また DLL においても，PLL と同様に分周器と組み合わせることによって，出力周波数にある程度の柔軟性を与えることが可能である．DLL で用いられるディジタル方式の可変ディレイラインは，PLL で用いられる VCO に比べて安定性が高く，位相誤差が蓄積されないというメリットがあるものの(73)，周波数合成の柔軟性の観点では PLL 方式が優れており，現時点では PLL を用いた FPGA アーキテクチャが主流となっている．

参 考 文 献

(1) I. Kuon, R. Tessier, and J. Rose, “FPGA Architecture: Survey and Challenges,” Foundations and Trends in Electronic Design Automation, Vol.2, No.2, pp.135-253 (2008).

(2) Actel Corporation, “ACT 1 series FPGAs,” http://www.actel.com/documents/ACT1DS.pdf, 1996.

(3) D. Marple and L. Cooke, “An MPGA compatible FPGA architecture,” Proc. IEEE Custom Integrated Circuits Conference, pp.4.2.1-4.2.4 (1992).

(4) J.S. Rose, R.J. Francis, D. Lewis, and P. Chow, “Architecture of Field-Programmable Gate Arrays: The Effect of Logic Block Functionality on Area Efficiency,” IEEE J. Solid-State Circuits, Vol.25, No.5, pp.1217-1225 (1990).

(5) Xilinx Corporation, “Virtex 4 ファミリー overview,” DS112(Ver.1.4) (Mar. 2004).

(6) Altera Corporation, “Stratix Device Handbook, Volume 1” (2005).

(7) E. Ahmed and J. Rose, “The Effect of LUT and Cluster Size on Deep-Submicron FPGA Performance and Density,” IEEE Trans. Very Large Scale Integration(VLSI) Systems, Vol.12, No.3 (2004).

(8) Altera Corporation, “Stratix V Device Handbook, Volume 1,” Device Interfaces and Integration (2014).

(9) J. Lamoureux and S.J.E. Wilton, “On the Interaction between Power-Aware Computer-Aided Design Algorithms for Field-Programmable Gate Arrays,” J. Low

Power Electronics(JOLPE), Vol.1, No.2, pp.119-132 (2005).

(10) K. McElvain, "IWLS'93 Benchmark Set: Version 4.0," Distributed as part of the MCNC International Workshop on Logic Synthesis '93 benchmark distribution (May 1993).

(11) UCLA VLSI CAD Lab., "The RASP Technology Mapping Executable Package," http://cadlab.cs.ucla.edu/software_release/rasp/htdocs

(12) Xilinx Corporation, "XC4000XLA/XV Field Programmable Gate Array Versiion 1.6," (1999).

(13) J. He and J. Rose, "Advantages of Heterogeneous Logic Block Architectures for FPGAs," Proc. IEEE Custom Integrated Circuits Conference(CICC 93), pp.7.4.1-7.4.5 (May 1993).

(14) Altera Corporation, "Stratix II Device Handbook, Volume 1: Device Interfaces and Integration" (2007).

(15) Xilinx Corporation, "Virtex 5 User Guide UG190 Version 4.5" (Jan. 2009).

(16) J. Luu, J. Geoeders. M. Wainberg, An Somevile, T. Yu, K. Nasartschuk, M. Nasr, S. Wang, T. Liu, N. Ahmed, K.B. Kent, J. Anderson, J. Rose, and V. Betz, "VTR 7.0: Next Generation Architecture and CAD System for FPGAs," ACM Trans. Reconfigurable Technology and Systems (TRETS), Volume 7, Issue 2, Article No.6 (Jun. 2014).

(17) D. Lewis, B. Pedersen, S. Kaptanoglu, and A. Lee, "Fracturable Lookup Table And Logic Element," US 6,943,580 B2 (Sep. 2005).

(18) M. Chirania and V.M. Kondapalli, "Lookup Table Circuit Optinally Configurable As Two Or More Smaller Lookup Tables With Independent Inputs," US 6,998,872 B1 (Feb. 2006).

(19) T. Sueyoshi and M. Iida, "Programmable Logic Circuit Device Having Lookup Table Enabling To Reduce Implementation Area," US 6,812,737 B1 (Nov. 2004).

(20) S. Brown, R. Francis, J. Rose, and X.G. Vranesic, "Field-Programmable Gate Arrays," Luwer Academic Publishers (May 1992).

(21) J.M. Birkner and H.T. Chua, "Programmable array logic ircuit," US 4124899 (Nov. 1978).

(22) Altera Corporation, "FLEX 10K embedded programmable logic device family," DS-F10K-4.2 (2003).

(23) Altera Corporation, "APEX 20K programmable logic device family data sheet," DS-APEX20K-5.1 (2004).

(24) Altera Corporation, "APEX II programmable logic device family data sheet," DS-APEXII-3.0 (2002).

(25) W. Tsu, K. Macy, A. Joshi, R. Huang, N. Waler, T. Tung, O. Rowhani, V. George, J. Wawizynek, and A. Dehon, "HSRA: High-Speed, Hierarchical Synchronous Reconfigurable Array," Proc. International ACM Symposium on Field-Programmable Gate

Arrays(FPGA), pp.125-134 (Feb. 1999).

(26) I. Kuon, A. Egier, and J. Rose, "Design, Layout and Verification of an FPGA using Automated Tools," Proc. International ACM Symposium on Field-Programmable Gate Arrays(FPGA), pp.215-216 (Feb. 2005).

(27) Q. Zhao, K. Inoue, M. Amagasaki, M. Iida, M. Kuga, and T. Sueyoshi, "FPGA Design Framework Combined with Commercial VLSI CAD," IEICE Trans. Information and Systems, Vol.E96-D, No.8, pp.1602-1612 (Aug. 2013).

(28) G. Lemieux and D. Lewis, "Design of Interconnection Networks for Programmable Logic," Springer (formerly Kluwer Academic Publishers) (2004).

(29) V. Betz, J. Rose, and A. Marquardt, "Architecture and CAD for Deep-Submicron FPGAs," Kluwer Academic Publishers (1999).

(30) D. Lewis, E. Ahmed, G. Baeckler, V. Betz, M. Bourgeault, D. Galloway, M. Hutton, C. Lane, A. Lee, P. Leventis, C. Mcclintock, K. Padalia, B. Pedersen, G. Powell, B. Ratchev, S. Reddy, J. Schleicher, K. Stevens, R. Yuan, R. Cliff, and J. Rose, "The stratix II logic and routing architecture," Proc. ACM/SIGDA 13th Int. symp. Field-programmable gate arrays(FPGA), pp.14-20 (Feb. 2005).

(31) V. Betz and J. Rose, "FPGA routing architecture: Segmentation and buffering to optimize speed and density," Proc. of the ACM/SIGDA Int. symp. Field-programmable gate arrays(FPGA), pp.140-149 (Feb. 2002).

(32) M. Sheng and J. Rose, "Mixing bufferes and pass transistors in FPGA routing architectures," Proc. of the ACM/SIGDA Int. symp. Field-programmable gate arrays(FPGA), pp.75-84 (Feb. 2001).

(33) C. Chiasson and V. Betz, "Should FPGAs Abandon the Pass Gate?," Proc. IEEE Int. Conf. Field-Programmable Logic and Applications(FPL) (2013).

(34) E. Lee, G. Lemieux, and S. Mirabbasi, "Interconnect Driver Design for Long Wires in Field-Programmable Gate Arrays," J. Signal Processing Systems, Springer, 51(1) (Apr. 2008).

(35) Y.L. Wu and M. Marek-Sadowska, "Orthogonal greedy coupling - a new optimization approach for 2-D field-programmable gate array," Proc. ACM/IEEE Design Automation Conference(DAC), pp.568-573 (Jun. 1995).

(36) Y.W. Chang, D.F. Wong, and C.K. Wong, "Universal switch-module design for symmetric-array-based FPGAs," ACM Trans. Design Automation of Electronic Systems, 1(1):80-101 (Jan. 1996).

(37) S. Wilton, "Architectures and Algorithms for Field-Programmable Gate Arrays with Embedded Memories," PhD thesis, University of Toronto, Department of Electrical and Computer Engineering (1997).

(38) K. Inoue, M. Koga, M. Amagasaki, M. Iida, Y. Ichida, M. Saji, J. Iida, and T. Sueyoshi, "An Easily Testable Routing Architecture and Prototype Chip," IEICE Trans. Information and Systems, Vol.E95-D, No.2, pp.303-313 (Feb. 2012).

(39) M. Amagasaki, K. Inoue, Q. Zhao, M. Iida, M. Kuga, and T. Sueyoshi, "Defect-Robust FPGA Architectures For Intellectual Property Cores In System LSI," Proc. Int. Conf. Field Programmable Logic and Applications (FPL), Session M1B-3 (Sep. 2013).

(40) G. Lemieux and D. Lewis, "Circuit Design of FPGA Routing Switches," Proc. of the ACM/SIGDA Int. symp. Field-programmable gate arrays(FPGA) pp.19-28 (Feb. 2002).

(41) M. Smith, "Application-Specific Integrated Circuits," Addison-Wesley Professional (1997).

(42) Altera Corporation, "Stratix III Device Handbook, Volume 1: Device Interfaces and Integration" (2006).

(43) S. Trimberger, "Field-Programmable Gate Array Technology," Kluwer, Academic Publishers (1994).

(44) K. Veenstra, B. Pedersen, J. Schleicher, and C. Sung, "Optimizations for Highly Cost-Efficient Programmable Logic Architecture," Proc. ACM/SIGDA Int. symp. Field-programmable gate arrays(FPGA), pp.20-24 (Feb. 1998).

(45) F. Heile, A. Leaver, and K. Veenstra, "Programmable Memory Blocks Supporting Content-Addressable Memory," Proc. ACM/SIGDA Int. symp. Field-programmable gate arrays(FPGA), pp.13-21 (Feb. 2000).

(46) D. Lewis, V. Betz, D. Jefferson, A. Lee, C. Lane, P. Leventis, S. Marquardt, C. McClintock, V. Pedersen, G. Powell, S. Reddy, C. Wysocki, R. Cliff, and J. Rose, "The Stratix Routing and Logic Architecture," Proc. ACM/SIGDA Int. symp. Field-programmable gate arrays(FPGA), pp.15-20 (Feb. 2003).

(47) M. Hutton, J. Schleicher, D. Lewis, B. Pedersen, R. Yuan, S. Kaptanoglu, G. Baeckler, B. Ratchev, K. Padalia, M. Bougeault, A. Lee, H. Kim, and R. Saini, "Improving FPGA Performance and Area Using an Adaptive Logic Module," Proc. Int. Conf. Field Programmable Logic and Applications (FPL), pp.135-144 (Sep. 2013).

(48) V. AkenOva, G. Lemieus, and R. Saleh, "An improved "soft" eFPGA design and implementation strategy," Proc. IEEE CUstom Integrated Circuits Conference, pp.18-21 (Sep. 2005).

(49) D. Lewis, E. Ahmed, D. Cashman, T. Vanderhoek, C. Lane, A. Lee, and P. Pan, "Architectural Enhancements in Stratix-III and Stratix-IV," Proc. ACM/SIGDA Int. symp. Field-programmable gate arrays(FPGA), pp.33-41 (Feb. 2009).

(50) S. Chandrakar, D. Gaitonde, and T. Bauer, "Enhancements in UltraScale CLB Architecture," Proc. ACM/SIGDA Int. symp. Field-programmable gate arrays (FPGA), pp.108-116 (Feb. 2015).

(51) G. Lemieux and D. Lewis, "Circuit Design of FPGA Routing Switches," Proc. ACM/SIGDA Int. symp. Field-programmable gate arrays(FPGA), pp.19-28 (Feb. 2002).

(52) Ian Kuon and J. Rose, "Quantifying and Exploring the Gap Between FPGAs and ASICs," Springer (2009).
(53) W.S. Carter, "Special Interconnect For Configurable Logic Array," US 4,642,487 (Feb. 1987).
(54) R.H. Freeman, "Configurable Electrical Circuit Having Configurable Logic Elements And Configurable Interconnects," US 4,870,302 (Sep. 1989).
(55) B.B. Pedersen, R.G. Cliff, B. Ahanin, C.S. Lyte, F.B. Helle, and K.S. Veenstra, "Programmable Logic Element Interconnections For Programmable Logic Array Integrated Circuits," US 5,260,610 (Nov. 1993).
(56) R.H. Freeman and H.C. Hsieh, "Distributed Memory Architecture For A Configurable Logic Array And Method For Using Distributed Memory," US 5,343,406 (Aug. 1994).
(57) T.A. Kean, "Hierarchically Connectable Configurable Cellular Array," US 5,469,003 (Nov. 1995).
(58) K.S. Veenstra, "Universal Logic Module With Arithmetic Capabilities," US 5,436,574 (Jul. 1995).
(59) R.G. Cliff, L. ToddCope, C.R. McClintock, Wl Leong, J.A. Watson, J. Huang, and R. Ahanin, "Programmable Logic Array Integrated Circuits," US 5,550,782 (Aug. 1996).
(60) K.M. Pierce, C.R. Erickson, C.T. Huang, and D.P. Wieland, "Interconnect Architecture For Field Programmable Gate Array Using Variable Length Conductors," US 5,581,199 (Dec. 1996).
(61) T.J. Bauer, "Lookup Tables Which Bouble As Shift Registers," US 5,889,413 (May 1999).
(62) K.M. Pierce, C.R. Erickson, C.T. Huang, and D.P. Wieland, "I/O Buffer Circuit With Pin Multiplexing," US 6,020,760 (Feb. 2000).
(63) Xilinx Corporation, "Virtex-II Platform FPGAs: Complete Data Sheet," DS031 (v4.0) (Apr. 2014).
(64) Xilinx Corporation, "7 Series DSP48E1 Slice User Guide," UG479 (v1.8) (Nov. 2014).
(65) U. Sinha, "Enabling Impactful DSP Designs on FPGAs with Hardened Floating-Point Implementation," Altera White Paper, WP-01227-1.0 (Aug. 2014).
(66) Xilinx Corporation, "MicroBlaze Processor Reference Guide," UG984 (v2014.1) (Apr. 2014).
(67) Altera Corporation, "Nios II Gen2 Processor Reference Guide," NII5V1GEN2 (2015.04.02) (Apr. 2015).
(68) R. Jia, et al., "A survey of open source processors for FPGAs," Proc. Int. Conf. Field Programmable Logic and Applications (FPL), pp.1–6 (Sep. 2014).
(69) M. Santarini, "Zynq-7000 EPP Sets Stage for New Era of Innovations," Xcell Jour-

nal, Xilinx, issue 75, pp.8–13 (2011).
(70) Xilinx Corporation, "7 Series FPGAs Memory Resources," UG473 (v1.11) (Nov. 2014).
(71) Xilinx Corporation, "7 Series FPGAs Clocking Resources User Guide," UG472 (v1.11.2) (Jan. 2015).
(72) J. Tatsukawa, "MMCM and PLL Dynamic Reconfiguration, Xilinx Application Note: 7 Series and UltraScale FPGAs," XAPP888 (v1.4) (Jul. 2015).
(73) Xilinx Corporation, "Using the Virtex Delay-Locked Loop, Application Notes: Virtex Series," XAPP132 (v2.3) (Sep. 2000).

4章　設計フローとツール

本章では開発対象のシステムをFPGA上に実現するための設計フローとそのための設計ツール，開発環境について述べる．設計者が頭に描く機能，動作，構成，構造，そして記述されたソースコードやブロック図などから最終的にFPGA上で動作するに至るまでの過程において，対象がどのように詳細化され具体化されていくのか，またそこではどのようなツールを用いるのか，その流れ・目的・概念・処理・原理を解説していく．FPGA全般の概要については本書1〜3章ならびに関連書籍(1)〜(3)を参照されたい．設計ツールで用いられるモデルやアルゴリズムについては次の5章で詳しく述べる．

なお，本章では主にXilinx社の設計ツール群[(4)〜(9)(13)(16)〜(19)]を念頭に解説するが，Altera社ほかでも概ね同様の環境が提供されており，ベンダ，ツール，バージョンが異なっても通用する説明となるように努める．個別の設計ツールの具体例やより発展的な使い方についてはそれぞれのベンダのマニュアルやチュートリアルあるいはそれらを扱った書籍を参照されたい．

4·1 設計フロー

設計者は与えられた開発対象の仕様，目標とする性能，制約条件などからソースコード，ブロック図，回路図などを記述し，またさまざまなパラメータを設定することにより対象を具体化する．**図4·1**に本章で扱う設計の流れの概略を示す．

ここでは典型的な設計の記述としてVerilog HDLやVHDLなどのハードウェア記述言語（HDL）によるレジスタ転送レベル（RTL）のソースコード（RTL記述）を想定している．RTL記述から論理合成（Logic Synthesis），テクノロジーマッピング（Technology Mapping），配置配線を経てFPGAのコンフィギュレーションデータを生成する．この設計の流れについて詳しくは4·2節で述べる．シミュレーションによる検証，FPGAへのコンフィギュレーションデータの書込み

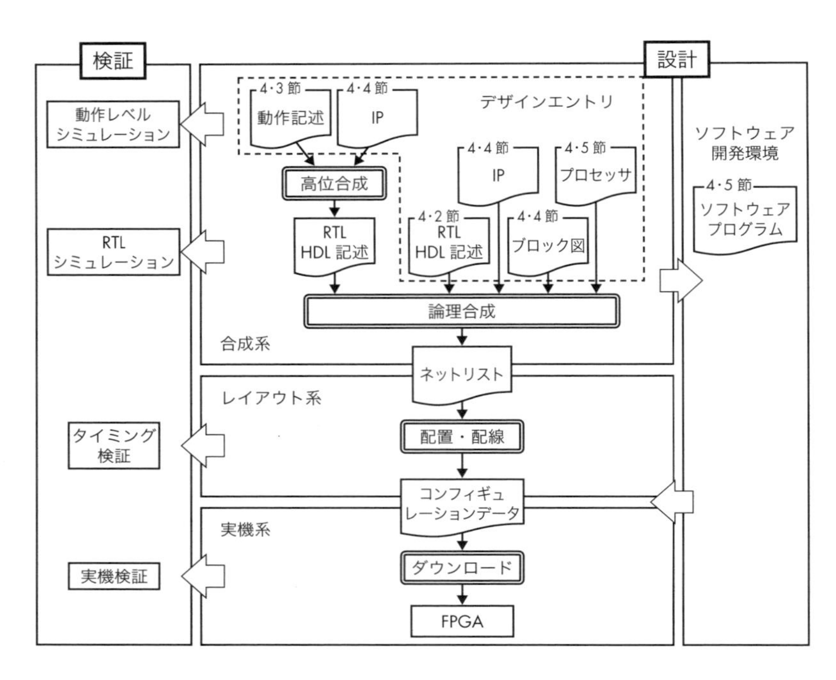

図4・1—設計の流れ

や実機でのデバッグについても述べる．また近年ではC言語などによる動作記述から回路を構成する高位合成技術が実用化されつつある．動作記述から動作レベルでのシミュレーション，動作合成を経て論理合成へとつながる設計の流れについては4・3節で述べる．既存設計の設計資産（IP）を部品として組み込む設計手法については4・4節で述べる．そこではブロック図による設計手法もとられる．IPによるブロック図は古典的なゲートレベル，演算器レベルの回路図よりもさらに抽象度が高く，より複雑な機能・動作のモジュールを要素単位とし，データと制御の信号を組み合わせたインタフェースを接続単位として表現する．4・5節ではプロセッサを搭載したシステムの設計手法について述べる．プロセッサを搭載したシステムの構築方法，ソフトウェアの開発，実装とデバッグについても述べる．

4・2 HDLからの設計フロー

本節ではHDLによるRTL記述からの設計フローと関連ツールについて解説する．ここで，設計対象の回路はVerilog HDLやVHDLなどのHDLによりRTL

の抽象度で記述されているものとする．大まかな設計の流れはRTL記述に対し，論理合成・テクノロジーマッピング，配置配線，コンフィギュレーションデータ生成を行い，FPGAに書き込み，動作を確認するといったものである．実際にボード上のFPGAに回路を書き込み動作させるには，設計対象回路の記述だけではなく，FPGAの型番，ボード上でのピン接続，クロックやタイミングなどに関する物理的な制約を与えねばならない．また詳細なデバッグを行う場合には観測信号の指定，観測系の設定が必要になる．同一機能・同一記述であっても最適化の方針によって結果として得られる回路の性能（速さ，大きさ，消費電力など）が異なるため，要求仕様によっては設計ツールに対する最適化方針の指示が必要になる．以下これらの設計と各場面で使用する設計ツールについて，設計作業の流れに沿って解説していく．

4・2・1　プロジェクトの登録

現在の統合開発環境では設計する対象をプロジェクトと呼ばれる単位で扱う．プロジェクトには設計対象回路のソースコードだけでなく各種設定ファイル，制約ファイル，中間生成物や合成結果などが含まれる．**図4・2**にプロジェクトに含まれる情報の例を示す．設計を始めるにあたっては，まず新規のプロジェクトを生成する．プロジェクトにはプロジェクト名と作業フォルダ（ディレクトリ）を与え，以降生成される中間生成物や合成結果などはこの作業フォルダに保存される．

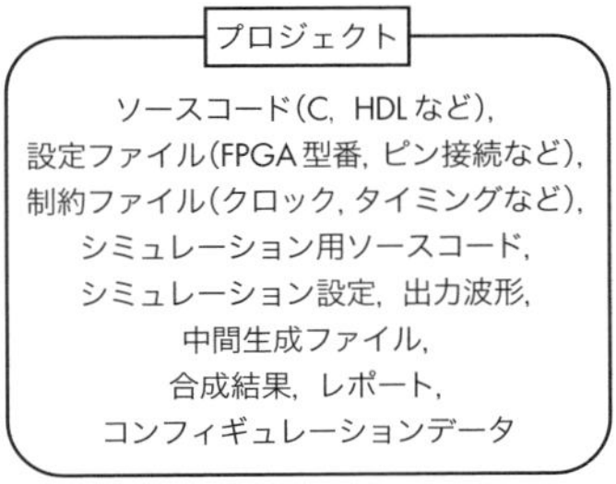

プロジェクト

ソースコード(C, HDLなど),
設定ファイル(FPGA型番, ピン接続など),
制約ファイル(クロック, タイミングなど),
シミュレーション用ソースコード,
シミュレーション設定, 出力波形,
中間生成ファイル,
合成結果, レポート,
コンフィギュレーションデータ

図4・2—プロジェクトに含まれる情報の例

〔1〕　制 約 の 設 定

設計した回路を搭載するFPGAデバイスの型番やピン配置，クロック信号などのFPGAボードの仕様による物理的な制約をプロジェクトに登録する．これらは，制約ファイルというかたちでソースコードとあわせて登録するか，あるいは制約設定メニューから設定する．ボードの仕様に依存する設定は，ボードの開発者・提供者からマスタ制約ファイルあるいはボード定義ファイルとして提供されることが一般的であり，ユーザはそれらに必要な変更・追加を施して使用すればよい．デバイスの設定では，シリーズ（ファミリー），型番，パッケージ，ピン数，スピードグレードなどを設定する．ピン配置では，トップ記述の入出力信号それぞれに対応するピン番号，入出力の方向，電圧や信号方式などを設定する．クロック信号については，信号源，周期，デューティー比などを設定する．

〔2〕　ソースコードの登録

設計対象となる回路を記述したソースコードをプロジェクトに登録する．モジュール（群）ごとにファイル分割がされている場合にはそれらすべてのファイルを登録する．設計ツールは，登録されたファイル群からモジュール，レジスタ，信号などのインスタンスを解析し，その包含関係に従って木構造のリスト（インスタンスツリー）を表示する．**図 4・3** にインスタンスツリーとモジュールの階層の例を示す．この例ではトップ記述 sampletop.v の中にトップモジュール SampleTop およびフィルタモジュール FilterModule が記述されている．SampleTop 中で FilterModule のインスタンス filter を使用し，また fifo.v 中に記述されたモジュール FifoModule のインスタンス ififo，ofifo を使用している．ソースコードに構文上の誤りがあれば登録時にエラー（error）や警告（warning）のメッセージがでるので，それを確認してソースコードを修正する．通常，木の根にあたるモジュールが設計対象のトップモジュールになるが，ユーザがトップモジュールを指定す

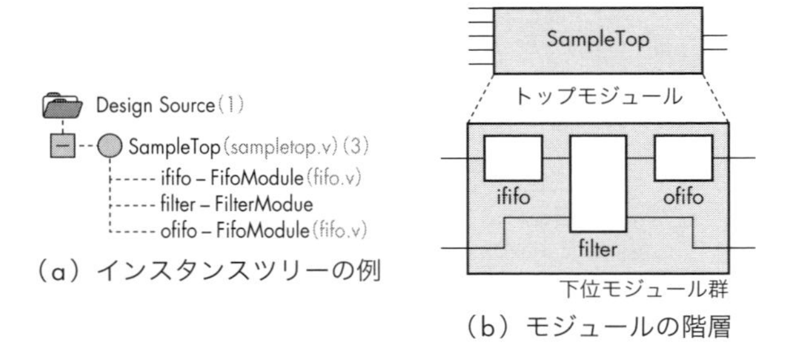

図 4・3―インスタンスツリーとモジュールの階層

ることもできる．4・4 節で述べる IP と呼ばれるパッケージ化された設計資産を利用する際にはそれらもここで登録する．

〔3〕　シミュレーション用ソースコードの登録

シミュレーション用のソースコードもプロジェクトに登録する．設計対象回路そのもののソースコードは当然シミュレーション用のソースコードとしてもここに登録される．加えて設計対象回路に各種信号を与え出力を観測するテストベンチをシミュレーション専用のソースコードとして登録する．IP を利用する際，設計がブラックボックス化されている場合があるが，その場合はシミュレーション用の動作モデルがあわせて提供され，ここに登録される．

4・2・2　論理合成とテクノロジーマッピング

設計対象回路の RTL 記述から論理回路・順序回路を生成する工程を論理合成という．論理合成の結果としては論理ゲートやフリップフロップなどの論理素子の集合とその接続関係を表すネットリストが出力される．ネットリストが表す論理を実際の FPGA の論理素子に割り当てる工程をテクノロジーマッピングという．多くの FPGA では LUT（Look-Up Table）と呼ばれる書換え可能な論理素子が用いられている．RTL からの論理合成とテクノロジーマッピングの過程を**図 4・4** に例示する．現在の開発環境では論理合成とテクノロジーマッピングの工程は概ね自動化されており，1 クリックですべての作業が自動で実行される．

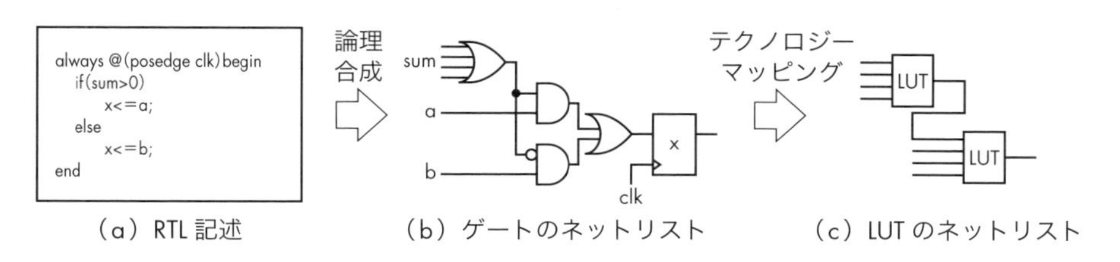

図 4・4—RTL からの論理合成とテクノロジーマッピング

論理合成およびテクノロジーマッピングに際しては，統合開発環境によって動作速度や回路規模などの最適化がはかられる．合成の最適化の過程で，定数入力，未接続の出力は縮退させられ，ソースコードに未接続の入力や出力の競合などの問題があるとエラーや警告が発生する．仕様上はバグであってもツールの既定の方法で，意図しないかたちで自動解決される場合があるので，デバッグに際しては警告を注意深く確認する必要がある．また合成の最適化の過程で論理が組み換えられるため，ソースコード内のモジュール，レジスタ，信号が合成結果のネットリストに存在するとは限らないことも注意が必要である．

4・2・3　RTL シミュレーション

設計対象回路の RTL 記述，およびテストベンチを用いて実施するシミュレーションを RTL シミュレーションという．これにより，できあがった回路から期待通りの出力が得られるか否かを確認する．機能・動作を効率よくデバッグし性能を正確に見積もるために，シミュレーションのシナリオを十分に推敲してテストベンチを作成する必要がある．

シミュレーションツールは一般にシミュレーション用のコンパイラ，シミュレーションエンジン，波形ビューワで構成される．コンパイラはソースコードを解析しシミュレーションを効率よく実行するための中間コードを生成する．シミュレーションエンジンは，中間コードに従って回路動作のイベントを時系列に発生させ，処理していく．ツールによってはシミュレーション用ソースコードから開発用計算機のネイティブコードを直接生成するものもある．

シミュレーションでは終了時刻やブレークポイント（トリガ）を設定したり，再開したりすることができる．シミュレーションの出力命令による表示はコンソール画面に表示され，ログファイルに保存される．シミュレーションの結果は，信号変化の時系列データとしてファイルに保存される．

波形ビューワは，信号の時系列変化を波形として表示する．**図4・5**に一般的な波形ビューワの画面構成例を示す．ユーザはインスタンスツリーから観測対象を選択する．それぞれの信号に対して，基数・桁数（High/Low，2 進数，10 進数，16 進数），グループ，表示位置などの形式を設定することができる．波形ビューワでは時間軸の移動・拡大縮小，マーカの表示，信号変化の検索などを行うことができる．

シミュレーションには，以下のように詳細度の異なるいくつかのモデルがある．

(1) RTL 記述のふるまいの直接シミュレーション
(2) 合成したネットリストによるシミュレーション

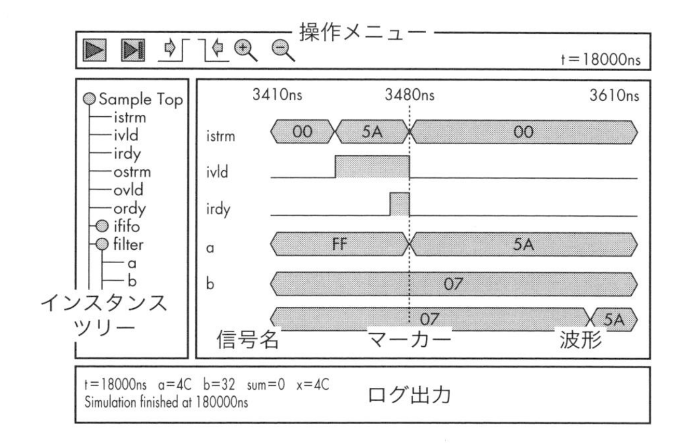

図 4・5—波形ビューワの画面構成例

(3) 配置配線の結果を反映させたシミュレーション

(1) のモデルでは，RTL 記述から得られる機能・動作の正しさを検証することができる．(2) のモデルは論理合成後に実行できる．割り当てられた論理素子・記憶素子の遅延時間に基づき，信号変化のタイミング，動作の遅延を確認することができる．また信号の遷移状況を分析し消費電力を分析することができる．(3) のモデルは配置配線後に実行できる．配置配線の結果から配線の遅延時間を見積もることができ，それをシミュレーションに反映することで，最も詳細なタイミング解析，電力解析を行うことができる．より詳細なシミュレーションはより多くの計算時間を要するため，目的に応じて適切なモデルを選択する．

4・2・4　配置配線

配置配線（Place and Route）ではネットリストをチップ上の論理資源や配線資源に割り当てる．一般的にはまず論理素子の配置を行い，次にネットの配線を行う．**図 4・6** に配置配線の過程を例示する．

配置の際には配置の混雑度や信号伝搬の遅延をある程度予測しながら作業するが，配線の際にいくつかのネットが配線できない，信号伝搬の遅延（見積り）が要求を満たせない，といった結果になることがある．

その場合，混雑しがちなところを避ける，長くなりがちな信号伝搬を優先する

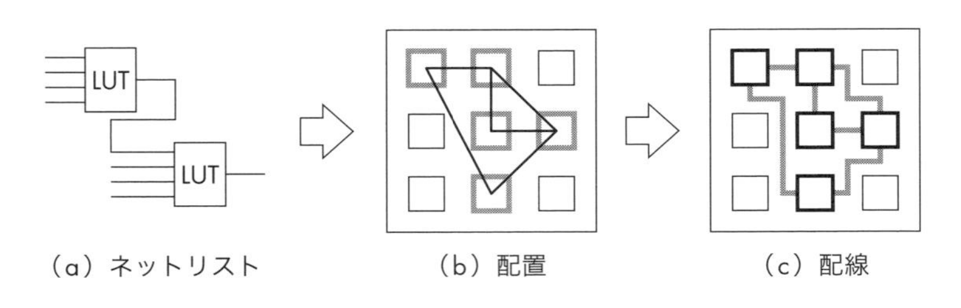

図 4・6—ネットリストからの配置配線

など，失敗した配線結果に基づいて配置作業のパラメータを調整し配置配線をやり直す必要がある．現在の開発環境では配置配線の処理は概ね自動化されており，配置配線のやり直しも含めて１クリックですべての作業が自動で実行される．

配置配線は非常に計算時間のかかる作業である．回路規模が大きくなり論理資源の使用率が高くなると計算時間がかかり配線が失敗する可能性も高くなる．どうしても論理が入りきらない場合や，繰り返しても配線が成功しない場合には，後述する最適化，アーキテクチャやアルゴリズムの見直し，あるいは使用するデバイスをより大きいもの・速いものに替えるなどの対策が必要になる．

4・2・5　デバイスへの書込み

完成した回路は，デバイス内の論理素子や配線スイッチをプログラムするためのデータとして保存される．これはコンフィギュレーションデータ（configuration data），ビットストリーム（bitstream），プログラムファイル（program file）などと呼ばれ，bit，sof（SRAM object file）などのファイル形式がある．**図 4・7** に配置配線結果からコンフィギュレーションデータを生成する過程を例示する．FPGA 内では配置はそれぞれの場所の可変論理素子の内容に相当し，配線はそれぞれの場所のスイッチのオン/オフに相当する．これらをまとめたものがコンフィギュレーションデータとなる．

コンフィギュレーションデータをデバイスに書き込むにはプログラマと呼ばれるツール（プログラムツールともいう）を用い，以下のような方法がある．

(1) JTAG による直接書込み
(2) プログラム用不揮発性メモリを介した書込み
(3) メモリカードや USB メモリを介した書込み

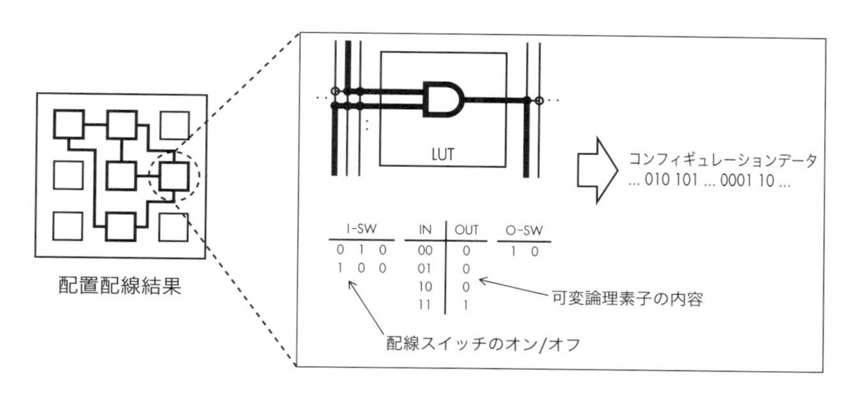

図 4・7—配置配線結果からのコンフィギュレーションデータ生成

図 4・8 にこれら FPGA のコンフィギュレーションの方法を図示する．FPGA ボードによってサポートされている方式が異なるので詳細は使用ボードの資料を確認する必要がある．

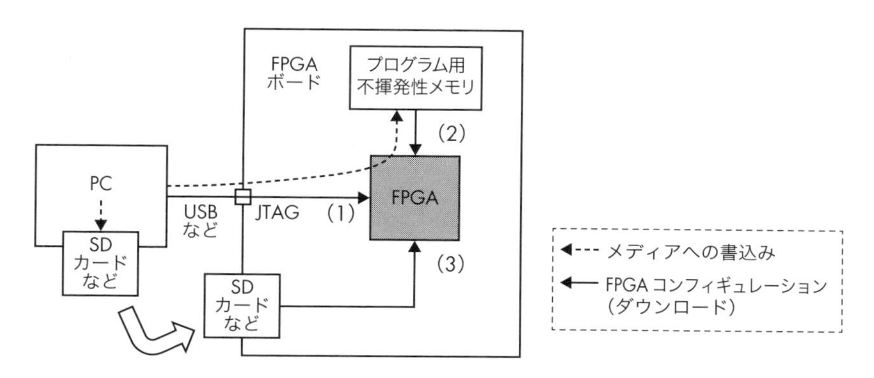

図 4・8—FPGA のコンフィギュレーションの方法

(1) JTAG（Joint Test Action Group）はデバイスをプログラムしたりボードのデバッグをするための標準規格の一つである．専用のケーブルあるいは USB ケーブルなどで開発用 PC とボードを接続する．PC からはプログラムツールを使用して，コンフィギュレーションデータを FPGA デバイスに直接書き込む．最も簡便な方法である反面，FPGA の電源オフやリセットによりコンフィギュレーションが失われてしまう．なお，後述する実機検証はこの方法で接続する必要がある．

(2) ボードがFPGA プログラム用の不揮発性メモリ（オンボード ROM）を搭載している場合，それを利用できる．プログラム用メモリにはインタフェース規格，ビット幅，容量，記憶方式などについていくつかの種類がある．例えばSPI (Serial Peripheral Interface）方式のフラッシュメモリなどが挙げられ，電源投入あるいはリセット時にプログラム用メモリから FPGA にコンフィギュレーションデータが書き込まれる．そのとき，メモリがFPGA に書き込むもの (FPGA が passive) と FPGA がメモリから読み出すもの（FPGA が active）の 2 種類がある．メモリデバイスへの書込みに先立って，まずコンフィギュレーションデータからメモリデバイス用のファイルを作成する．メモリデバイス用のファイルには mcs，pof (programmer object file）などの型式があり，JTAG を介してプログラム用メモリに書き込むことができる．プログラム用メモリがFPGA に直結されていることもあり，その場合は JTAG から FPGA 経由で書き込む．直接書込みと比べて手間がかかり書込時間も長いが，書込後はボード単体で起動することができる．JTAG では FPGA やプログラム用メモリなどの複数のデバイスを数珠つなぎ（cascade）に接続することができる．メモリの種類と接続方法によっては，一つのメモリデバイスに複数の FPGA のコンフィギュレーションデータや追加のデータをあわせて保存することができる．

(3) FPGA ボードにはボード上にマイコンを搭載しメモリカードや USB フラッシュメモリなどが使用できるものがある．生成したコンフィギュレーションデータをメモリカードなどにコピーし，ボードに挿入した状態で電源オンあるいはリセットすることで，マイコンが FPGA にコンフィギュレーションデータを書き込む．このとき，メモリカード類のフォーマット形式やファイルの保存方法に制限があることがあるので注意が必要である．ファイルのコピーやメモリカードの抜き挿しなどの手間がかかるが，特別なケーブルなどが必要なく，ボード単体で起動することができる．

4・2・6　実機動作検証

FPGA にコンフィギュレーションデータを書き込んだ後は，実際にボードを動作させての検証が可能となる．一般的な教育用のボードは，**図 4・9** の例のように発光ダイオード（LED）やボタン/スイッチなどの基本的な入出力デバイスが充実しており，これらを活用して想定通りの動作をするか否か確認する．信号

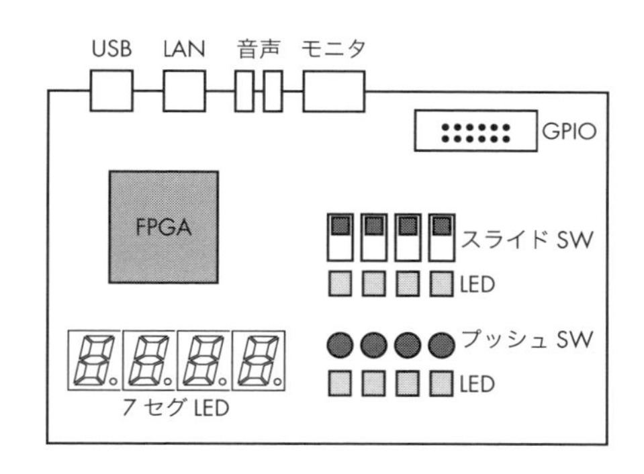

図 4・9—教育用 FPGA ボードの構成例

観測用のプローブピンやコネクタあるいは汎用の入出力ピン（General Purpose Input/Output：GPIO）があれば，オシロスコープやロジックアナライザなどの測定機器を接続してより詳細に動作を確認することができる．

FPGA では設計対象回路に加えて状態観測や信号記録などの検証用の機能を追加して合成することにより，測定機器を用いることなく，かつより詳細な分析をすることもできる．最近の設計ツールではそのような信号観測モジュールがライブラリとして用意されており，トリガ条件（信号の記録を開始するタイミング）を設定し信号変化を記録・確認することができる．基本的なトリガ条件としては，信号の値や立ち上がり/立ち下がり，それらの組合せ（条件の AND や OR）などがある．より高度なトリガ条件として，信号変化の時系列パターンを設定することもできる．

図 4・10 に観測の例を示す．信号観測モジュールによる動作検証では，設計者はまず観測対象やトリガの候補となる信号（図中の信号 a，b，c）を指定する．特定の記法で回路のソースコード中に指定したり，論理合成の結果から対象となるインスタンスを探して指定する．後者では論理最適化により所望の信号が縮退してなくなっていたり名前が変わっていたりすることに注意が必要である．次に設計対象回路に観測モジュールを追加する．このとき，搭載する観測モジュールのトリガ機能を選択（信号値の検出のみか，時系列変化にも対応するか，など）したり，観測信号を保持するバッファメモリの大きさを設定したりする．高度なトリガ機能や過大なバッファメモリを搭載すると観測のための回路のサイズが大きくなり本来の設計対象回路に悪影響を与えるため，必要十分なサイズ/機能を選定す

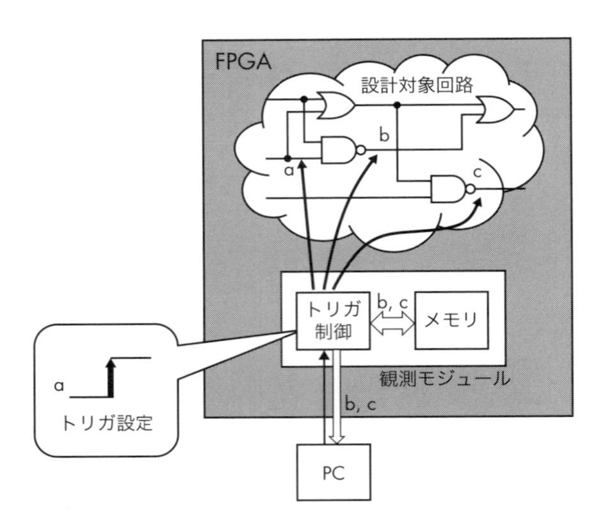

図 4・10―観測モジュールによる対象の観測

べきである．また各観測信号についてクロックに同期して値を記録するため，対応するクロックドメインを指示する必要がある．

ボードでの動作検証は観測ツールを走らせている PC とボードを JTAG で接続した状態で行う．観測ツールでトリガ条件（図では信号 a の立ち上がり）を設定し，トリガ待機状態にしてボードを動作させると，その観測結果がツール上に表示される．シミュレーションでの波形ビューワと同様に表示形式の設定や時間軸の移動・拡大縮小，マーカの表示などを行うことができる．これにより実際のボードの動作状況に基づきデバッグや性能評価を行うことができる．

4・2・7　最　適　化

一般に，ある機能・動作を実現する回路設計は唯一ではなく，論理合成，テクノロジーマッピング，配置配線などのあらゆる場面において複数の結果が存在し得る．それらは最大動作周波数，回路規模，消費電力などの観点においてそれぞれ異なる特性をもち得る．また動作周波数を上げようとすると回路規模が増大するなど，それぞれの観点がお互いにトレードオフの関係にあることが多い．

設計者は与えられたすべての制約条件を満たす結果あるいはある観点から最良の結果を求めるが，あらゆる可能性のなかから理論的に最良の結果を得ることは現実的には不可能である．そこで，与えられた目標に向かって設計を修正し結果の改善をはかる．そのような設計の改善を最適化と呼ぶ．設計ツールの最適化を制御するパラメータは採用されているアルゴリズムによって異なり，詳細な調整方法は難解であったり非公開であったりすることが多い．簡便のため，多くの設計ツールでは，おおまかな最適化の方針（目標，指針，戦略，objective，policy，strategy など）という形で設定する方法を提供する．方針の種類として，動作周波数の向上優先，回路規模の削減優先，消費電力の削減優先などが挙げられる．設計結果が要求仕様として与えられた動作周波数を達成できない場合や，与えられた FPGA デバイスに入りきらない場合には，最適化方針を変更して設計をやり直し，さらには記述から再考することになる．

4・3　HLS 設計

ディジタル回路の設計は，古典的には AND や OR などの論理ゲートから成る回路図による設計，近年では RTL 記述による設計が主流である．人手により詳細に最適化できる反面，設計に時間がかかり人為的な設計ミスの混入の可能性が高い．そのため，より抽象度の高い動作記述による設計技術の研究開発が進められ，現在では実用化段階に入っている(10)〜(15)．動作記述から回路を生成する技術は高位合成（High Level Synthesis：HLS）あるいは動作合成（Behavioral Synthesis）と呼ばれる．本節では動作記述からの動作合成による設計とそのツールについて述べる．

4・3・1　動作記述

現在多くの動作合成ツールが動作記述言語として，C 言語あるいは C 言語を改変したものを採用している．ただしソフトウェアとしてのプログラムが必ずしもそのままハードウェアに合成できるものではなく，また合成されたハードウェアの性能が記述によって大きく左右される．このため，設計者には動作合成ツールによって生成されるハードウェアを意識した記述が求められる．設計者はソフトウェアプログラミングと同様に変数，演算子，代入文，また if，for，while などの制御文，さらに関数宣言と呼出しなどを用いて設計対象の動作を記述する．動作合成では一般に，変数はレジスタ，配列はメモリ，関数は回路モジュールとしてインスタンス化（実体化）される．また，逐次実行，分岐，ループ，関数呼出しなどの制御はステートマシンとして実現される．**図 4・11** は変数 i がレジスタとして，配列 a がメモリとして，制御がステートマシンとして生成される例を示している．

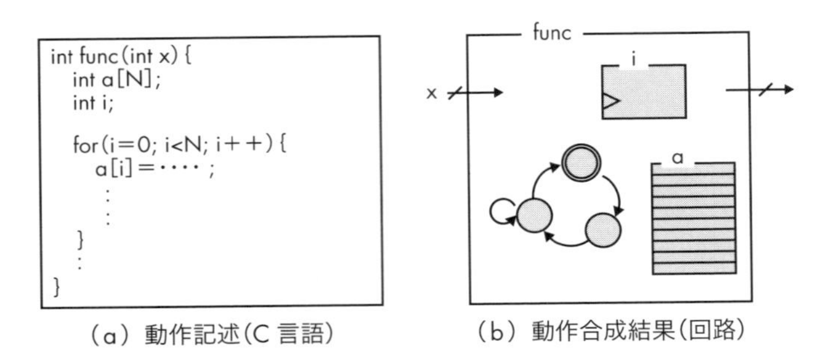

（a）動作記述（C 言語）　　（b）動作合成結果（回路）

図 4・11―動作記述から生成されるハードウェアインスタンス

動作合成向けの記述にはハードウェアとして実現するための特有の制約がある．詳細はそれぞれの動作合成ツールや言語の処理系によって異なるが，本稿執筆時点でほとんどの処理系に共通する制約として次の 2 点が挙げられる．

(1) 再帰呼出しの禁止
(2) 動的ポインタの禁止

関数の再帰呼出しは回路モジュールのインスタンスが実行時に動的に生成されることを意味する．これはディジタル回路の概念を超えており，ほぼすべての動作合成系で禁止されている．動的ポインタとは実行時にポインタ値が任意に変化するポインタ変数である．1 本の巨大な主記憶をもつソフトウェアとは異なり，ハードウェアではメモリを分散局在させ並列動作させることにより性能向上をはかる．動的ポインタはアクセス対象のメモリインスタンスが実行時に変化することを意味し，こちらもディジタル回路の概念を超えるため動作合成系では禁止されている．

〔1〕 入出力の記述

ハードウェアの入出力を C 言語で記述することには議論を要する．ソフトウェアの関数では入力は引数として呼出し時に渡され，出力は戻り値（あるいは参照引数で返す値）として終了時に渡される．一方，ハードウェアではモジュールは常に存在し随時データを入力し出力する．動作原理が全く異なるのである．**図 4・12** に示すように，入出力の記述にはいくつかの方法がある．以下にそれぞれ解説していくが，動作合成の処理系によって採用されている方法が異なるので詳細はそれぞれのチュートリアルなどを参照されたい．

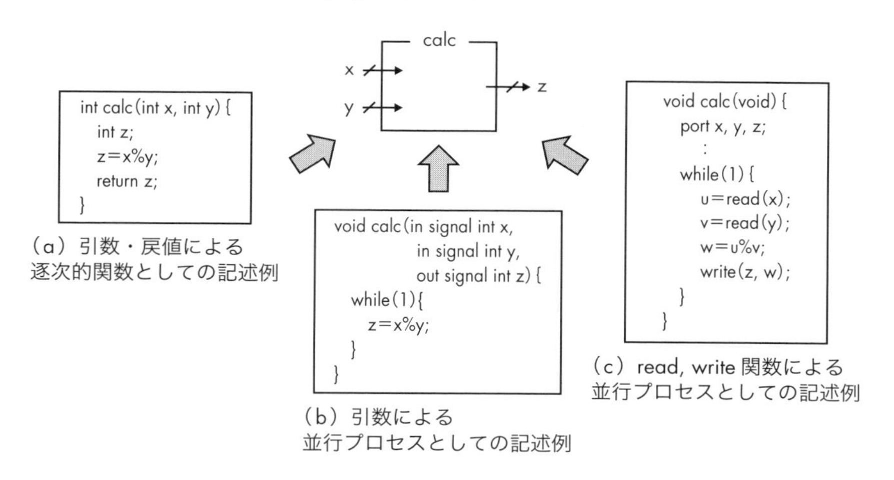

図 4・12—入出力の記述法の種類

(a) 引数・戻値による逐次関数としての記述

ソフトウェアと同じように逐次的に呼出し，実行，復帰させるのであれば通常の関数呼出しと同様に記述することができる．ソフトウェア関数の引数がハードウェアモジュールの入力となり，戻り値が出力となる．**図 4・13** に引数 x, y 戻値 z と入出力の対応，また入力，計算，出力の逐次的な動作タイミングを例示している．戻り値ではなくポインタによる参照渡しで結果を返す場合もある．

(b) 引数による並行プロセスとしての記述

動作合成の処理系によってはハードウェアの入出力用の変数型をもっていた

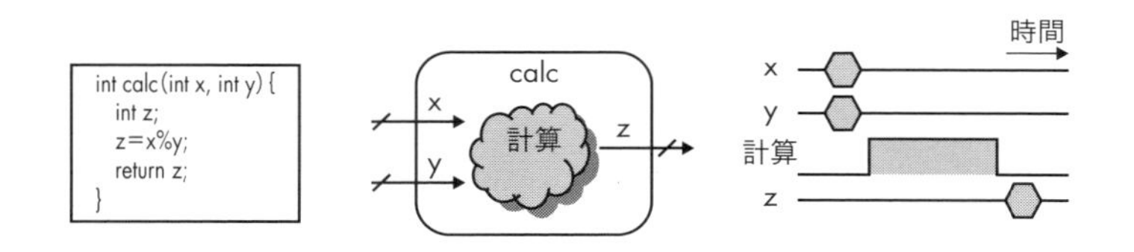

図 4・13—引数・戻値と入出力およびタイミング

り[11][12]，pragma などで変数をハードウェアの入出力とするよう指示できたり[13]する．ハードウェアの入出力用の変数は当該関数の外から任意のタイミングで読み書きされる．図 4・12(b) はそのような記述例を示す．ソフトウェアとしては無意味な動作になる記述に見えるが，変数が外部から随時読み書きされるため，x，y の変化に応じてその都度 z が変化する．典型的には，このように while(1) の無限ループによる刺激応答型の記述になる．このソフトウェアの並行プロセス一つがハードウェアのモジュール一つに対応し，**図 4・14** のようにそれぞれのモジュールの入出力ポートを通信チャネルで接続するモデルとして表現される．この記述の考え方は RTL 記述における always @(posedge clock) や process(clock) の文に近いものである．ソフトウェアプログラムでは，マイコンにおける入出力ポートや割込みにかかわる volatile 宣言された変数，マルチプロセス，マルチスレッドにおける共有変数を用いたプログラミングに近い．

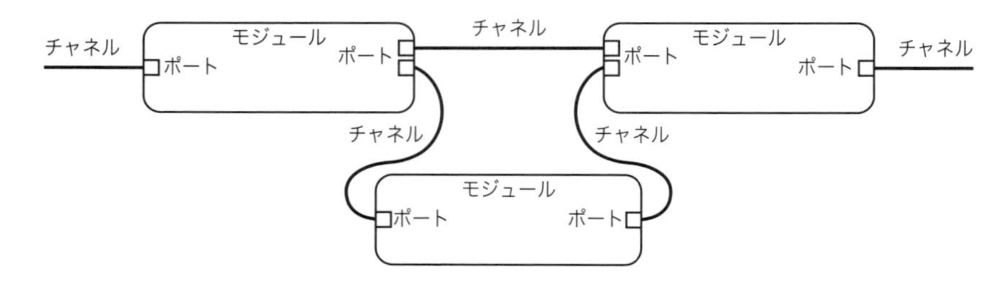

図 4・14—モジュールとチャネルからなるアーキテクチャモデル

(c)　read，write 関数による並行プロセスとしての記述

(b) と同様の考え方で，入出力のための専用の関数群を使用する処理系もある[14][15]．この場合，ファイルやソケットを用いたプログラミングと同様に，入出力の識別子となる変数型と識別子に対する read，write，open，close の関数が提供される．入力を read し，何らかの計算をし，出力に write することで処理を実現する．図 4・12(c) はそのような記述例を示す．

入出力は，ある時点での状態を表すレジスタ型と一つひとつのデータ送受の待合せを行うストリーム型に大別される．**図 4・15** の例ではレジスタ型ではある時点での 0，1 の値を示している一方で，ストリーム型では 0，0，1，1，0，1 のデータ列を表している．ストリーム型ではデータのない休止状態もあることに注意されたい．送受のどちらかがビジーの場合などで，当該入出力に対し read/write す

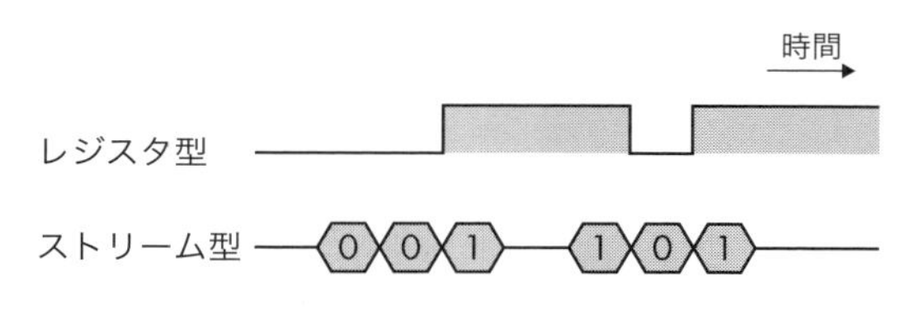

図 4・15—レジスタ型入出力とストリーム型入出力

る箇所で停止し待合せを行う.

〔2〕 ビ ッ ト 幅

標準的なC言語では値の型として8ビットの文字型，32ビットあるいは64ビットの整数型，32ビットあるいは64ビットの浮動小数点型が提供される．FPGAでは任意のビット幅を指定でき，また固定小数点型も使用できる．それぞれの部分で必要十分なビット幅に調整することで回路規模，動作速度，消費電力と演算精度について最適化をはかることができる．そのため多くの動作合成系では変数のビット幅を詳細に指定できる．逆に，効率のよいビット割当てを探求するのは設計者の判断事項となる．

〔3〕 並 列 化 記 述

動作合成系はプログラムコードから制御構造やデータの依存関係を解析し実行のスケジュールを決定する．その際，依存関係がない部分はある程度並列に実行するよう自動でスケジューリングされる．しかし並列化による速度向上は回路規模の増大を招き，そのトレードオフを考慮する必要がある．また文単位の依存関係や小さく単純なループはコンパイラにより自動で解析されるが，より大きな単位での並列性の解析と最適化は現在のコンパイラ技術でも難しい問題である．そこで多くの動作合成系では設計者により並列化を指示できるような記述法が用意されており，pragmaやdirective，あるいは拡張命令などによりループに対するパイプライン化やブロックに対する並列実行を指示することができる．

図 4・16 に，配列によるブロック単位の入出力をもつループ処理の記述を例を示す．この記述から素直にハードウェアを合成すると**図 4・17**(a) に示すような構成となり**図 4・18**(a) に示すような逐次的な動作タイミングとなる．このforループに対して適切なパイプライン化を指示すると，図 4・18(b) に示すようなパイプライン動作をするハードウェアが合成され速度性能が向上する．さらに入出力の配列のストリーム化を指示すると図 4・17(b) に示すように入出力のメモリを廃し

```
void calc(int x[N], int y[N]){
  for(i=0; i<N; i++){
    u=x[i]に処理A;
    v=uに処理B;
    y[i]=vに処理C;
  }
}
```

図 4・16—ブロック単位の入出力とループ処理の記述例

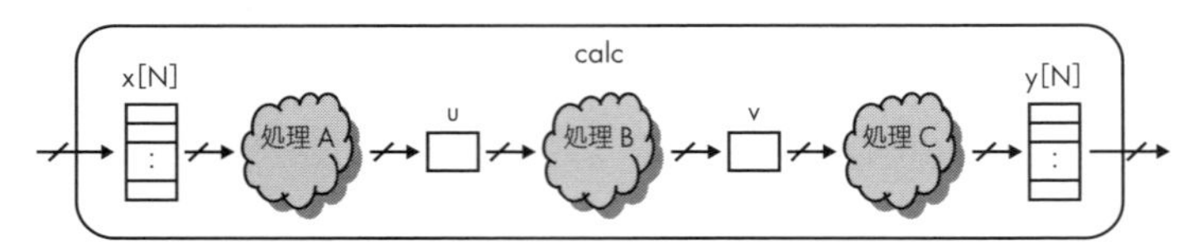

（a）記述どおりにハードウェア化した場合の構成

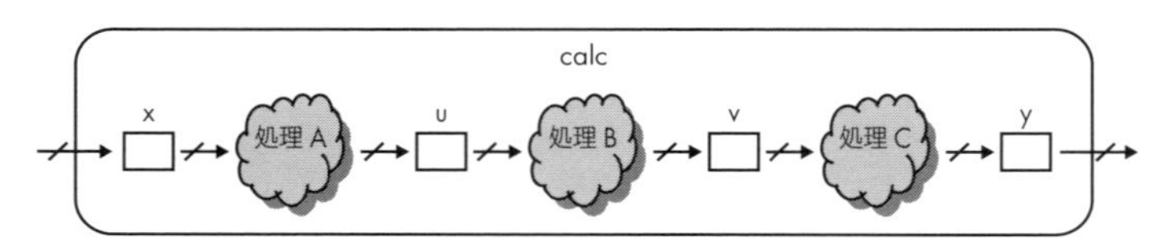

（b）入出力の配列をストリーム化した場合の構成

図 4・17—合成されるハードウェアの構成

た構成となり，図4・18(c)に示すように入出力も含めてパイプライン化され速度性能がさらに向上する．逆に並列化を抑制する指示も用意される．クロックサイクルを切って動作の時間的順序関係を保証したい場合などに用いる．

4・3・2　動作レベルシミュレーション

C言語などにより記述された設計対象はまずソフトウェアとしてコンパイルし動作・機能の検証を行う．これを動作レベルシミュレーションと呼ぶ．イベント駆動でサイクル単位の動作をエミュレートするRTLシミュレーションとは異なり，シミュレーションを行うコンピュータのネイティブコードで実行されるため高速であり，シミュレーションとコードの修正・改善を比較的短い時間で繰り返すことができる．一方，正確な動作タイミングは考慮されていないためサイクル精度の振る舞いを検証することはできない．特に外部や複数のモジュールによる

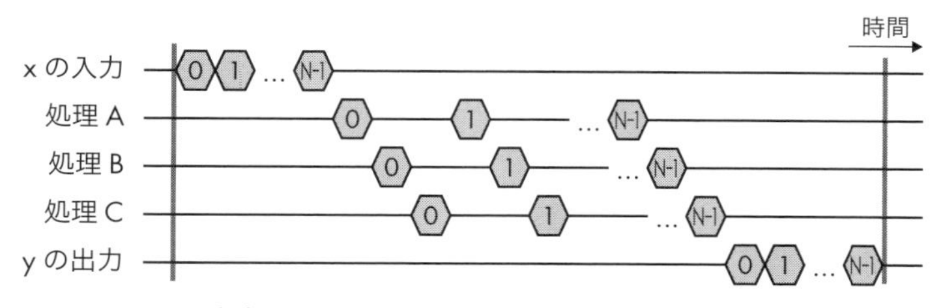

（a）記述どおりの逐次的な動作タイミング

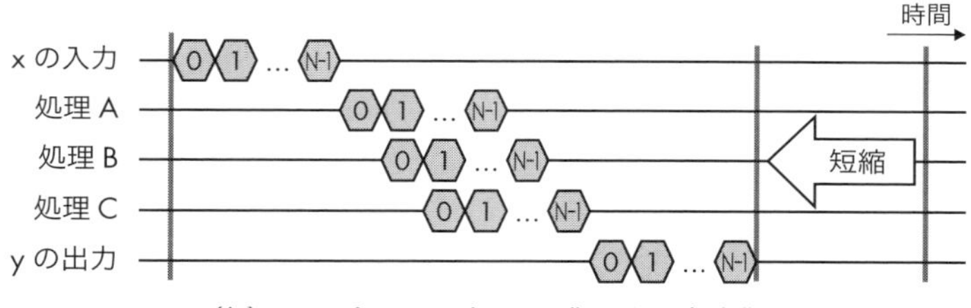

（b）ループのパイプライン化による高速化

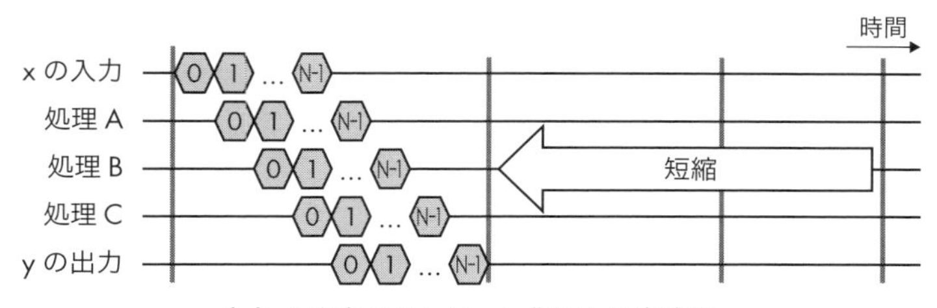

（c）入出力のストリーム化による高速化

図 4・18—合成されるハードウェアの動作タイミング

連携動作では，モジュール間の信号伝達の遅延，モジュール間の動作の依存関係（順序）などがシミュレーションと実機では異なる可能性があることに注意しなければならない．

また，シミュレーションの高速化のため，データはシミュレーションを行うコンピュータにとって切りのよいビット幅に切り上げられる．そのため所定のビット幅に対して計算結果があふれた場合の動作がシミュレーションと実機で異なる．配列の添え字についても同様に範囲を超えた場合の動作が異なる．例えば**図 4・19** の例では，実機では変数 i が 4 ビットのため値が 15 までとなり，for ループが無

```
uint8 a[16];
uint4 i;

for(i=0; i<16; i++)
  a[i]=i;
```

図 4・19—シミュレーションと実機で動作が異なる記述例

限ループとなる．しかし動作シミュレーションでは 8 ビットあるいはそれ以上の型で代替されるため正常に動作してしまう．計算の中間結果も含めてこの点に注意が必要である．ビット幅を正確に扱うシミュレータもあるがシミュレーションの実行は遅くなる．

4・3・3　動 作 合 成

C 言語などによる動作記述から RTL の記述を生成する作業を，高位合成（HLS）または動作合成（Behavioral Synthesis）と呼ぶ．**図 4・20** に動作合成の概要を示す．動作合成により，動作記述中の変数，配列，演算は RTL のレジスタ，ローカルメモリ，演算器となる．動作記述の処理の流れ（逐次実行，分岐，ループ）はステートマシンとして実現される．動作合成では，動作記述を解析し演算の依存

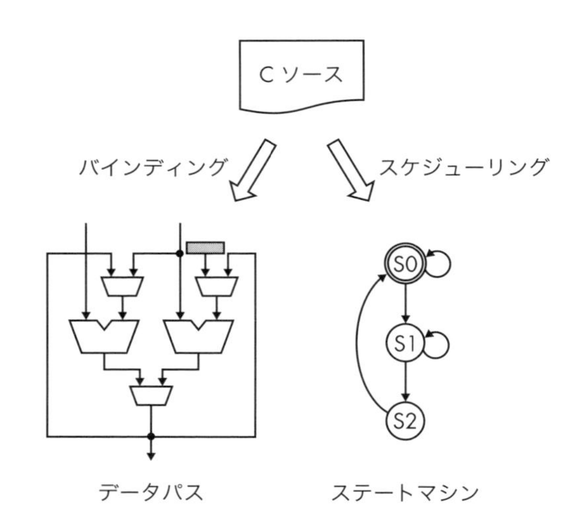

図 4・20—動作合成の概要

関係を表すデータフローグラフ（Data Flow Graph：DFG）と制御の流れを表すコントロールフローグラフ（Control Flow Graph：CFG）を生成する．DFG，CFG から演算の実行順序・時刻を決めることをスケジューリング（Scheduling）といい，それぞれの変数や演算をレジスタや演算器に割り付けることをバインディング（Binding）という．レジスタや演算器はマルチプレクサで接続され，定められたスケジュールに従って切り換えられることで一連の演算を実行する．この演算部分はデータパスと呼ばれる．

定められたスケジュールに対しては，対応するステートマシンが生成される．割り当てる資源の数量とスケジューリング可能な実行時間はトレードオフの関係にあるが，スケジューリング，バインディングには選択の余地があり，それぞれの設計ツールが独自のアルゴリズムで最適化をはかっている．

4・3・4　分析評価と最適化

回路規模と実行時間はトレードオフの関係にあり，与えられた設計上の仕様，制約，目標にとって最適な RTL 記述を生成するのは非常に難しい問題である．現在の動作合成技術では，設計者がある程度の指針，あるいは詳細な指示を与える必要がある．そのため，多くの動作合成系では設計者に対して性能の分析評価・見積りを与える機能と最適化の指示を与える手段が提供されている．動作記述に対して動作合成をかけると，以下のような各種性能指標が得られる．

【回路規模に関する性能指標】

- 演算器数
- メモリ量
- レジスタ数
- LUT などの論理資源量（見積り）

【速度・タイミングに関する性能指標】

- スループット
- レイテンシー
- 各演算の動作タイミング
- 最大動作周波数（見積り）

設計者はこれらの解析結果から回路規模と速度のバランスの調整，律速（ボトルネック）となっている部分や逆に過剰性能（オーバースペック）となっている部分の確認と対策を検討する．動作合成系ではさまざまな設計最適化の指示方法が提供されている．簡便には，合成ツールの最適化戦略のパラメータを設定する方法がある．回路規模優先/速度優先のレベル，使用する演算器数の上限，目標スループット/レイテンシーなどが設定できる．よりきめ細かい方法として，ソースコード中の各部に対して pragma や directive などを与える方法がある．典型的にはコード中の for ループに対するパイプライン化や展開（unroll）の指示が挙げられる．ほかにも，演算の並列化/共有化（繰返し処理化），配列のメモリ分割やインターリーブ，分岐の平坦化（flatten），関数呼出しの埋込み（inline）などの指示がある．それでも目標を達成できなければ，記述そのものを書き換えて最適化をはかることになる．演算単位，命令単位のミクロな最適化は合成系のアルゴリズムにより最適化が施されるが，アルゴリズムレベル，アーキテクチャレベルのマクロな最適化は設計者の仕事となる．並列処理，パイプラインなどのアーキテクチャを意識したモジュール（関数，プロセス）構成をとること，動作合成系の処理を見越して効率のよいハードウェアに変換されやすい記述をすることを心がける必要がある．

4・3・5　RTL との接続

動作合成されたモジュールはその他のモジュール群と統合され論理合成以降の処理に渡される．動作合成されたモジュールは，上位モジュールの RTL 記述でインスタンス化され接続される．近年では，後述する IP 統合ツールにより RTL 記述をすることなくプロセッサやほかのモジュールと統合することもできる．インタフェースの方式や信号の命名規則は動作合成系により規定されており，データ値をそのまま読み書きするレジスタ型，データの列を一つずつ送受するストリーム型，アドレス指定で読み書きするメモリバス型に大別できる．**図 4・21** にそれらインタフェースの表現方法の例を示す．

レジスタ型のインタフェースはデータ値の信号と書込指示の信号から成る（図 4・21(a)）．書込み側ではデータ値を出力し書込信号を 1 クロックの間宣言（assert）することで値を書き込む．読出し側はその信号値を入力するのみである．レジスタ型では書き込まれたタイミングや回数を原則知ることはできない．

ストリーム型のインタフェースはデータ値の信号と送受の制御信号からなる

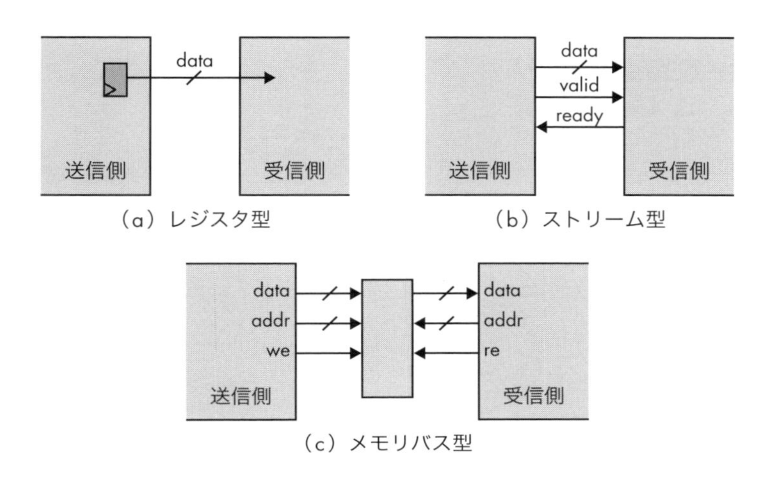

図 4・21—インタフェースの表現方法

(図 4・21(b)). 送信制御信号（図中 valid）は送信の可/不可を示し，受信制御信号（図中 ready）は受信の可/不可を示す．送信側はデータ値を出力し送信可を宣言し，受信側は受信可能であれば受信可を宣言する．あるクロックで送受信の制御信号がともに可であればデータの受け渡しが成立し，受信側はそのときのデータ値を入力する．この制御によりデータ値を一つずつ順に受け渡していく．ストリーム型のインタフェースは主にデータ駆動型（data driven）の処理で用いられ，流量変動に効率よく対応するためしばしば FIFO バッファを介して接続される．送信/受信の制御信号はそれをみる立場で意味が逆転することに注意する必要がある．送信側からみれば送信制御信号が要求，受信制御信号が許可（応答）であり，逆に受信側からみれば受信制御信号が要求，送信制御信号が許可（応答）である．要求信号には valid，enable，strobe，run，do などの名前が用いられる．許可信号には ready，acknowledge，busy，wait などの名前が用いられる．

メモリバス型のインタフェースはデータとアドレスの信号および読み書きの制御信号からなる（図 4・21(c)）．一般的なメモリアクセスと同様，データ値（図中 data）とアドレス（図中 addr，address の略），書込信号（図中 we，write enable の略）により値を書き込み，アドレスと読出信号（図中 re，read enable の略）により値を読み出す．

4・4　IPを用いた設計

ディジタル回路として設計されるシステムの規模は日々大きくなり，開発期間の長期化，開発コストの増大が問題となっている．しかし設計対象を構成するモジュールのなかにはインタフェース，周辺装置の制御，通信，暗号化，圧縮伸張，画像処理など多種多様な開発に共通するものも多く，これらの既設計部品を効率よく再利用することで開発期間・コストの問題を軽減することができる．そのような，共通化可能・再利用可能な設計資産はIP（Intellectual Property）と呼ばれる．IPモジュール，IPコア，IPマクロなどとも呼ばれることもある．

4・4・1　IPと生成ツール

IPとしては単に既設計部品のソースコードのみならず，再利用性の向上のためデータのビット幅や要素数など各種パラメータを設定可能にしたもの，与えられた条件に応じたソースコードを自動生成するツール（IP generator，IP wizardなどと呼ばれる），さらにそれらを使用するためのコードのひな形（テンプレート）を自動生成するツールなども提供されている(16)〜(18)．例えばFFT（高速フーリエ変換器）のIP生成ツールでは，ブロックサイズとデータのビット幅，データの出力順序，目標動作周波数などが設定できる．FPGA固有のIPとして，FPGA内に搭載されているメモリ，演算ブロック，PLL，高速トランシーバなどのモジュールを設定し，必要であればそれらを制御し接続する回路を付加したソースコードを自動生成するツールも提供される．

IPは設計者自身や設計チーム内・社内で再利用されるだけでなく，IPそのものとして流通し，製品・商品としても位置づけられる．FPGA固有のモジュールを使用したIPやメモリ，演算器，基本的なインタフェースなどはFPGAベンダの統合開発環境の一部として提供される．その他，一般的な各種モジュールがFPGAベンダやサードパーティーから提供され，個別に購入・利用できる．IPの保護のため，改変可能なソースコードではなく論理合成済みのネットリストや配置配線済みの回路データとして提供されることもある．その際，合成・配置配線用のデータにあわせて同等のふるまいをするシミュレーション専用のコードなどが提供される．

4・4・2　IP の利用と統合ツール

IP の利用にあたって，設計者はまず自身の設計対象に適した IP を探すことになる．IP のリストから可能性のあるものを選択し仕様書を精査して条件に合致したモジュールを見つけ出す．この作業は必ずしも容易なものではなく，効率のよいデータベース化と検索支援環境の開発が待たれる．従来手法では自身の回路記述のなかに IP をモジュールとしてインスタンス化し接続を記述することで当該 IP を使用することができる．

近年ではグラフィカルに IP モジュールを配置し，接続する IP 統合ツールも提供されている．グラフィカルな設計環境としては，回路図からブロック図に抽象度が向上している．配置対象はゲート，フリップフロップ，演算器，セレクタなどの小さな単位ではなく，まとまった機能をもった IP である．接続は単一あるいは多ビットの信号線ではなく，ひとまとまりの意味・機能をもつデータ信号と制御信号をまとめた単位で行われる．例えば，アドレス信号，データ信号，書込制御信号，読出制御信号からなるインタフェースでは，これらの信号線が一つの単位として扱われる．

図 4・22 にプロセッサ，GPIO, UART, FFT などの IP を単位としたブロック図による設計の様子を例示する．ここでは，プロセッサ（図中 μProc）と GPIO などの周辺回路がアドレスをもつメモリバス（図中 Bus interconnect）により接続されている．FFT はストリーム型の入出力をもち FIFO を介して DMA コントローラ（図中 DMA control）に接続されている．このような設計ツールにより，レジスタ転送レベルの記述で一つひとつの信号に識別名を与えて接続を記述

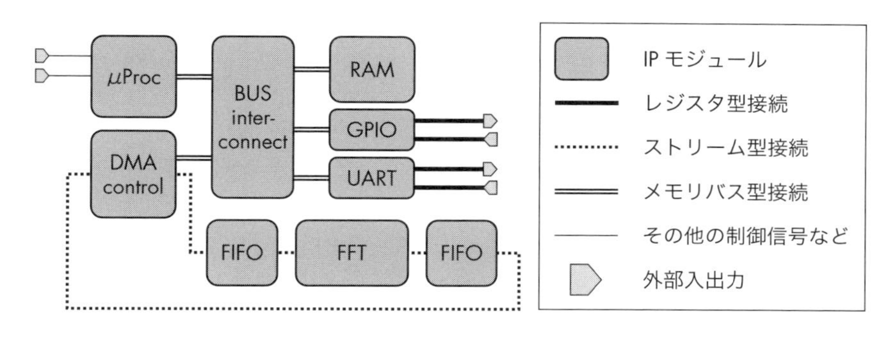

図 4・22—IP 統合ツールを用いたブロック図による設計

していくのに比べて，生産性が大幅に向上する．さらにFPGAの入出力ピンを外部接続先として登録すれば，レジスタ転送レベルのトップ記述とそこでの接続記述が不要になる．

抽象度の高いIP統合ツールでは，制御信号の意味，アドレス空間をもつバスであればアドレス割当て，クロック信号とその周波数，リセット信号とその極性など，インタフェースを構成する信号に対して属性・属性値が与えられ体系だてられている．それらの情報に基づいて整合性のチェックや保証，アドレスの自動割当てなど，細やかな設計支援機能が提供されている．一方でそれらの体系は必ずしも標準化されておらずベンダ依存，ツール依存である．抽象度の高い統合技術はいまだ発展途上であり，研究開発が進められツールも日々進化している．

4・4・3　IP化支援ツール

設計者はユーザとしてIPを利用するだけでなく，自身が設計したモジュールをIPとして登録することもできる．自身のモジュールの再利用性を高め，またそれ自身を製品・商品として提供できる．IP統合ツールの仕様に沿ってインタフェースを設計すればIP統合ツール内で自身のモジュールを使用できる．最近の設計環境ではIP化を支援するインタフェースのひな形やパラメータ設定を可能にするための支援ツール，パッケージ化支援ツールなども提供されている．また動作合成系によってはモジュールのストリーム型やメモリバス型のインタフェースがIP統合ツールの仕様に沿った型式で合成され，設計したモジュールをそのままIPとしてエクスポートすることができる．

4・5　プロセッサを用いた設計

大規模で複雑なシステムをハードウェアのみで実現するのは開発コストの観点から困難が伴う．速度性能・エネルギー効率の向上と柔軟性・生産性の両立のため，FPGAのチップ上にプロセッサを含むシステムを構築し，FPGA上にプログラムされたハードウェアとプロセッサ上にプログラムされたソフトウェアを組み合わせて連携させる開発手法が広く用いられるようになっている．

4・5・1　ハードコアプロセッサとソフトコアプロセッサ

FPGAのチップ上に搭載されるプロセッサは，ハードコアプロセッサとソフトコアプロセッサに大別される（**図4・23**）．ハードコアプロセッサはチップ上にいわゆるハードコア/ハードマクロとして搭載されたプロセッサである（図(a)）．標準的な組込みプロセッサが採用され，通常のプロセッサとしての完全な機能・性能をもち，さらにFPGA部分と接続するための機構をもつ．ソフトコアプロセッサはFPGAのプログラマブルロジック上にプログラムされたプロセッサである（図(b)）．二重にプログラムする（ハードウェアをプログラムしたプロセッサ上にソフトウェアをプログラムする）ことになるためハードコアプロセッサよりも性能は劣るが，プロセッサを搭載していないチップでも使用できる，必要なときに必要な数だけ使用できる，必要な性能にあわせてアーキテクチャを変更できる，といった柔軟性が大きな利点である．

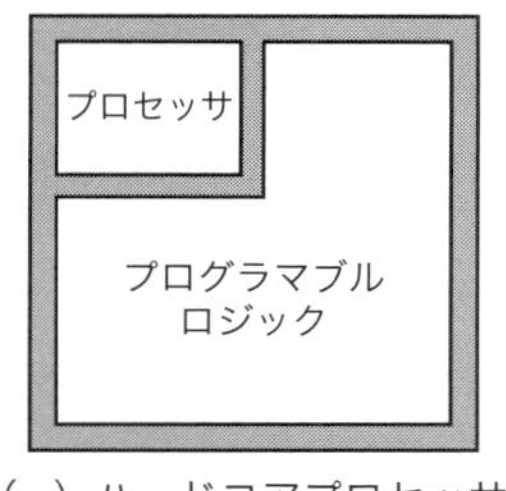

(a) ハードコアプロセッサ

(b) ソフトコアプロセッサ

図4・23—FPGA向けプロセッサ

4・5・2　プロセッサシステムの構築

設計者は各ベンダから提供されるプロセッサシステム構築ツールや前節で紹介したIP統合ツールを用いてFPGA上にプロセッサシステムを構築する．前節の図4・22はプロセッサを含むシステムの構成例である．

その際，プロセッサの設定，バスの構成，メモリや周辺回路の配置と設定を行う．まず使用するプロセッサを選択し設定する．ハードコアプロセッサでは設定可能な項目はプロセッサの動作周波数などに限られるが，ソフトコアプロセッサではパイプライン，キャッシュ，演算器，命令などが詳細に設定できる．設計者は，設計対象の目標性能に基づいてベースとなるプロセッサの仕様を決定する．

次にプロセッサとメモリや周辺回路を接続するバスを構築する．それぞれのプロセッサは特定のバス規格に対応しており，設計ツール上でプロセッサとバスの接続方法，対応する転送モード，階層化などの設定を行う．

さらに，メモリを構成し接続する．固有のメモリインタフェースをもつハードコアプロセッサではそれを介して外部の主記憶と接続する．ソフトコアプロセッサではメモリインタフェースを構成して外部の主記憶と接続する．もちろんFPGA内のブロックRAMを利用して主記憶を構成することもできる．周辺回路もメモリと同様にバスに接続する．不揮発性メモリやネットワークなど固有のインタフェースをもつハードコアプロセッサではそれを介して外部と接続することができる．

ハードコア/ソフトコアプロセッサともに，FPGA内のプログラマブルロジックを利用してIPモジュールや設計者が独自に開発した回路を構成しバスに接続することができる．通常，メモリや周辺回路はプロセッサからアドレス指定によりアクセスされる．接続に際してそれぞれにアドレスを割り当て，割込みを使用する場合には割込番号なども同様にここで割り当てる．

より高度な構成として，DMAコントローラによるDMAやバスブリッジを介したバスの階層化などを行うことができる．詳細はそれぞれのツールの資料を参照されたい．生成したプロセッサシステムはそれ自体をFPGAチップのトップインスタンスとして合成することもできるし，あるいはRTL記述のなかに一モジュールとしてインスタンス化することもできる．

4・5・3　ソフトウェア開発環境

プロセッサシステムを動かすにはソフトウェアが必要である．ソフトウェア開発のためのコンパイラやデバッガなどを含む開発環境はSDK（Software Development Kit）と呼ばれる．ソフトウェアを開発する前提としてそのプロセッサがもつ機能，搭載するメモリや周辺回路の構成，アドレス空間の割当て，さらにそれらを制御するためのライブラリ（デバイスドライバ）などが必要となる．ここでは，これらの情報をまとめてプロセッサ構成情報と呼ぶ．プロセッサシステムを構築した後にそのツールからプロセッサ構成情報をエクスポートし，SDKでインポートする．

SDK上では，一般にC言語による開発環境が提供される．**図4・24**に一般的

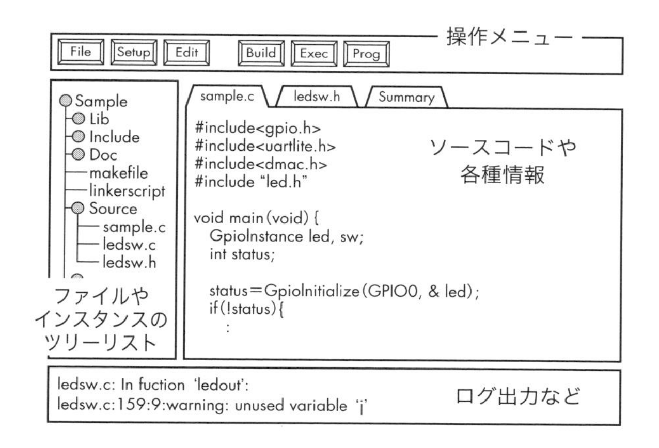

図 4・24—SDK の画面構成例

なSDKの画面構成を例示する．SDKではまずOSを選択する．OSは目的に応じて必要最小限の機能のみが実装された簡易的なものや，プロセス管理，メモリ管理，ファイルシステムやネットワークも管轄する高機能なもの，あるいはOSなしなどが選択できる．OSにメモリ管理のない環境では開発者自身によりメモリ割付けを行わなければならない．ソフトウェア実行のためのスタックやヒープのサイズなどを設定する．メモリ割付けの設定ファイルはリンカスクリプト（linker script）と呼ばれる．スタック，ヒープ，リンクなどの基本概念や詳細はコンパイラやOSの教科書・資料を参照されたい．SDK上では，ソースコードを記述・編集しコンパイル（あるいはビルド）することができる．

コンパイルした結果は，一般にelf（Executable and Linkable Format）と呼ばれる型式でファイルとして保存される

4・5・4　ソフトウェアとハードウェアの統合と実行

構築したプロセッサシステムのハードウェアと開発したソフトウェアは統合され，FPGA上で実行される（**図 4・25**）．統合の方法，実行の方法はベンダやツールによって異なるが典型的には以下のようなものが挙げられる．

(1) SDK上での統合と実行

(2) SDK上で統合し不揮発性メモリなどから実行

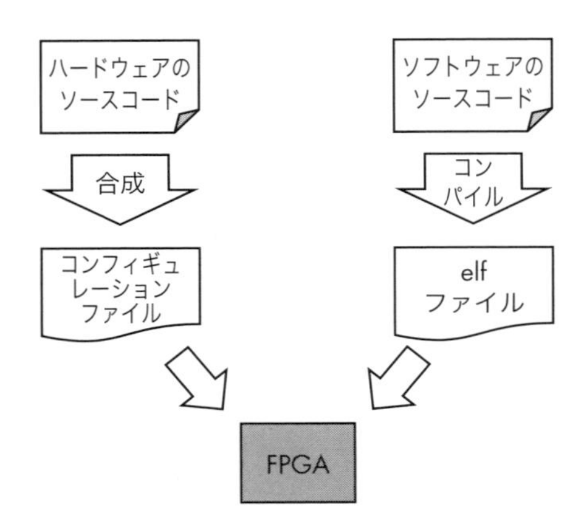

図 4・25—ハードウェア情報とソフトウェア情報のコンフィギュレーション

(3) ハードウェア開発環境での統合と実行

(1) SDK 上で統合と実行をする場合，事前にハードウェア開発環境からコンフィギュレーションデータをエクスポートしておく．SDK 上でハードウェアのコンフィギュレーションデータとソフトウェアの elf ファイルを統合し，FPGA や主記憶に転送し起動する．このときソフトウェアのデバッガを使用することができる．SDK 上でソフトウェアの実行状態を観測し，ブレークポイント設定による実行・停止の制御を行うなどの詳細なデバッグ作業を行うことができる．ハードウェアは開発済みで，ソフトウェアの開発とデバッグを中心に行う場合はこの方法が有効である．

(2) SDK 上で統合し不揮発性メモリなどから実行する場合も上記と同様に，SDK 上でハードウェアとソフトウェアを統合したデータを作成する．デバイスやボードごとに定められた形式で，SD カード，USB フラッシュメモリ，メモリ IC などに格納しておけば，電源投入時やシステムリセット時にそれらの場所からハードウェアやソフトウェアがロードされ実行される．ブートストラップによる OS の起動シーケンスなどにも対応する．詳細は，デバイスやボードそれぞれの資料やチュートリアルを参照されたい．

(3) ソフトウェアプログラムが FPGA のブロック RAM などに格納される場合にはハードウェア開発環境上で統合・実行することもできる．まず生成した elf ファイルを SDK からエクスポートする．ハードウェア開発環境で elf ファイルをインポートするとともに，メモリインスタンスとアドレス空間の対応などの情報を設定（あるいはインポート）する．これによりプロセッサのためのメモリの内容をメモリインスタンスの初期値とする．生成されたコンフィギュレーションデータはプロセッサをもたない場合と同様の方法で使用することができる．

参考文献

FPGA と設計フローの全体像について

(1) S.D. Brown, R.J. Francis, J. Rose, and Z.G. Vranesic, “Field Programmable Gate Arrays,” Kluwer Academic Publishers (1992).
(2) V. Betz, J. Rose, and A. Marquardt, “Architecture and CAD for Deep-Submicron FPGAs,” Kluwer Academic Publishers (1999).
(3) 末吉敏則，天野英晴（編著），“リコンフィギャラブルシステム，” オーム社 (2005).
(4) “Vivado Design Suite Tutorial: Design Flows Overview,” Xilinx UG888, Nov. (2015).

HDL からの設計フローについて

(5) “Nexys4 Vivado Tutorial,” Xilinx University Program (2013).
http://japan.xilinx.com/support/university/vivado/vivado-teaching-material/hdl-design.html
(6) “Vivado Design Suite Tutorial: Using Constraints,” Xilinx UG945, Nov. (2015).
(7) “Vivado Design Suite Tutorial: Logic Simulation,” Xilinx UG937, Nov. (2015).
(8) “Vivado Design Suite User Guide: Programming and Debugging,” Xilinx UG908, Feb. (2016).
(9) “Vivado Design Suite Tutorial: Programming and Debugging,” Xilinx UG936, Nov. (2015).

HLS 設計について

(10) W. Meeus, K. Van Beeck, T. Goedeme, J. Meel, and D. Stroobandt, “An Overview of Today’s High-Level Synthesis Tools,” Design Automation for Embedded Systems, Vol.16, Issue 3, pp.31–51 (2012).
(11) D. Gajski, et al.（著），木下常雄，冨山宏之（訳），“SpecC 仕様記述言語と方法論，” CQ 出版社 (2000).
(12) M. Fujita, “SpecC Language Version 2.0: C-based SoC Design from System level down to RTL,” Tutorial of Asia and South Pacific Design Automation Conference (ASPDAC) (2003).
(13) “Vivado Design Suite Tutorial: High-Level Synthesis,” Xilinx UG871, Nov. (2015).
(14) 鳥海佳孝，“【実践】C 言語による組込みプログラミングスタートブック，” 技術評論社 (2006).

(15) D. Pellerin and S. Thibault（著），天野英晴（監修），宮島敬明（訳），“C 言語による実践的 FPGA プログラミング,” エスアイビー・アクセス (2011).

IP を用いた設計

(16) “Vivado Design Suite Tutorial: Designing with IP,” Xilinx UG939, Nov. (2015).

(17) “Vivado Design Suite User Guide: Creating and Packaging Custom IP,” Xilinx UG1118, Nov. (2015).

(18) “Vivado Design Suite Tutorial: Creating and Packaging Custom IP,” Xilinx UG1119, Nov. (2015).

プロセッサを用いた設計

(19) “Vivado Design Suite User Guide: Embeded Processor Hardware Design,” Xilinx UG898, Nov. (2015).

5章　設計技術

5・1　FPGA 設計フロー

EDA（Electronic Design Automation）技術は LSI の性能を引き出すうえで極めて重要な技術である．一般的に FPGA が出せる性能の上限は，プロセスなど物理的な制約によって律速されるが，実際の回路が出せる性能は，デバイスアーキテクチャと EDA ツールに依存して決まる．すなわち，どんなに高出力のエンジン（プロセス）であっても，それに見合う車体（アーキテクチャ）と運転技術（EDA ツール）がなければ限界スピードは出ないのである．そのなかでも EDA ツールは，回路の実装に直接関係している分，性能に与える影響は計り知れない．

図5・1 に FPGA の設計フローを示す．FPGA の設計フローは，ソースコードである HDL 記述の論理合成に始まり，テクノロジーマッピング，クラスタリング（Clustering），配置配線（Placement and Routing）を経てビットストリーム生成（Generate Bit stream）で終わる．論理合成では HDL 記述からゲートレベルのネットリストを生成し，テクノロジーマッピングではこのネットリストを LUT レベルのネットリストに変換する．クラスタリングは複数の LUT とフリップフロップ（FF）を一つの論理ブロック（LB）にまとめる工程である．そして，配置配線ツールで LB をデバイス上に配置し，LB 間の接続を配線構造上にルーティングする．そして最後にこれらの配置・配線情報から FPGA 内の各スイッチの接続関係をビットストリームとして生成する．

このように FPGA の設計は，決められた入力数の LUT（これにはその入力数のいかなる論理関数も実装可能である）に実装したい論理関数の中から切り出し，そして割り当てる．そして，それらの間を自在に経路が決定できる配線を駆使して接続することで FPGA 上の回路を実現する．

FPGA と ASIC との違いは，ASIC がライブラリのように機能で分類されたエ

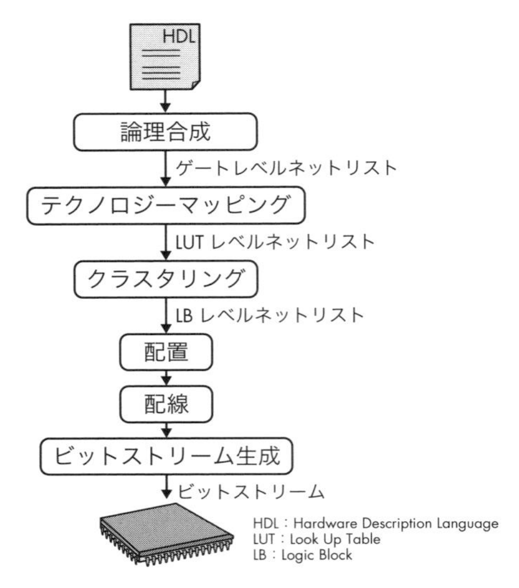

図 5・1—FPGA の設計フロー

レメントを組み合わせるのに対し，FPGA は均一な構造をもつ点である．その違いが EDA ツールの違いになっている．以下の節では，ASIC とは異なる EDA 技術，すなわち，テクノロジーマッピング，クラスタリング，配置配線について詳細に説明する．

5・2 テクノロジーマッピング

テクノロジーマッピングとは，テクノロジー非依存のゲートレベルのネットリストをターゲット FPGA の論理セルに変換する作業である．ここで述べる論理セルは，その FPGA のアーキテクチャに依存し，LUT や MUX（Multiplexer）などの論理回路を実現する最小単位である．そして，テクノロジーマッピングは HDL から続いた論理の変換作業の最後にあたる．したがって，この工程が最終的な実装回路の品質（面積，性能，消費電力など）に与える影響は計り知れない．

ここでは代表的なテクノロジーマッピングツールである FlowMap[1] を題材に

その仕組みと動作をみていく．FlowMap は，UCLA（University of California, Los Angeles）の J. Cong らのグループが開発したテクノロジーマッピング手法である．一般的な k 入力の LUT(k-LUT) を対象としたテクノロジーマッピングは，次の二つの工程から成る．

I. 分解工程：実際のゲートレベルのネットリストは，ブーリアンネットワーク[†1]で表現されている．この各ノードを LUT の入力数 k 以下になるまで分解する．

II. カバーリング工程：第 I 工程で分解されたブーリアンネットワークを適当な基準に基づいて入力数をカットし k-LUT でいくつかのノードをカバーする．

FlowMap は，第 II 工程のカバーリング問題において多項式時間で深さ最適解を得る手法である．

図 5・2 に FlowMap の動作例を示す．これは，3-LUT にマッピングする場合の例である．これをもとにテクノロジーマッピングの動作を説明する．まず，(a) のゲートレベルのネットリストを (b) の DAG（Directed Acyclic Graph）に書き換える．このとき，最上部のノードを PI（Primary Input），最後のノードを PO（Primary Output）という．(c) では右側の PO に着目し，その PO に関連している PI までのノードを点線で囲っている．この範囲がこの PO のマッピング範囲である．次に，(d) でラベリングとカットを求める．ラベリングは，PI からトポロジカル順に付けられるが，付ける条件は以下の通りである．

(1) PI のラベルを 0 とする．
(2) 次に PI を入力とするノードの中で，3-LUT でカバーできる範囲を探し，その入力にカットを置く．
(3) このときのラベル計算は，カットの一つ上のノードのラベルの中で最も大きいものに自分自身の段数（つまりは 1 段分）足すので PI の $0+1=1$ となり，ラベルは 1 となる．
(4) ラベルを計算したノードに繋がっているノードのラベルを計算するが，まだラベルが確定しない場合は，先にそのラベルの確定から行う．

---

†1 ブーリアンネットワークとは，ゲートレベルのネットリストの表現方法の一つで，有効グラフ（DAG）によって表現したもの．各ノードは論理ゲートもしくは論理ゲートの組合せ回路からなり，有向枝は入出力信号を表す．

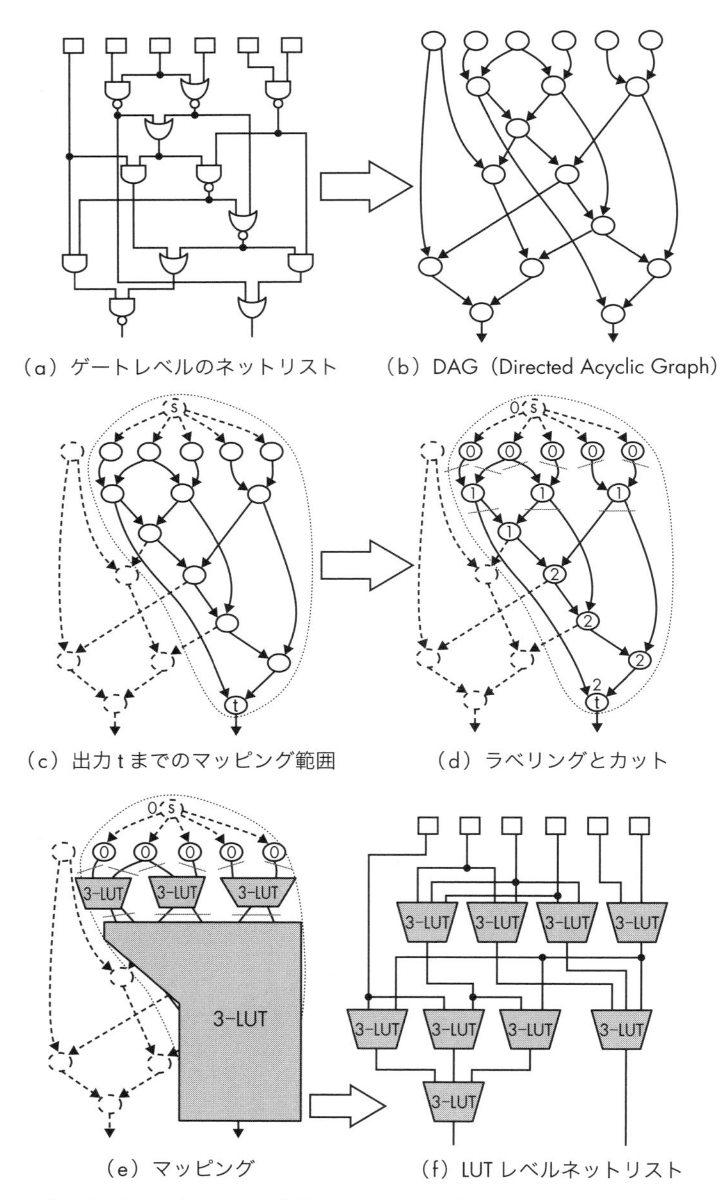

ネットリストを DAG に分解し，ラベリングとカットの繰返しにより LUT レベルのネットリストに変換する.

図 5・2—FlowMap の動作

(5) 関与するすべてのノードのラベルが決まったので，2段目のノードのラベル計算を行う．このとき3-LUTにマッピングしているので，カットを考えるとすべてPIのところでカットすることができるため，このノードのラベルは1となる．

(6) このように各ノードのラベル計算を行っていくと，最終的にtのラベルは2となる．

このラベル値は，ノードの上のほうから最小値を求めているため，最小値であることが保証されている．(e)ではマッピングを回路のPOから行う．そして，すべてのPOについて上記を実行すると，最終的に3-LUTにマッピングした(f)を得る．

このようにカットとマッピングが行われるが，そのときの評価関数を改良することでさまざまなテクノロジーマッピング手法が提案されている．例えば，FlowMapを開発したJ. Congらは，深さの最適化とLUT数の削減を目標とするCutMap(2)・ZMap(3)・DAOMap(4)などを考案し，UBC（Univ. of British Columbia）のSteve Wiltonらは消費電力を考慮したEMap(5)，トロント大学のStephen BrownらはIMAP(6)などを開発している．また，同じくJ. Congらは，単一のLUTではなく入力数の異なるヘテロジーニアスなLUTを対象としたHeteroMap(7)なども提案している．

テクノロジーマッピング関連用語

ノード　ノードとは，ブーリアンネットワークをDAGとして表現する際に，2入力論理ゲートのモデリングに用いられる基本構成要素である．回路ネットワーク内の論理ゲートはすべて一種類の2入力1出力ノードとしてモデリングされる．

ラベル　ラベルはネットワークの深さを表し，これは各ノードからPI（Primary Input）まで最小の深さでマッピングが行われた場合の論理段数になる．回路ネットワーク内の各論理ゲートは，ノードとしてモデリングされた後，ラベル付けが行われる．下図にラベル付けの例を示す．

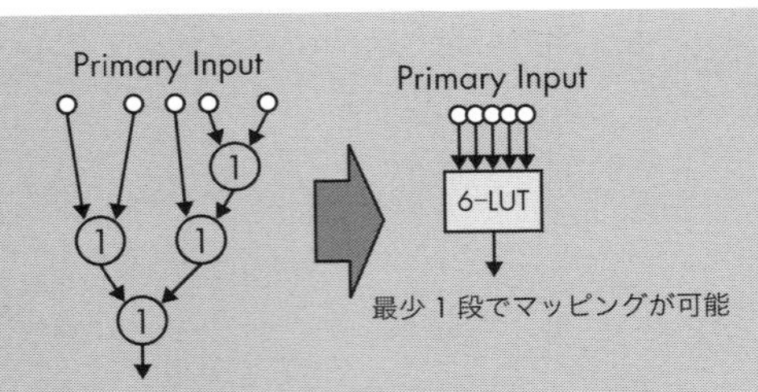

6入力でのラベル付けの例(1)

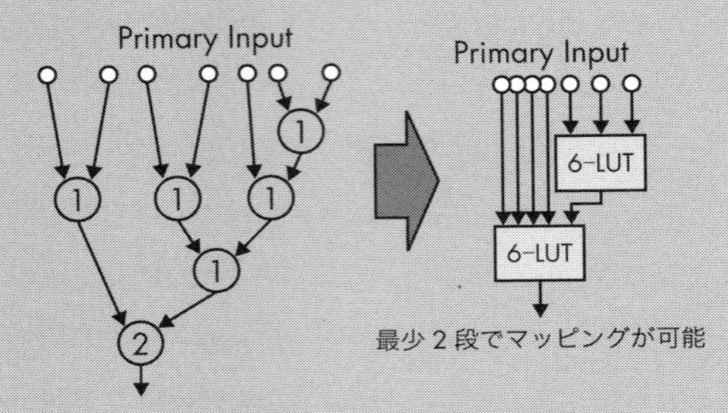

6入力でのラベル付けの例(2)

カットセット　カットセットとは，k 入力でテクノロジーマッピングを行った場合に実現可能なカットを列挙した配列である．カットとは k 入力以下でLUTを生成可能なカバリングのパターンを指す．下図に入力数6でカットセットを生成する例を示す．

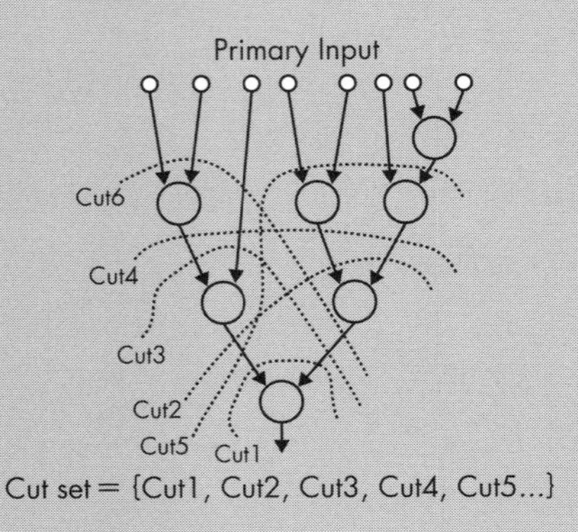

5・3　クラスタリング

次はクラスタリングのプロセスである．最近の FPGA は論理ブロック内に複数の LUT をもつクラスタベース FPGA が主流である．したがって，クラスタリング処理は，もはや必要不可欠な処理になっている．クラスタリングには重要なポイントが二つある．一つはクラスタ内の配線（ローカル配線）とクラスタ外の配線（ルーティングトラックの配線）では遅延が大きく違う点である．もう一つはクラスタ内に空きがあれば実装効率が低下する（多くの論理ブロックを使うことになる）ため，できる限りクラスタ内に多く詰め込みたいという点である．トロント大学の Jonathan Rose らの研究グループが開発した初期のクラスタリングツールである VPack[8] は，次の二つの最適化目標をもつ．すなわち，

(1) クラスタ数の最少化

(2) クラスタ間接続の最少化

である．VPack は，入力数の最も多い LUT をクラスタのシードとして選択し，共有できる入力数の最も多い LUT を取り込むことでクラスタ化している (図 5・3).

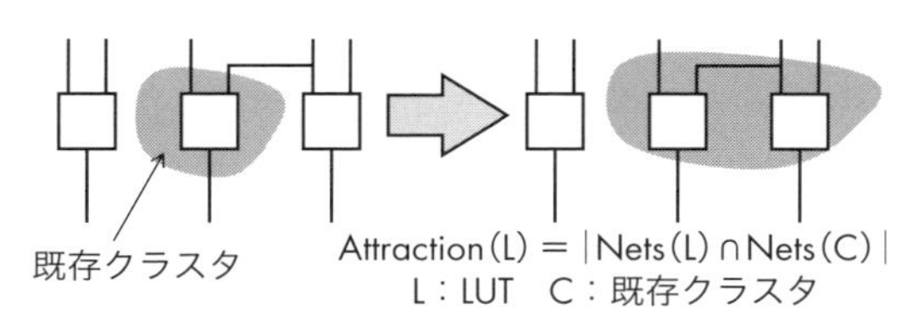

図 5・3—VPack の動作

この方式は，クラスタ数とクラスタ間接続数という最適化目標に関しては十分に機能した．しかし，遅延に関しては満足できる性能を発揮できていない．クラスタリングのポイントの第 1 番目であるクラスタ内外の遅延差を考慮していなかったため，遅延性能に関してはばらつきが大きいクラスタリングツールである．

そこで，Jonathan Rose らは，2 年後にこの点を改良した T-VPack[9] を発表した．T-VPack は，VPack を Timing-driven (時間主導型) に拡張したクラスタリングツールである．T-VPack では，クリティカルパス上の最も入力数の多い LUT

をクラスタのシードとして選択し，共有できる入力数のみならず (1) Connection Criticality（接続重要度），(2) Total Path Affected（総経路数影響度）の二つを考慮したクラスタリングツールである．(1) の Connection Criticality とは，クリティカルパスに近い経路かどうかを判定する指標で，Slack（遅延余裕）を基に算出される．**図 5・4** に Slack の計算例を示す．図中の四角は LUT を示し，四角内の数字が Slack 値である．到着時間は入力から何個目の LUT になるかの最大値，要求時間は出力の到着時間から同じように逆に辿った場合の最大値である．Slack は要求時間と到着時間との差であり，図の例のように Slack が小さいほどクリティカルパスに近いといえる．

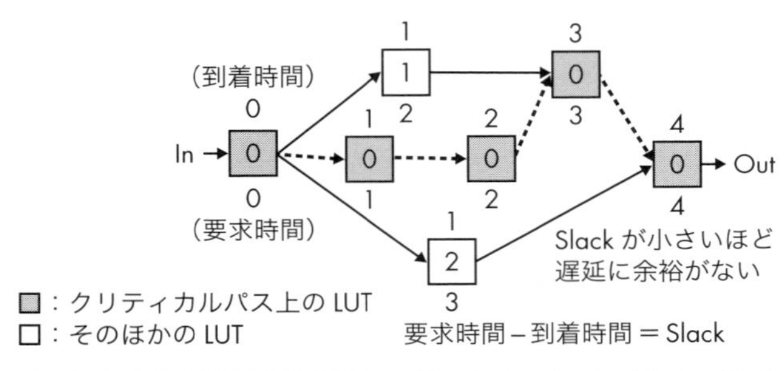

図 5・4—接続重要度（Connection Criticality）の計算

一方，(2) の Total Path Affected は，どれだけのクリティカルパスに関与するかの指標である．同じ Connection Criticality におけるクリティカルパスの削減可能な数であり，クリティカルパスとなるパスを入力から足し合わせていく．**図 5・5** に例を示す．四角は LUT を表し，太い線はクリティカルパスである．また，四角内の数値は，この LUT にクリティカルパスが何本に関係しているか（Connection Criticality）を表している．LUT Y から LUT Z へ接続される信号（太い網の線）は，三つのクリティカルパスの共通の配線である．Total Path Affected の高いこの配線を速くすれば，クリティカルパス 3 本を同時に改善できるのである．したがって，T-VPack では，LUT Z と LUT Y が同一クラスタになるようにクラスタリングが行われる．

一方，別の視点からのアプローチとして，RPack/t-RPack[(10)] がある．これら

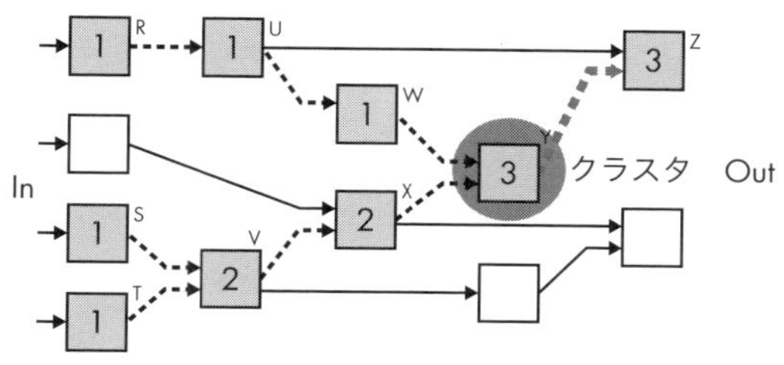

図 5・5—総経路数影響度（Total Path Affected）の計算

は，VPack を配線性という指標で拡張したクラスタリングツールである．配線性とは，FPGA 回路設計フローの配置・配線処理の段階で回路をどのくらい自由に配線可能であるかを示し，配線の混雑性を解消することが目的の指標である．また，この配線性の改善はクラスタ間の混雑が解消されるだけではなく，クラスタ外の配線総数を最少にする効果もある．さらに，iRAC[11] ではこの配線性を拡張し，**図 5・6** のようにクラスタ内に「空き」を作ってもクラスタ外の配線を最適化する方法，すなわち，クラスタ内と外の両方を考慮した最適化を行っている．著者らの研究[12] も RPack や iRAC と同様に配線性とクラスタ内外の配線リソースを最適化する手法で効果をあげている．

このように多くの性能改善を行ってきたクラスタリングツールであるが，ここまでは同一の LUT をクラスタリングするアルゴリズムである．最近の論理ブロックは，前章で説明したように LUT のアダプティブ化が進んでおり，より複雑な論理クラスタを構成する．LUT のアダプティブ化は，テクノロジーマッピング時に適切な入力数の LUT にマッピングする必要があるだけではなく，クラスタリング時にも大きな影響を与える．アダプティブ化された LUT のネットリストをクラスタリングする場合，配線性や遅延，単純に論理クラスタに詰め込める LUT の数のみならず，プライマリインプットの総数，論理クラスタが許容する異なる入力数の LUT の組合せなども考慮した最適化が必要である．最終的に最小論理ク

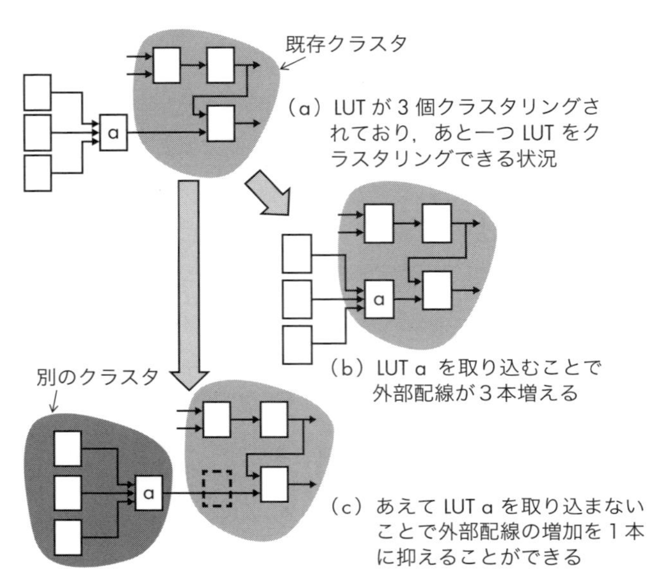

図 5・6—配線性を考慮したクラスタリング

ラスタ数，最小遅延，最小配線数を同時に満たす解を見つけ出すことは極めて難しい.

上記の課題にチャレンジしたのが VTR (Verilog-to-Routing) 6.0 [(21)] に組み込まれた AAPack (Architecture-Aware Packer) [(20)] である．VTR プロジェクトでは XML を用いてデバイスアーキテクチャのモデル化[†2]が行われている．デバイスのアーキテクチャの定義は，(a) セル構造 (Physical Block；クラスタ内の論理セルなどに相当) と (b) 配線構造 (Interconnect；Physical Block 間の接続関係，接続方法に相当) に分かれている．(a) の Physical Block は入れ子構造を記述でき，これによってクラスタ化論理ブロックを表現する．また，モードセルを用いて複数のモードをもつ構造も表現できる．これは前章で説明した Altera 社のフラクチャブル LUT ベースの論理ブロックのように，一つの入力数が多い LUT が，少数の入力数をもつ LUT 複数個に分割される (複数のモードをもつ)

[†2] 配置配線ツールの VPR5.0 から XML 化は行われているが，VTR6.0 はそれを拡張し，より簡潔に複雑な構造を記述できるようになった．配置配線ツール VPR については次節で述べる.

デバイスの記述に用いられる．

AAPack は，上記のデバイスアーキテクチャモデルに対応したクラスタリングツールである．クラスタリングは以下の手順で行う．

(1) 未クラスタリングの LUT が存在すれば，シードとなる LUT を選択し，挿入するクラスタを決定する．

(2) 以下の手順でクラスタに LUT を挿入する．

　(a) クラスタに挿入する候補の LUT を探索する．

　(b) 選択した LUT をクラスタに挿入．

　(c) クラスタにまだ LUT を挿入することが可能なら，(2)-(a) に戻る．

(3) クラスタを出力ファイルに追加し，(1) に戻る．

(1) は VPack，T-VPack と同様である．(2)-(a) は，「クラスタ内で共有できる入力数」と「クラスタ外の LUT との関係性」からクラスタに取り込む LUT を決定する．(2)-(b) は，クラスタ構造の情報から選択した LUT をクラスタに挿入できるか判断する．この判断は**図 5・7** に示すように，クラスタ構造のグラフを探索して決定する．クラスタ構造のグラフは，LUT の粒度が右から左で「細」から「粗」となるようにつくる．これをグラフの右側（粒度が小さい側）から深さ優先探索する．クラスタ内に複数の粒度をもつ LUT がある場合，マッピングする回路の入力数を満たす最小の LUT に論理を実装する．例えば，4 入力 1 出力の組合せ回

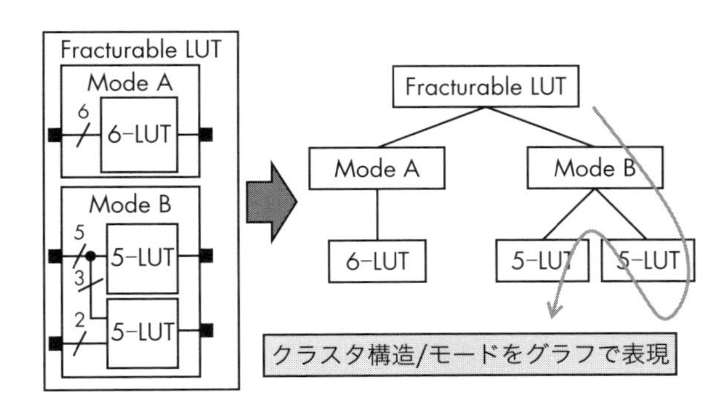

LUT の粒度が右から左で「細」から「粗」となるようにグラフで表現し，グラフの右側(粒度が小さい側)から深さ優先探索する．複数の粒度をもつ場合，マッピングする回路の入力数を満たす最小の LUT に論理を実装する．

図 5・7—AAPack のクラスタリング

路を図のLUTにマッピングする場合，5-LUTでも6-LUTでも実装できる．しかし，5-LUTにマッピングすれば，同一クラスタ内にもう一つ5-LUTの回路がクラスタリングできる．しかし，6-LUTにマッピングしてしまうと，このクラスタにはこれ以上回路が実装できない．したがって，小さいほうから割り当てていくほうが効率的である．

挿入可能な場所を発見すると次に配線可能か判断する．そして，挿入が成功したら，その子と同じ親をもつ子に対して挿入できるLUTをネットリストから探索し挿入する．以下，これの繰返しである．

配線可能かどうかの判断は以下のように行う．まず，クラスタ内の入出力ピンをノードに各ピンの接続関係を有向エッジとしてグラフを作成する．それに対して，PathFinder（VPR 5.0の配線アルゴリズム）と同様の処理で，挿入するLUTに対して配線できるか確認する．

以上のように，AAPackは複雑に構造化された論理クラスタに対してLUTをクラスタリングする方法を提供している．

5·4 配置配線

最後の工程である配置配線は，論理ブロックとそれらを接続する信号の物理的な位置（経路）を確定する作業である．一般的には，まず論理ブロックの配置を行い，次いでその論理ブロック間の配線を行う．

多くのFPGAでは，論理ブロックが2次元アレイ上に整列しているため，この配置処理はスロット配置問題や2次元割当て問題として定式化が可能である．しかし，これらの問題はNP困難な問題[†3]として知られており，通常，SA（Simulated Annealing）[†4]などの近似解法を用いる．

一方，配線処理には二つの配線手法を用いる．概略配線と詳細配線である．概略配線はネットに対して大まかな配線経路，すなわち，どのチャネルが経由して接続するかを決定し，詳細配線は概略配線で得られた情報を基に各ネットがどの

[†3] NP困難な問題とは，計算複雑性理論におけるNP（Non-deterministic Polynomial time；非決定性多項式時間）クラスに属する問題と比べて，少なくとも同等以上に難しい問題である．また，2次割当て問題（Quadratic Assignment Problem : QAP）は，NP-困難な組合せ最適化問題のなかでも特に難しい問題の一つといわれている．

[†4] シミュレーテッドアニーリング法，焼きなまし法ともいわれる．汎用的な確率的なメタヒューリスティックなアルゴリズムである．SAの特徴はランダム性を用いて局所解脱出を試みるとき，温度変化によって，その受理確率が下がっていくことで収束を早める点にある．

配線リソース，スイッチを使用して接続するかを決定する．

ここでは，研究レベルで最もよく使われているトロント大学の配置配線ツールである VPR（Versatile Place and Route）[(13)(15)(16)(19)(20)] について紹介する[†5]．VPR4.3 の配置処理は，次の手順で処理を行う（**図 5・8**）．

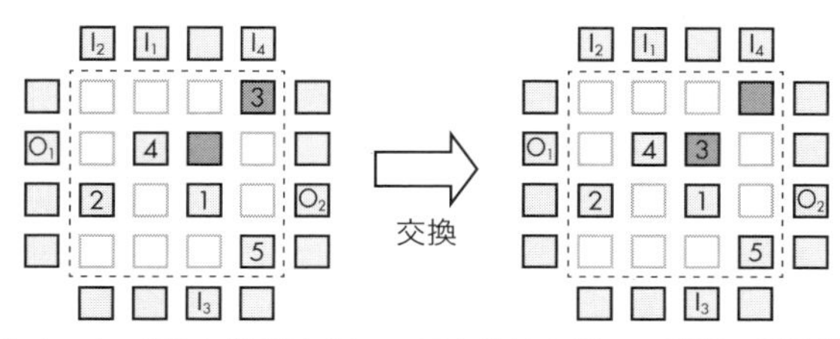

（a）ランダムに配置を行いペア交換法を用いて配置の最適化

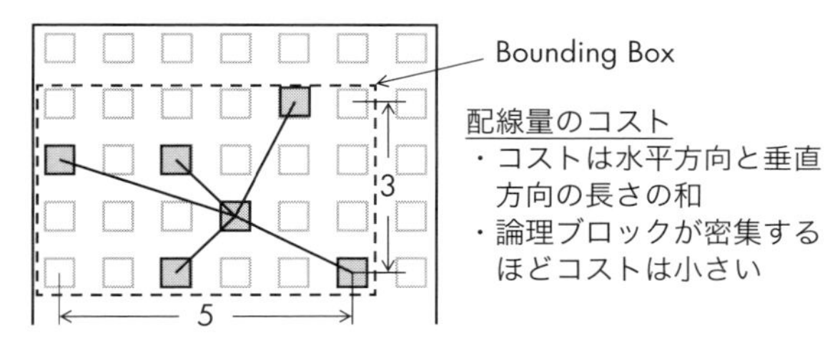

（b）配線量コストに Bounding Box コストを用いた例

関係の深い論理ブロックは近くに置いて配線長を短くし，
全体的にはコンパクトになるように配置する．

図 5・8—VPR の配置処理

(1) 論理ブロック，I/O ブロックをランダムに配置する．

(2) この状態で配線を行った場合の混雑さに関するコストを計算する．

(3) この状態から，ランダムに二つのブロックを選択し，ブロックを入れ換える（ペア交換法）．

(4) 入れ換えた状態に対して，同じくコストを計算する．

(5) これと入換え前のコストと比較し，その変化を受理するかどうかを判定する．

図 5・8(a) に示すように，配置処理は SA を用いており，交換の受理判定は配線コストとタイミングコストに対して，以前の状態から改善または改悪されても，あ

†5 VPR の歴史についてはコラムを参照のこと．

る確率で受理される．配線量のコストは，配線を行った場合の配線リソースの量を表すコストである．図 (b) は論理ブロックのみ表した図であり，点線の枠が Bounding Box（境界矩形）[†6]を示す．Bounding Box コストは FPGA デバイス上に配置されたあるネットによってつくられる範囲の水平方向と垂直方向の長さの和であり，ブロックが密集するほど Bounding Box コストの値は小さい．タイミングコストはネットのソース/シンク間の遅延とパスの Slack 値から決定する．

このように配置処理では，関係の深い論理ブロックは近くに置いて配線長を短くし，また，全体的にはコンパクトになるように配置を行う．さらに，理想的には各チャネルの配線混雑度は均等になるようにしたい．

初期の VPR の配置アルゴリズム VPlace は Bounding Box コストのみで最適化が図られていたが，VPR4.3 で採用された T-VPlace[(18)] では配置処理に上記のタイミングコストが加味された．

次に配線処理は，**図5･9** に示すように概略配線と詳細配線に分かれる．概略配線は FPGA に特化したものではなく，一般的なグラフの経路探索問題に帰着する．一方, VPR4.3 の詳細配線である Timing-Driven Router[(17)] は, Pathfinder[(14)] をベースにしたアルゴリズムである．これはネットのソース/シンク間の経路探索のため，Directed-search（有向探索）[†7]を使用する．このため，ソース/探索位置間のコストと探索位置/シンク間の予測コストが必要である．図 (b) はソース/シンク間の経路探索の様子を表している．ソースから出ている線が決定済みの配線，太線が現在探索中のあるノード n，灰色の線がノード n と同じ種類の配線を使用し，探索位置とシンクを最短距離で繋いだ場合の経路である．黒と破線を囲む明るい灰色の枠がソース/探索位置間の混雑さとタイミングのコストを表す．それに対して，灰色の線を囲む灰色の点線の枠が探索位置/シンク間のタイミングの予測コストを表す．

このようにコストを算出するが，各ネットに対してこれを用いて以下の手順で配線を行う．

(1) 各ネットに対して最小コストで配線する．

(2) 複数のネットによって競合が起きたワイヤは混雑しやすいため，混雑さの

---

†6 Bounding Box とは，ランダムに配置したときの配置対象となっている論理ブロックのすべてを内側に含む最小矩形である．

†7 探索範囲の枝刈りを行って，アルゴリズムの動作を高速化に探索を行う手法．

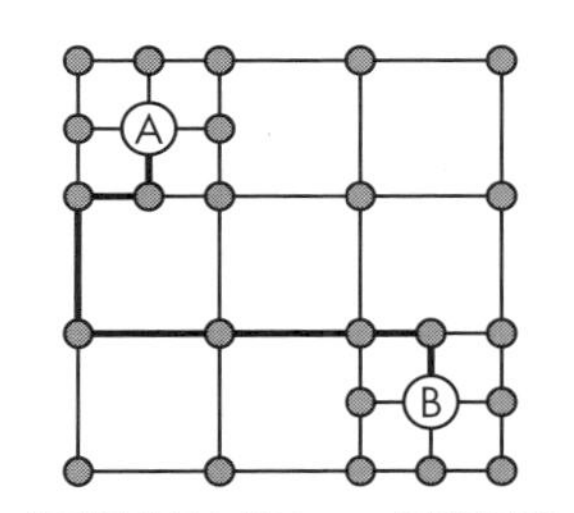

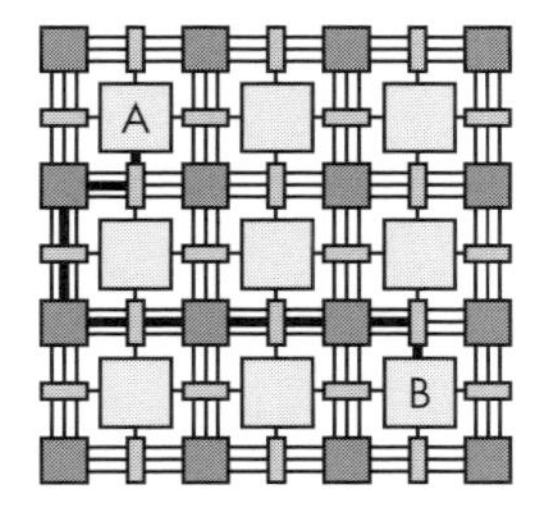

概略配線はグラフの経路探索問題を解くこと

詳細配線は(b)の方法で決定

（a）概略配線と詳細配線

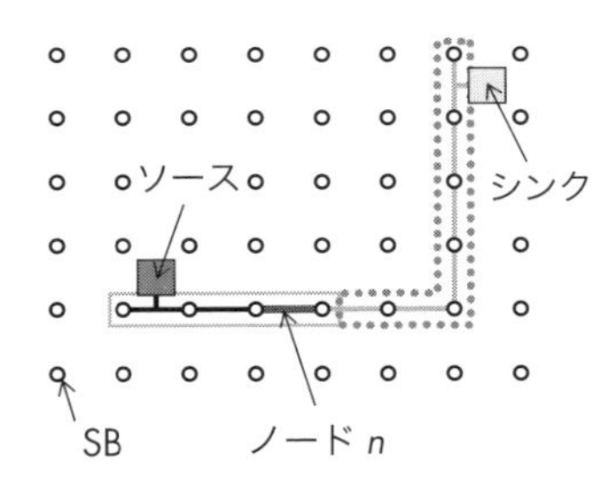

Directed-search を使用
ソース/探索位置間のコストと探索位置/シンク間の予測コスト

予測コストはノード n と同じ種類のワイヤを使用し最短距離で接続した場合の遅延のコスト

（b）ネットのソース/シンク間の経路探索方法

配線処理は，概略配線と詳細配線に分かれる．(b)には，詳細配線におけるソース/シンク間の経路探索方法を示す．

図 5・9—VPR の配線処理

コストを追加する．

(3) 競合のため配線できないので，再び各ネットに対して最小コストのパスを探索する．
(4) 前回使用したワイヤにコストが加算されているため，経路が変更される可能性がある．
(5) 経路変更により，前回より競合が減少する．
(6) まだ，競合が存在する場合は，同様にコストを追加し再び配線経路を探索する．
(7) この動作を競合がなくなるまで実行する．

このように配置配線処理は，多くの最適化問題を含むため時間のかかるプロセスである．そのため，実用度を上げるためには高速化が必須である．また，複雑な論理ブロックのクラスタ構造や専用回路，専用配線など，高機能化するアーキテクチャにも対応する必要がある．これらの要請を受けて，VPR の開発チームは，VPR6.0 (20) から XML によるデバイス定義を導入し，さらに周辺ツールを取り込んだフレームワークを目指した VTR (Verilog-to-Routing) プロジェクト (21) を 2012 年からスタートしている．現在はオープンソースの FPGA 開発フレームワークとして VTR7.0 (Current Version: 7.0 Full Release – last updated April 22, 2014) がリリースされている (23)(24)．

配置配線ツール VPR の歴史

1997 年 VPR (13)(15) 最初のバージョン．VPlace, Routability-Driven Router しかもたず，タイミングを考慮した配置配線処理ができなかった．しかし，オープンソースとして公開されたため，その後の研究に多大な影響を与えた画期的な配置配線ツールである．

2000 年 VPR ver.4.3 (16) Timing-Driven Router (17), T-VPlace (18) を実装したバージョン．これらの実装により急速に実用度が高まり，FPGA アーキテクチャ研究に用いる標準ツールとしてその地位を確立した．ただし，このバージョンでは双方向配線構造（スリーステートバッファまたはパストランジスタで配線を繋ぎかえる）しかサポートされていなかった．

2009 年 VPR ver.5.0.2 (19) 長く本家のバージョンが上がらない間，4.3 ベースの改良版 VPR で多くの FPGA アーキテクチャ研究が進められてきたが，本バージョンは，約 10 年の沈黙を破ってリリースされた VPR である．ヘテロジーニアス構造，ハードマクロなどのサポート，シングルドライバ配線構造（単方向配線をマルチプレクサで切り換える構造）への対応など大幅に実用度が高められた．このころから FPGA アーキテクチャの研究は，LUT や論理ブロック，配線構造という屋台骨の研究から，組込みメモリ，演算マクロなどの研究が主流になってきていた．

2012 年 VPR ver.6.0 (20) このバージョンから Verilog-to-Routing (VTR) プロジェクト (21) としてフリーのアカデミック EDA ツール群（フレームワーク）としてさまざまなツールが統合された．具体的には，設計の上流の論理合成とテクノロジーマッピングを行う ODIN II とクラスタリング，配置配線を行う VPR 間でライブラリや設定ファイルが共通化され，ベンチマーク回路も含まれた．VPRの機能的には，高機能なLUT構成（アダプティブ化など）をサポートし，全体的に処理の高速化を行っている．

2013年 VPR ver.7.0(22) VTR7.0としてリリースされたバージョンである．より実用的な機能が盛り込まれた．キャリ・チェーンなどの専用配線のサポートと，マルチクロックのタイミング解析，消費電力解析などの周辺ツールの充実である．

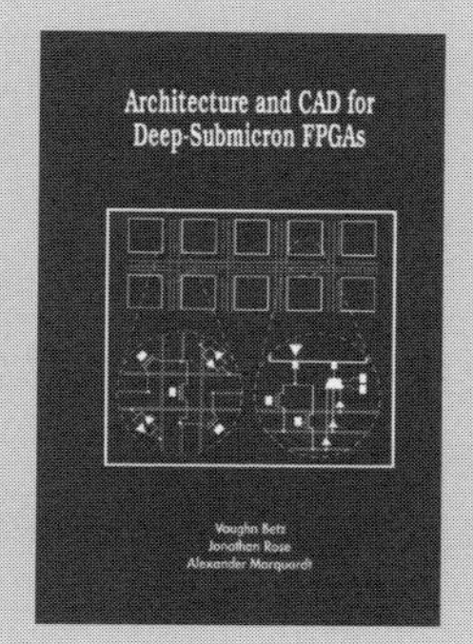

Vaughn Betz, Jonathan Rose, Alexander Marquardt, Architecture and CAD for Deep-Submicron FPGAS, The Springer International, 1999.
トロント大学のRoseらの研究グループがまとめた初期のFPGA研究の集大成．FPGAのアーキテクチャからEDAツールまで含まれており，初期のFPGA研究の教科書的な書籍である．

5・5 低消費電力化設計ツール

これまで，FPGA設計ツールの基本的な動作をみてきたが，最近の大きな軸は低消費電力化である．FPGAの問題点はいろいろあるが，そのなかでも大きい消費電力がSoCなどに搭載を考えたときの障害となっている．そこでテクノロジーマッピングからクラスタリング，配置配線に至るまで消費電力を削減する手法が研究されている．例えば，UBCのS. Wiltonらのテクノロジーマッピングツール EMap，クラスタリングツール P-T-VPack，配置配線ツール P-VPR(5) などである．本節では，これらを例に，低消費電力化手法とその効果を見る．

まずはじめに，FPGAの動的消費電力について簡単に説明する．式(5・1)はLSI一般の動的消費電力の式である．Vは電源電圧，f_{clk}はクロック周波数，$Activity(i)$はノードiのスイッチング・アクティビティ[†8]，C_iはノードiの負荷容量である．式(5・1)内の$Activity(i)$とは，f_{clk}におけるノードiの遷移確率を示し，0.0〜1.0

†8 スイッチング・アクティビティは，トグル率（TR）とほぼ同じ意味である．トグル率は，対象ノードの論理値0から論理値1への遷移と論理値1から論理値0への遷移の，単位時間当たりの回数である．

の値をとる．これは対象ノードが平均的にどのぐらいスイッチングするかを表している．この容量への充放電が消費エネルギーであり，その時間・空間積分が消費電力になる．すなわち，消費電力を削減するためには，電圧を下げるか，周波数を落とすか，負荷容量を減らすか，アクティビティを低くする必要がある．電源電圧を下げるのが最も効率が良いが，これは製造プロセスや周辺回路にインパクトがある．一方，周波数を落とすのは性能低下にダイレクトに響くことから難しいことが多い．したがって，設計ツールを用いた低消費電力化では，負荷容量とアクティビティの削減に注力する．

$$Power_{\mathrm{dynamic}} = 0.5 \cdot V^2 \cdot f_{\mathrm{clk}} \cdot \sum_{i \in nodes} Activity(i) \cdot C_i \qquad (5 \cdot 1)$$

また，FPGA は SRAM を用いていることから，リーク電流などの静的消費電力も多いのだが，ここで紹介する低消費電力化設計ツール（EMap, P-T-VPack, P-VPR）は，上記の動的消費電力のみを考慮したものである．

5・5・1 Emap：低消費電力化マッピングツール

Wilton らの研究は，一貫して式 (5・1) 内の $Activity(i)$ の削減を目的に行っている．テクノロジーマッピングにおいては，アクティビティの高い配線を LUT の内部に取り込むことによって，マッピング後のネットリストから取り除くことができる．**図 5・10** に Emap のスイッチング・アクティビティを考慮したマッピング処理の例を示す．

図 5・10(a) (b) の回路は，共に同じネットリストを三つの 3 入力 LUT にマッピングしている．各配線の横の数字はスイッチング・アクティビティである．図 (a) では高いスイッチング・アクティビティをもつ配線を LUT 内部に取り込むことで，アクティビティの平均値が最小化されている．一方，図 (b) では，LUT の段数などは同じ，すなわち遅延性能は同じでもスイッチング・アクティビティの高い配線が LUT 外部にあるため消費電力は高くなる．

さらに，もう一つの消費電力の削減方法として，ノードの複製の最少化が挙げられる．テクノロジーマッピングでは，遅延最適化を行うなどのためにノードの複製が行われるが，複製によりノード数が増加し，さらに配線の分岐数が増えるために消費電力も増加する．したがって，Emap ではクリティカルパスでは複製

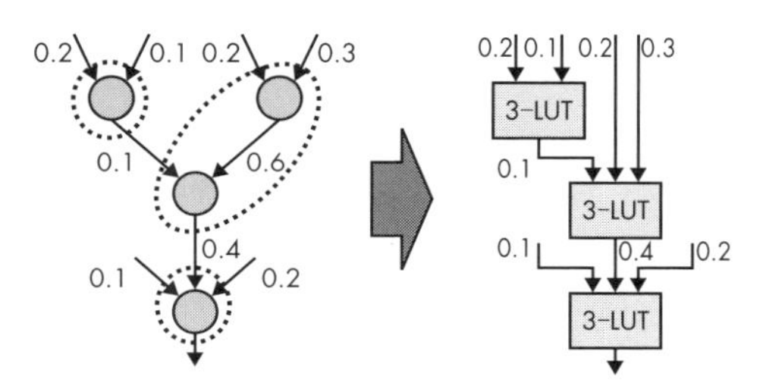

(a) アクティビティを考慮したマッピング

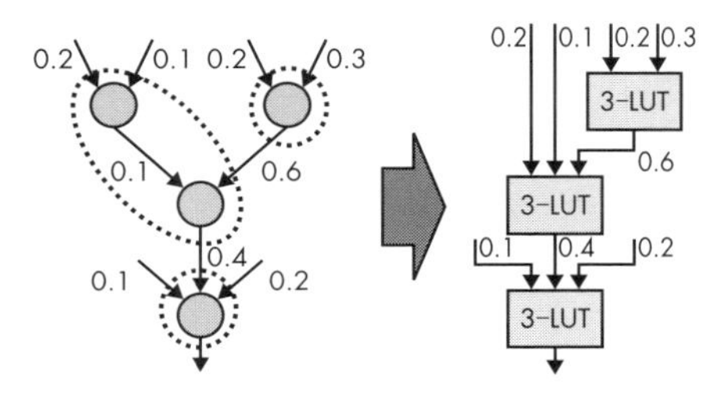

(b) アクティビティを考慮していないマッピング

Emap は，配線のアクティビティに基づいて，アクティビティが高いノード(配線)が LUT 内になるようなカットを見つける.

図 5・10—Emap のマッピング処理

を許し，それ以外では複製を抑制するように制御する．また，ノードの複製は，複数のファンアウトのあるノードがコーンの内部にある場合にも発生することから，Emap では複数のファンアウトのあるノードをルートノードとするなどの対策をとり，従来の FlowMap などと比較してノードの増加を抑制している．

図 5・11 にノードの複製例を示す．図 (a) ではノード 3 をコーンの頂点（ルートノード）となるようにカットを選択しているが，図 (b) では中間にきている．カット選択時では，カット数，LUT 段数とも図 (a) (b) ともに同じになるが，図 (b) はノード 3 のファンアウトが 2 であることから，LUT の生成時にノードの複製が発生し，LUT が一つ増加する．Emap ではこのようなノードの複製を抑制する．

5・5・2　P-T-VPack：低消費電力化クラスタリングツール

低消費電力化クラスタリングツールの P-T-VPack もアクティビティを隠ぺい

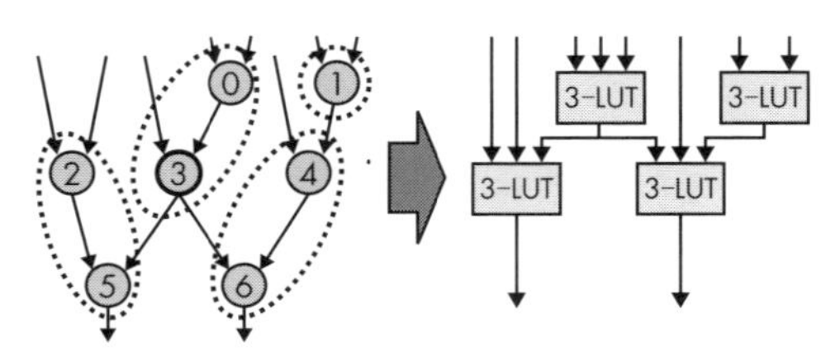

（a）ファンアウトを考慮したマッピング

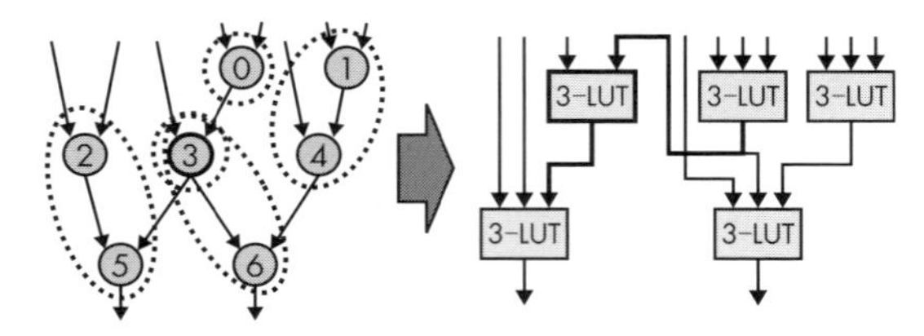

（b）ファンアウトを考慮していないマッピング

Emap では，複数ファンアウトのあるノードをルート
ノードにすることでノードの複製を抑制する.

図 5・11—マッピング処理におけるノードの複製

するという点において，Emap と基本的に同じである．BLE の内外の配線の負荷容量を考えた場合，BLE 外の配線は，配線長も大きいうえ，コネクションブロックやスイッチングブロックなどのトランジスタも多くぶら下がっているため，一般的に容量が大きい．したがって，アクティビティの高い配線は，なるべくクラスタ内（BLE 内）に閉じ込めたほうが消費電力的には有利である．**図 5・12** に P-T-VPack のクラスタリングの例を示す．

この例では，図 5・12(a) のクラスタリングの組合せと図 (b) のクラスタリングの組合せを比べた場合，クラスタ間を接続する配線のアクティビティは，図 (b) の 0.4 より図 (a) の 0.1 のほうが低い．したがって，このクラスタ間の配線の負荷容量が同じ場合，図 (a) のほうが消費電力が低くなる．

5・5・3　P-VPR：低消費電力化配置配線ツール

低消費電力化配置配線ツールの P-VPR も，基本的な考え方は同じである．しかし，配置配線ではアクティビティの高い配線を隠ぺいはできないため，なるべく近くに配置し短い配線で接続できるように配慮する．ただし，スイッチング・ア

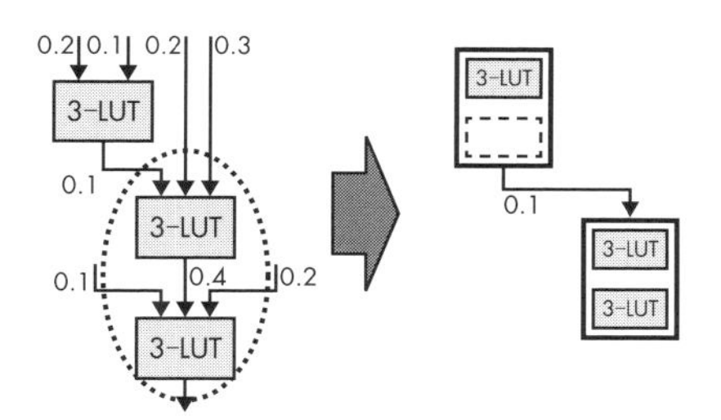

（a）アクティビティを考慮したクラスタリング

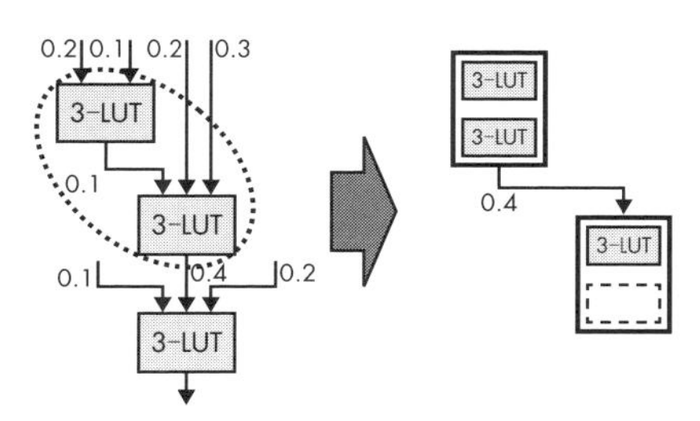

（b）アクティビティを考慮していないクラスタリング

Emap と同様に，配線のアクティビティの高い LUT を内部に取り込むようにクラスタリングする．

図 5・12—P-T-VPack のクラスタリング処理

クティビティを優先すると，スイッチング・アクティビティが低いがタイミングがクリティカルな信号線は，結果的に遠回りさせられ，遅延増加するケースもありうる．このようなトレードオフをコスト関数内の重みパラメータで調整し，エネルギー最小になるバランスを見つけている．

5・5・4　ACE：アクティビティ計測ツール

このようにアクティビティを考慮することで設計ツールレベルで電力削減を行うことが可能である．しかし，ここで重要なのは，各ノードのアクティビティを如何にして正確に求めるかである．Wilton らは，アクティビティ計測のために ACE（activity estimator）というツールを作成している．

アクティビティの算出方法は大別すると 2 種類ある．シミュレーションから算出する動的な手法と，確率的に求める静的な手法である．一般的に動的な手法は高精度だが時間がかかる．さらにテストパターンに精度が影響されやすいという特徴がある．一方，確率ベースの静的な手法は，実行速度は速いが精度が低いといわれている．また，確率的な手法は，入力信号の遷移確率の設定にセンシティブに反応することから，初期値が精度を決める重要なファクタになっている．

ACE は，ネットリストを静的に解析を行うツールである．ネットリストは，テクノロジーマッピングに用いる場合はゲートレベルのネットリスト，クラスタリングでは LUT レベルのネットリスト，配置配線では BLE レベルのネットリストを用い，いずれからもアクティビティを算出できる．このツールが算出する値は，スタティックプロバビリティ（Static Probability：SP，信号が "High" である割合）とスイッチングアクティビティ（Switching Activity：SA，信号が遷移する確率）の 2 種類がある．

本章では FPGA の設計ツールがどのようにつくられており，どのような経緯で研究が進められたかを簡潔にまとめた．いずれの研究も遅延や実装面積，消費電力の最適化を目的としていたわけであるが，すべての工程で単独に最適化を実施しても最終的な回路で最適とは限らない．すなわち，工程間の連携が必要である．例えば，テクノロジーマッピングとクラスタリングを同時に最適化する手法やクラスタリングと配置配線を同時処理する手法など，複数の工程で同時に最適化することで性能を改善しようという試みである．これからの FPGA 設計ツールは，このような複数工程の同時最適化を目指して進展していくと思われる．

参考文献

(1) J. Cong and Y. Ding, "FlowMap: An Optimal Technology Mapping Algorithm for Delay Optimization in Lookup-Table Based FPGA Designs," IEEE Trans. CAD, Vol.13, No.1, pp.1-12 (1994).

(2) J. Cong and Y. Hwang, "Simultaneous Depth and Area Minimization in LUT-Based FPGA Mapping," Proc. FPGA'95, pp.68-74 (1995).

(3) J. Cong, J. Peck, and Y. Ding, "RASP: A General Logic Synthesis System for SRAM-based FPGAs," Proc. FPGA'96, pp.137-143 (1996).

(4) D. Chen and J. Cong, "DAOmap: A Depth-Optimal Area Optimization Mapping Algorithm for FPGA Designs," Proc. ICCAD2004, pp.752-759 (2004).

(5) J. Lamoureux and S.J.E. Wilton, "On the Interaction between Power-Aware Computer-Aided Design Algorithms for Field-Programmable Gate Arrays," Journal of Low Power Electronics (JOLPE), Vol.1, No.2, pp.119-132 (2005).

(6) V. Manohararajah, S.D. Brown, and Z.G. Vranesic, "Heuristics for Area Minimization in LUT-Based FPGA Technology Mapping," IEEE Trans. CAD, Vol.25, No.11, pp.2331-2340 (2006).
(7) J. Cong and S. Xu, "Delay-oriented technology mapping for heterogeneous FPGAs with bounded resources," Proc. ICCAD'98, pp.40-45 (1998).
(8) V. Betz and J. Rose, "Cluster-Based Logic Blocks for FPGAs: Area-Efficiency vs. Input Sharing and Size," Proc. CICC'97, pp.551-554 (1997).
(9) A. Marquardt, V. Betz, and J. Rose, "Using Cluster-Based Logic Blocks and Timing-Driven Packing to Improve FPGA Speed and Density," Proc. FPGA'99, pp.37-46 (1999).
(10) E. Bozorgzadeh, S.O. Memik, X. Yang, and M. Sarrafzadeh, "Routability-driven packing: Metrics and algorithms for cluster-based FPGAs," Journal of Circuits Systems and Computers, Vol.13, No.1, pp.77-100 (2004).
(11) A. Singh, G. Parthasarathy, and M. Marek-Sadowska, "Efficient circuit clustering for area and power reduction in FPGAs," ACM Trans. Design Automation of Electronic Systems (TODAES), Vol.7, issue 4, pp.643-663 (2002).
(12) 木幡雅貴，飯田全広，末吉敏則，"FPGA のチップ面積および遅延を最適化するクラスタリング手法，" 信学論，Vol.J89-D, No.6, pp.1153-1162 (2006).
(13) V. Betz and J. Rose, "VPR: A New Packing, Placement and Routing Tool for FPGA Research," Proc. FPL'97, pp.213-222 (1997).
(14) L. McMurchie and C. Ebeling, "PathFinder: a negotiation-based performance-driven router for FPGAs," Proc. FPGA'95, pp.111-117 (1995).
(15) V. Betz, J. Rose, and A. Marquardt, "Architecture and CAD for Deep-Submicron FPGAS," The Springer International (1999).
(16) V. Betz, "VPR and T-VPack User's Manual (Version 4.30)," University of Toronto (2000).
(17) J.S. Swartz, V. Betz, and J. Rose, "A fast routability-driven router for FPGAs," Proc. of the 1998 ACM/SIGDA sixth international symposium on Field programmable gate arrays (FPGA'98), pp.140-149 (1998).
(18) A. Marquardt, V. Betz, and J. Rose, "Timing-driven placement for FPGAs," Proc. of the 2000 ACM/SIGDA eighth international symposium on Field programmable gate arrays (FPGA'00), pp.203-213 (2000).
(19) J. Luu, I. Kuon, P. Jamieson, T. Campbell, A. Ye, W.M. Fang, K. Kent, and J. Rose, "VPR 5.0: FPGA CAD and architecture exploration tools with single-driver routing, heterogeneity and process scaling," ACM Trans. Reconfigurable Technol. Syst. 4, 4, Article 32, 23 pages (2011).
(20) J. Luu, J.H. Anderson, and J. Rose, "Architecture description and packing for logic blocks with hierarchy, modes and complex interconnect," Proc. 19th ACM/SIGDA int. symp. Field programmable gate arrays (FPGA'11), pp.227-236

(2011).

(21) J. Rose, J. Luu, C.W. Yu, O. Densmore, J. Goeders, A. Somerville, K.B. Kent, P. Jamieson, and J. Anderson, "The VTR project: architecture and CAD for FPGAs from verilog to routing," Proc. ACM/SIGDA int. symp. Field Programmable Gate Arrays (FPGA'12), pp.77-86 (2012).

(22) J. Luu, J. Goeders, M. Wainberg, A. Somerville, T. Yu, K. Nasartschuk, M. Nasr, S. Wang, T. Liu, N. Ahmed, K.B. Kent, J. Anderson, J. Rose, and V. Betz, "VTR 7.0: Next Generation Architecture and CAD System for FPGAs," ACM Trans. Reconfigurable Technol. Syst. 7, 2, Article 6, 30 pages (2014).

(23) "Verilog to Routing – Open Source CAD Flow for FPGA Research," GitHub, https://github.com/verilog-to-routing/vtr-verilog-to-routing

(24) "The Verilog-to-Routing (VTR) Project for FPGAs (Wiki)," GitHub, https://github.com/verilog-to-routing/vtr-verilog-to-routing/wiki

6章　ハードウェアアルゴリズム

ハードウェアアルゴリズムとは，ハードウェアによる実現に適した処理手順，およびそれを具現化するためのハードウェアモデルのことである．本章では，特に処理の並列性，制御，データ流に着目しながら，よく用いられるさまざまなハードウェアアルゴリズムを，概説する．

6・1　パイプライン処理

6・1・1　パイプライン処理の原理

パイプライン処理（Pipelining）は連続して行われる多数の処理を高速化するために用いられる手法であり，身近なところでは生産工場における流れ作業がこれに相当する．**図6・1**にパイプライン処理の概念を示す．図(a)はパイプライン処理をせず逐次的に処理1の完了後に処理2を行う様子を表している．一方，図(b)に示すようなパイプライン処理では，各処理を n 個の均等なステージ（Stage）に

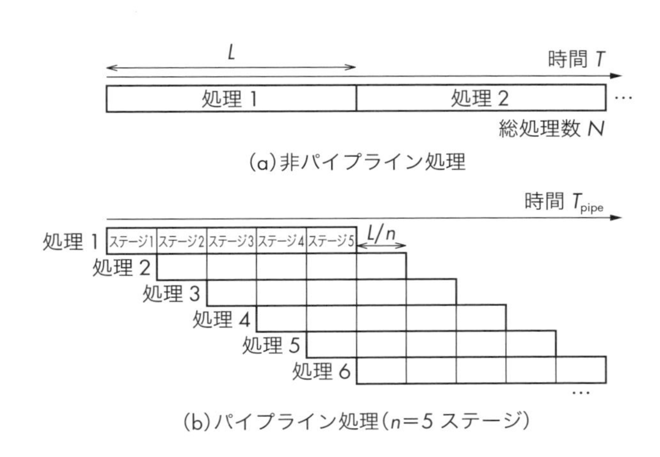

図6・1—パイプライン処理の概念

分割し，先行する処理全体の完了を待たずにステージごとに次の処理を開始する．ステージのことを「段」ともいう．図(b)では，$n = 5$ のステージからなる5段のパイプライン処理の例である．非パイプライン処理の例では時間 L ごとに処理が完了するのに対し，パイプライン処理の場合には処理1の終了後には，1ステージ分の時間 L/n ごとに次々と処理が終了している．これは，単位時間当たりの処理数を表すスループット（Throughput）が最大で n 倍に向上することを示している．5段のパイプライン化を行った図(b)の例では，非パイプライン処理二つ分の時間で六つの処理が完了している．処理5の開始時には処理1から処理5の異なる五つのステージが同時に実行されていることからもわかるように，連続する処理の異なる部分に対する並列処理がパイプライン処理の原理である[(1)(2)]．

6·1·2　パイプライン処理による性能向上

実際には，n 段のパイプライン化を行っても n 倍の高速化が実現できるとは限らない．ここでは，単位処理の処理時間 L，実行する処理の総数 N，パイプラインの段数 n に対して，パイプライン処理による性能向上を示す尺度である速度向上率を導出する．

図6·1(a)に示したように，非パイプライン処理の場合に N 個の処理を完了するのに必要な時間は $T(N) = LN$ である．一方，n 段のパイプライン処理の場合に N 個の処理を完了するのにかかる時間 $T_{\mathrm{pipe}}(N)$ は，次のようにして求めることができる．まず，処理1が完了するには時間 L が必要である．しかし，処理1の完了後は次の処理は時間 L/n の経過後に完了する．このように，処理1を除く $(N-1)$ 個の処理は L/n 間隔で次々に終了することから，$T_{\mathrm{pipe}}(N) = L + (N-1)L/n = (n+N-1)L/n$ となる．

パイプライン処理による速度向上率 $S_{\mathrm{pipe}}(N)$ は，$T(N)$ と $T_{\mathrm{pipe}}(N)$ の比により次式で与えられる．

$$S_{\mathrm{pipe}}(N) = \frac{T(N)}{T_{\mathrm{pipe}}(N)} = \frac{nN}{n+N-1} = \frac{n}{1 + \dfrac{n-1}{N}}$$

ここで，$n \ll N$ であれば $S_{\mathrm{pipe}}(N) \cong n$ となることから，非パイプライン処理と比べてステージ数に比例した n 倍の速度向上率が得られることがわかる．しかし，これはスループットのみが n 倍となることを意味しており，各々の処理に要する処理の遅延時間（レイテンシー，Latency）は短縮されない．性能が n 倍になるといっても，それは N 個の処理全体の時間が短縮されるということであり，各処理が開始してから完了するまでの時間は変わらない．これは，自動車工場における流れ作業に例えると次のように考えられる．流れ作業での工程（パイプラインステージに相当）を増やすことにより10分おきに自動車が完成するようにし，その結果1日の生産台数（スループットに相当）が増加できたとしても，1台の自動車を注文し部品を工場に送ってからそれが完成するまでの時間（レイテンシー）は短縮されるわけではない．

パイプライン段数 n に比べ処理数 N が十分に大きくない場合には，パイプライン処理を適用しても段数 n よりもはるかに小さな速度向上に留まる．例えば，$n = 6$ 段のパイプラインで $N = 5$ 個の処理を行う場合は，$S_{\mathrm{pipe}}(5) = 6/(1+1) = 3$ となり処理時間は3分の1になるのみである．n 段のパイプライン処理の最大の速度向上率は n であることから，その何割が発揮できているかを示す尺度である処理効率は次式により与えられる．

$$E_{\mathrm{pipe}}(n, N) = \frac{S_{\mathrm{pipe}}(N)}{n} = \frac{1}{1 + \dfrac{n-1}{N}} = \frac{N}{N+n-1}$$

先の例では $E_{\mathrm{pipe}}(6, 5) = 5/(5+6-1) = 0.5$ であり，速度向上は最大の50%に留まっている．このような速度向上率の低下は，パイプライン処理において並列処理が不十分である時間が長いために生じる．図6・1(b) の例では，処理1の最初のステージ実行時には，実行されているのは一つの処理のみである．同様に，処理5が始まるまでは並列実行処理数は最大数である $n = 5$ に達していない．このように，パイプラインの処理開始時には全ステージの同時実行が達成されていない期間であるプロローグ（Prologue）が存在する．同様に，パイプラインの処理終了時には，同時に実行されるステージが次々と減少する期間であるエピローグ（Epilogue）が存在する．プロローグおよびエピローグはなくすことはできないが，総処理数 N が十分に大きい場合には全実行時間に占める割合が小さくなり，結果として n に非常に近い速度向上率が得られることとなる．逆に，総処理数が小さい場合にはプロローグおよびエピローグの影響が相対的に大きくなり，速度向上率は低下する．

このほかにも，パイプライン処理を実現するハードウェアには性能向上を妨げる要因がいくつか存在するため，設計時にはこれらに注意を払う必要がある．**図6・2**に，パイプライン処理を実現する場合のハードウェア構成を示す．図(a)は非パイプライン処理のハードウェアであり，処理全体が一つの組合せ論理回路により実現されている．クロックの立ち上がりにおいて前段のレジスタが更新されると，レジスタの伝搬遅延後に新しいデータが出力され組合せ論理回路に入力される．入力データは組合せ論理回路内を伝搬し，クリティカルパスの遅延の後に処理結果が後段のレジスタに到達する．ここでクリティカルパスとは，回路内において最大の遅延をもつ経路のことである．到達データがフリップフロップ（FF）に正しくラッチされるためにデータを安定させておく必要のある期間であるセットアップ時間（Setup Time）の経過後にクロックを入れることにより，処理結果がレジスタに書き込まれ処理が一つ終了する．以上より，クロックの入力間隔であるサイクルタイム（Cycle Time）は，(伝搬遅延) + (組合せ論理回路におけるクリティカルパスの遅延) + (セットアップ時間）以上でなくてはならず，これにより最大動作周波数が上限をもつこととなる．

回路のパイプライン化を行うと，最大動作周波数を増加させてスループットを向上させることができる．図6・2(b)は$n = 4$段のパイプライン化を行った回路の例である．ステージへの分割は，パイプラインレジスタを挿入し，サイクルタイム内にデータが伝搬しなければならない範囲を各ステージの短い組合せ論理回

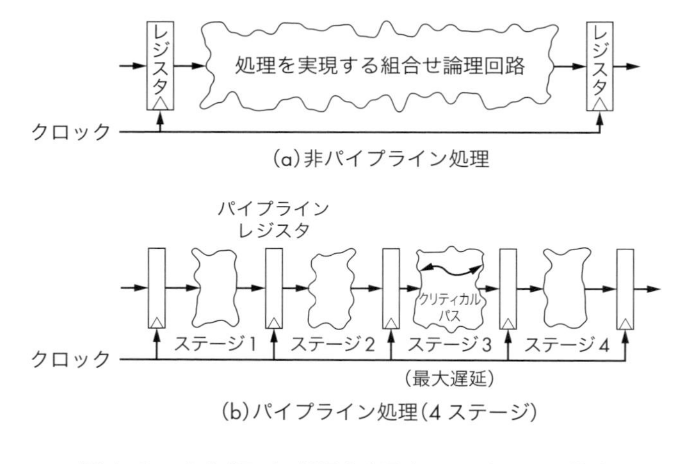

図6・2—パイプライン処理を実現するハードウェア構成

路に限定することにより行われる．しかし，完全に均等に組合せ論理回路のクリティカルパスを分割できた場合にでも，サイクルタイムは $1/n$ とはならない．これは，パイプラインレジスタの伝搬遅延およびセットアップ時間，加えて各レジスタに供給されるクロックのずれであるクロックスキュー（Clock Skew）があるためである．さらに，一般には組合せ論理回路を n 段に均等に分割することは困難であり，図(b)の例におけるステージ3のように，あるステージがほかよりも長い遅延をもちクリティカルパスとなる場合がほとんどである．この場合，$n = 4$ であったとしてもステージの最大遅延は1/4よりも長くなるため，動作周波数を4倍にはできないこととなる．

これらの影響は，一般にパイプライン段数が増えるとより顕著となる．このため，ある組合せ論理回路に対し数段程度の浅いパイプライン化を行う場合には段数に近い動作周波数向上が得られたとしても，数十段，数百段と細かく分割するにつれて，動作周波数の向上が止まるばかりかクロックスキューの影響などにより逆に性能が低下することも起こり得る．ステージを細分割するのではなく追加することによりパイプライン段数を増加させる場合には，この限りではない．なお，図6・2(b)の図にあるように，パイプラインレジスタの遅延オーバーヘッドや不均一なステージ分割のために，パイプライン化した回路全体のレイテンシーはパイプライン化する前と比べて増加してしまうことに注意が必要である．

6・2　並列処理と Flynn の分類

6・2・1　Flynn の分類

高性能ハードウェアを実現するには，処理の並列性を考慮した設計が必要となる．その際有用なのが，マイケル・J・フリン（Michel J. Flynn）が1965年に提案したアーキテクチャの分類法である[3][4]．本書では，以下，これをFlynnの分類（Flynn's Taxonomy）と呼ぶ．Flynnの分類は，制御を表す命令流（Instruction Stream）と処理対象であるデータ流（Data Stream）を有する汎用な計算機アーキテクチャをそれぞれの並行の度合いに基づき分類したものであり，**図6・3**に示す通り，SISD，SIMD，MISD，MIMDの四つからなる．これは，本来命令列を実行する汎用プロセッサアーキテクチャを対象としたものであるが，命令流を広義の意味で制御と捉えることにより，より一般的な並列処理アーキテクチャを整理するうえでも役に立つ．

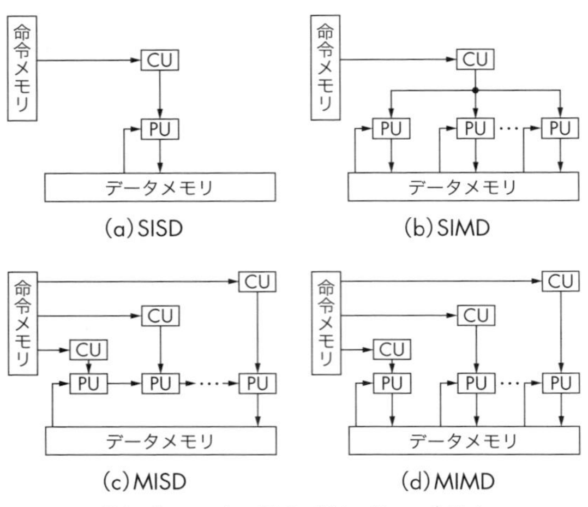

図 6・3—Flynn の分類

Flynn の分類では，計算機アーキテクチャは処理ユニット（PU），制御ユニット（CU），データメモリ，命令メモリにより構成されている．図 6・3(a) の SISD では一つの CU が命令メモリから読み出した命令流に基づき一つの PU を制御する．PU は，CU の制御に従い，データメモリから読み出した単一のデータ流に対して処理を行う．このように，SISD は並列処理を行わない，一般的な逐次処理のプロセッサアーキテクチャを表している．

以下の項では，そのほかの分類について説明する．

6・2・2 SIMD 型アーキテクチャ

図 6・3(b) の SIMD では，単一の CU が命令流を読み出し複数の PU を同時に制御する．各 PU は，この共通の制御に基づき，それぞれ異なるデータ流に対し同一の処理を行う．したがって，SIMD はデータ並列性を利用するアーキテクチャである．データメモリは，各 PU にローカルメモリ（Local Memory）として個別に与えるか，共有メモリ（Shared Memory）として全 PU に共通して一つ与えることが可能である．一つの命令列で多数のデータを同期しながら処理するのに適していることから，例えば画像処理のための専用プロセッサなどに用いられる．

このほかには，マイクロプロセッサに対しデータ並列処理を可能とする SIMD

命令をもたせるために用いられている．例えば，Intel 社は，主に 3 次元グラフィックス処理の高速化を狙って，SIMD 型の拡張命令をもつマイクロプロセッサ MMX Pentium を 1997 年に製品化した[5][6]．MMX Pentium は，一つの SIMD 命令により 16 ビットの整数演算を四つ同時に実行することができる．また，AMD 社は，1998 年に浮動小数点演算の SIMD 型拡張命令セットである 3DNow!技術を搭載した K6-2 プロセッサを発表した．その後，Intel 社のプロセッサには，浮動小数点演算の SIMD 型拡張命令セットである SSE (Streaming SIMD Extensions) が搭載された．Pentium III プロセッサには SSE 拡張命令が，Pentium 4 プロセッサには，SSE2，SSE3 拡張命令が搭載されるなど，128 ビットの整数演算，倍精度浮動小数点演算，動画圧縮処理向けの演算などの命令が追加されながら，現在主流のマイクロプロセッサに引き継がれている．マイクロプロセッサのもつ演算性能を最大限に引き出すには，これらの SIMD 拡張命令を使用することが必須となっている[6]．

6・2・3　MISD 型アーキテクチャ

図 6・3(c) の MISD では，複数の CU がそれぞれ異なる命令流を読み出し複数の PU を制御する．各 PU は，別々の制御に従って動作するが，全体として単一のデータ流を順次処理する．汎用マイクロプロセッサのなかからこの分類に当てはまるものを見つけ出すのは難しいが，一列に並べた PU をパイプライン処理のステージとみなし，各ステージに異なる制御を与えることができるような粗粒度のパイプラインを構築したならば，それは MISD 型アーキテクチャとなる．各 CU が対応する PU に異なる機能を与えて並列処理を実現すると考えることができることから，MISD は機能並列性を実現するアーキテクチャということができる．例えば，連続するステージの各々において画素値変換，エッジ検出，クラスタ分類などの異なる処理を順次実行するような画像処理プロセッサアレイは，それぞれの処理が命令流により制御されているならば特定用途向けの MISD 型アーキテクチャに当てはまる[7][8]．

6・2・4　MIMD 型アーキテクチャ

図 6・3(d) の MIMD では，複数の CU がそれぞれ異なる命令流を読み出し複数の PU を別々に制御する．しかし，MISD 型と異なり，各 PU は別々の制御に

従ってそれぞれ異なるデータ流に対し並列に処理を行う．したがって，MIMD は，データ並列性と機能並列性を同時に実現するアーキテクチャであり，複数の命令列により複数のデータに対し異なる処理を行うことが可能である．複数のマイクロプロセッサやプロセッサコアが一つの共有メモリシステムに接続された SMP（Symmetric Multi-Processor）などの密結合型マルチプロセッサは，データメモリが共有メモリである MIMD 型アーキテクチャの例である．また，ローカルメモリとマイクロプロセッサからなる計算ノードを相互結合網（Interconnection Network）により接続したクラスタ型の計算機は，PU ごとに独立したデータメモリをもつ MIMD 型アーキテクチャの例である．

6・3　シストリックアルゴリズム

6・3・1　シストリックアルゴリズムとシストリックアレイ

シストリックアルゴリズム（Systolic Algorithm）とは，H.T. Kung らが提唱したアーキテクチャであるシストリックアレイ（Systolic Array）(9)(10) を用いて並列処理を実現するためのアルゴリズムの総称である．シストリックアレイは，単純な演算を行う多数の計算要素（Processing Element：PE）を規則正しく配置したもので，以下の特徴をもつ．

(1) 単一か，または高々数種類の構造をもつ PE が規則的に配置されている．

(2) 隣接する PE 同士のみが接続され，データ移動が局所化されている．
局所的な接続のみではなくバス接続などが用いられる場合には，準シストリックアレイ（Semi-Systolic Array）と呼ばれる (9)．

(3) PE は比較的単純な演算とそれに伴うデータ授受を繰り返し行う．

(4) すべての PE は，単一のクロックに同期して動作する．

各 PE は，隣接 PE とのデータ授受と自身の演算を同期して実行する．処理の対象となるデータは外部からアレイに流し込まれ，アレイ内を伝搬しながらパイプライン処理および並列処理が行われる．各 PE の演算とデータ授受によりアレイ内をデータが流れるこのような動作は，あたかも心臓の律動的な収縮（Systolic）により血液が流れる様子のごとく捉えられることから，シストリックアレイとの名前が付けられている．なお，PE のことをセル（Cell）と呼ぶこともある．

データ移動を隣接 PE 間のみに限定しながら比較的単純な構造の PE を並べることによりアレイの規模に比例した性能を実現できるシストリックアレイは，集積回路としての実現に適しており，特に 1980～90 年代にかけてさまざまな問題応用の提案がなされた．**図 6・4** に代表的なシストリックアレイおよびシストリックアルゴリズムを示す(10)．シストリックアレイは，PE を線形に連結した 1 次元アレイ，格子状に連結した 2 次元アレイ，木を構成するように結合した木構造アレイに大別できる．また，これらのアレイに対して信号処理，行列演算，ソート，画像処理，ステンシル計算，流体計算などのさまざまなシストリックアルゴリズムが提案されている．

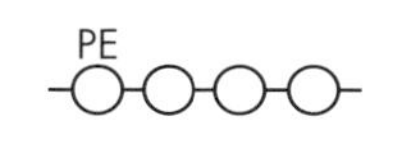

(a) 1 次元シストリックアレイ

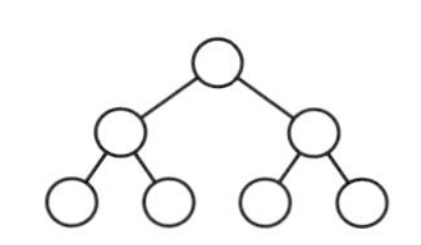

(c) 木構造シストリックアレイ

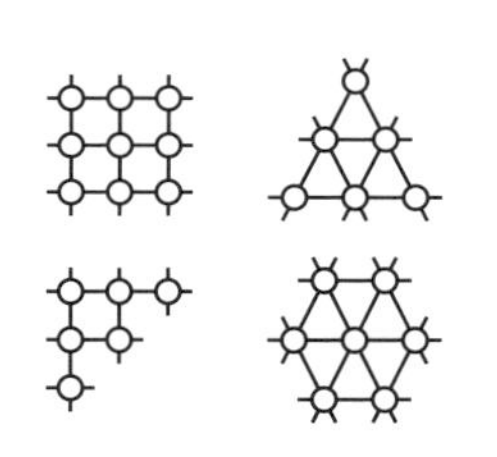

(b) 2 次元シストリックアレイ

- 信号処理[a,b,c]
- 画像処理[b]
- 辞書データ構造[c]
- データ構造[a]
- パターンマッチング[a]
- 探索問題[a]
- 多項式の乗除，GCD [a]
- ソーティング[a,c]
- グラフ問題（推移的閉包，最短距離計算）[b]
- 行列計算（行列積，帯行列計算，LU 分解など）[b]
- 言語認識（文脈自由言語の認識，構文解析）[b]
- 言語認識（正規言語認識など）[c]
- 離散フーリエ変換[a,b]
- リードソロモン符号復号[a]
- 行列ベクトル積[a]
- 計算幾何学問題[a,b]
- 動的計画法[b]
- 多項式の評価[a,c]
- 再帰式の評価[c]

(d) シストリックアルゴリズム

図 6・4―代表的なシストリックアレイとシストリックアルゴリズム(10)

当初のシストリックアレイは構造や機能が固定のハードワイヤード（Hardwired）実装を対象としていたが，その後，プログラマブルまたはリコンフィギャラブルな機構をもつ汎用なシストリックアレイ（General-Purpose Systolic Array）(11)が提案されている．**表 6・1** に，汎用性に関するシストリックアレイの分類（文献 (11)）を示す．ここでは，Programmable とは固定回路の上でプログラムにより動的に動作を変えられることを，Reconfigurable とは回路を再構成することにより静的に動作を変えられることを示している．また，シストリックアレイが大規模になると，クロックの伝搬遅延などにより，大域的な同期を維持したままでの高い周波数による動作が難しくなる．S.-Y. Kung は，この問題を解決する

表 6・1—汎用性に関するシストリックアレイの分類（文献[11]より）

<table>
<tr><td>class</td><td colspan="9">General-Purpose（汎用）</td><td>Special-Purpose（特定用途）</td></tr>
<tr><td>Type</td><td colspan="3">Programmable</td><td colspan="3">Reconfigurable</td><td colspan="3">Hybrid</td><td>Hardwired</td></tr>
<tr><td>Organization</td><td colspan="3">SIMD or MIMD</td><td colspan="6">VFIMD</td><td>VFIMD</td></tr>
<tr><td>Topology</td><td colspan="2">Programmable</td><td rowspan="2">Fixed</td><td colspan="2">Reconfigurable</td><td rowspan="2">Fixed</td><td colspan="2">Hybrid</td><td rowspan="2">Fixed</td><td rowspan="2">Fixed</td></tr>
<tr><td>Inter-connections</td><td>Static</td><td>Dynamic</td><td>Static</td><td>Dynamic</td><td>Static</td><td>Dynamic</td></tr>
<tr><td>Dimensions</td><td colspan="9">n-dimensional （$n > 2$ is rare due to complexity）</td><td>n-dimensional</td></tr>
</table>

VFIMD：Very-few-instruction stream, multiple data streams.

方式として，シストリックアレイにデータフロー方式を導入したウェーブフロントアレイ（Wavefront Array）を提案している[12]．本方式では，PE は単一のクロックに同期しない非同期回路として設計され，独自の速度で動作する．隣接 PE とのデータ授受はハンドシェーク方式で行われる．

以降の節では，1 次元または 2 次元のシストリックアレイおよびシストリックアルゴリズムの例を示す．

6・3・2　1 次元シストリックアレイによる部分ソーティング

与えられたデータ列に対し，データをある順序に従って並べ換えることをソーティングという．ソーティングはさまざまな問題において用いられる重要な処理である．ここでは，n 個のデータからなる数値列を数値の大きな順番に並べ換え，上位 N 個のデータを出力するためのシストリックアルゴリズムについて紹介する．**図 6・5**(a) は，上位 N 個の部分ソーティングのための 1 次元シストリックアレイとその PE を表す[13]．1 次元配列上に並べられた N 個の PE の各々は暫定の最大値 $X_{\max}$ を保持するレジスタをもっており，入力値 X_{in} が $X_{\max}$ よりも大きい場合には $X_{\max}$ を X_{in} で置き換えて暫定最大値を更新する．暫定最大値の更新が行われたときには更新前の $X_{\max}$ を，そうでないときには X_{in} を右側の PE へ送出する．この動作を繰り返し，最後の入力値が N 番目の PE に入力されると，上位 N 個の最大値が左側の PE から順にレジスタに格納された状態となる．この動作の例を図 (b) に示す．N 個の PE からなるシストリックアレイにより n 個のデータの部分ソーティングを完了するには，$(N + n - 1)$ ステップが必要となる．

図 6・5(a) の左図にあるように，このシストリックアレイには，制御用の信号として reset，mode，shiftRead の入力が用意されている．reset 信号がアサート

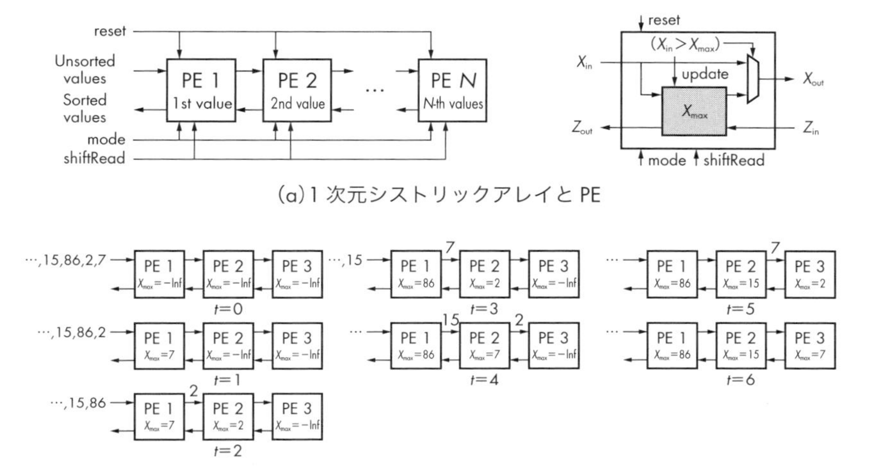

(a) 1次元システリックアレイと PE

(b) 部分ソーティングの動作例（N=3）

図 6・5—部分ソーティングのシストリックアルゴリズム(13)

(Assert) されると，全 PE 内の暫定最大レジスタは負の最大値に初期化される．mode はソーティング動作かその結果の読出し動作のいずれかを指定する信号である．ソーティングをする間は 1 を入力し，結果の読出しを行う際には 0 を入力する．shiftRead は，ソーティング結果を大きいほうから一つずつ読み出すための信号である．図 (b) の $t = 6$ にみられるように，上位の最大値は入出力ポートをもつ左側の PE から順に並ぶ．これを，シストリックアレイをシフトレジスタのように使用して，Z_{out}，Z_{in} の接続を用いて順次読み出す．shiftRead はそのためのシフトを行う制御信号である．

6・3・3　1次元シストリックアレイによる行列ベクトル積

1次元のシストリックアレイにより，行列ベクトル積 $Y = AX$ を計算することができる．$N \times N$ の大きさの行列を計算するには，N 個の PE が必要となる．**図 6・6** に，$N = 4$ の場合の行列ベクトル積のためのシストリックアルゴリズムを示す．1次元配列状に並べた PE に対し，左側からベクトル X の各要素を，上方から行列 A の各列の要素を逐次的に入力して計算を行う．各 PE は，ベクトル X の要素 x と行列の各列の要素 a の入力に加え，ベクトル Y の各要素の暫定値

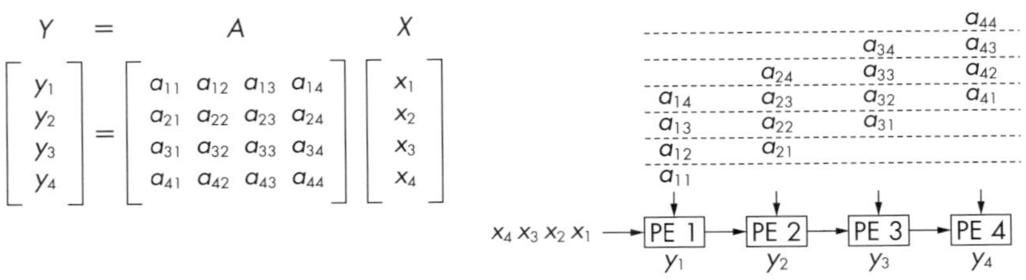

$$Y = A X$$

$$\begin{bmatrix} y_1 \\ y_2 \\ y_3 \\ y_4 \end{bmatrix} = \begin{bmatrix} a_{11} & a_{12} & a_{13} & a_{14} \\ a_{21} & a_{22} & a_{23} & a_{24} \\ a_{31} & a_{32} & a_{33} & a_{34} \\ a_{41} & a_{42} & a_{43} & a_{44} \end{bmatrix} \begin{bmatrix} x_1 \\ x_2 \\ x_3 \\ x_4 \end{bmatrix}$$

図 6・6―行列ベクトル積のシストリックアルゴリズム（文献 (14) より）

を格納するレジスタ y_i をもつ．すべての PE は，毎ステップ $y_i = y_i + a_x$ の計算を行い，右側の PE に x の値を出力する．

まず計算に先立ち，全 PE のレジスタ y_i を 0 に初期化する．最初のステップでは，PE1 において $y_1 = 0 + a_{11}x_1$ が計算される．次のステップでは，PE1 においては $y_1 = y_1 + a_{12}x_2$ が，PE2 においては $y_2 = 0 + a_{21}x_1$ が並行に計算される．このように計算に必要なデータをタイミングよく PE へ与えるために，PE1〜PE4 への各列の入力は 1 ステップずつ遅れて開始されている．以上の計算を PE4 に最後の行列要素が入力されるまで繰り返すと，PE アレイにおいてベクトル Y の要素 y_1〜y_4 がすべて計算された状態となる．行列 A の各列をずらして入力していくことから，計算に必要なステップ数は $(2N - 1)$ となる．

6・3・4　2 次元シストリックアレイによる行列積

前項の 1 次元シストリックアレイを 2 次元に拡張することにより，格子状に配列した 2 次元のシストリックアレイにより行列積 $C = AB$ を計算できる．行列の大きさが $N \times N$ であるならば，合計 N^2 個の PE からなる縦横 $N \times N$ のシストリックアレイが必要となる．**図 6・7** には $N = 4$ の場合の例を示す．1 次元シストリックアレイによる行列ベクトル積と同様に，左側および上方からそれぞれ行列 A，B の各行，各列をずらしながら入力する．各 PE の機能は前項のものと同じであり，計算に先立ち内部レジスタを 0 に初期化する必要がある．PE44 に最後の行列要素 a_{44}, b_{44} が入力されると，すべての PE に行列 C の計算結果が揃う状態となる．計算に必要なステップ数は $(3N - 2)$ である．

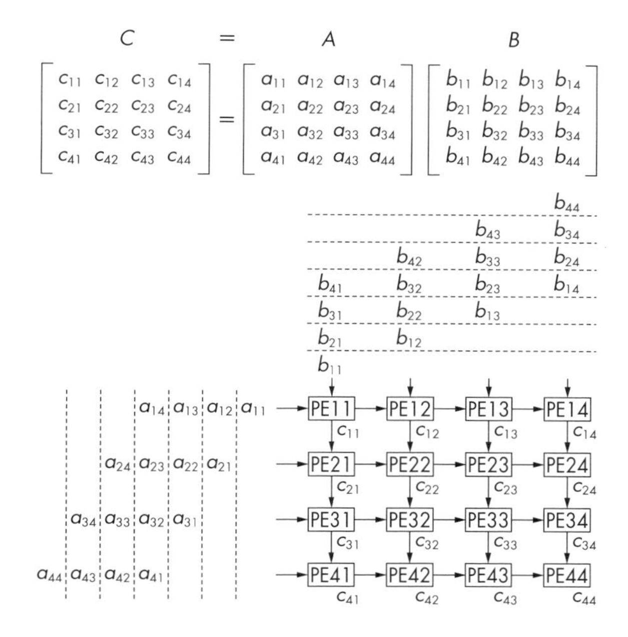

図 6・7—行列積のシストリックアルゴリズム（文献 (14) より）

6・3・5　プログラマブルシストリックアレイによるステンシル計算と流体力学計算への応用

前項までの例は，PE が比較的簡単な処理を行う例であった．このほかにも，より複雑な数値流体力学（Computational Fluid Dynamics：CFD）シミュレーションなどへの応用を目的として，任意のステンシル計算（Stencil Computation）を実行可能なプログラマブルシストリックアレイが提案されている(15)〜(17)．

図 6・8 にステンシル計算用のシストリック計算メモリアレイとその PE の構造を示す．このアレイは PE を縦横に接続した 2 次元配列構造をもつ．図 (b) に示すように，PE は，演算器，ローカルメモリ，データを東西南北（W, E, S, N）に転送するためのスイッチ，およびマイクロプログラムによりこれらを制御するためのシーケンサから構成される．各 PE が比較的大きなローカルメモリをもち，アレイ全体が計算のみならずデータを保持するメモリでもあることから，計算メモリとの名前が付けられている．演算器では浮動小数点数の乗算と加算を実行できる．ローカルメモリには部分的な計算格子のデータが格納されている．マイク

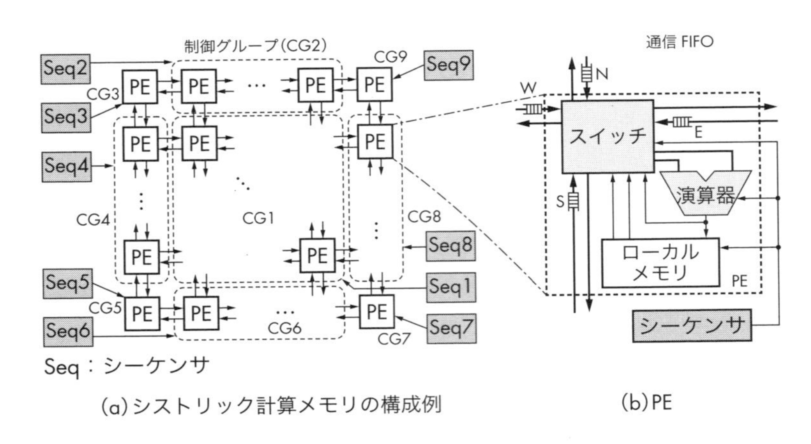

(a)システリック計算メモリの構成例　　(b)PE

図 6・8—システリック計算メモリアレイと PE[(15)~(17)]

ロプログラムに従って隣接 PE からのデータかローカルメモリからの読出しデータの演算を繰り返すことにより，さまざまな計算を実現している．

図 6・8(a) に示すように，システリック計算メモリアレイはいくつかのコントロールグループ（Control Group：CG）に分かれて構成され，各 CG 内の PE は同じシーケンサにより制御され SIMD 型の並列処理を行う．図の例では，2 次元配列の内部，四辺，四つの角の計 9 の CG が設けられている．これは，流体計算などにおいては，内部は流動のための規則的な計算が行われる一方で，周囲は境界条件のために異なる計算を行う必要があるためである．

図 6・9 に，ステンシル計算の疑似コードと 3 × 3 の 2 次元スターステンシルの

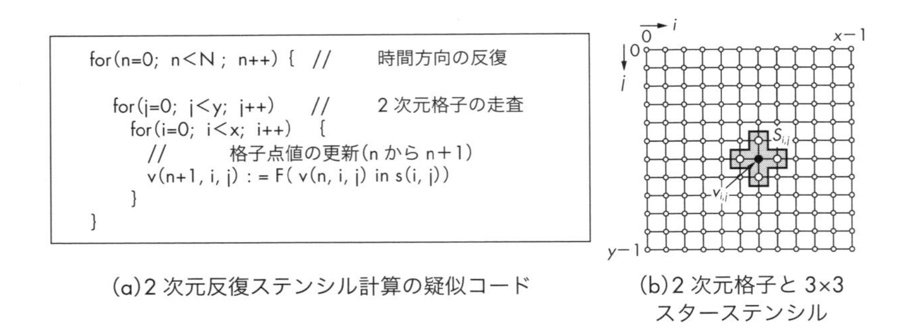

(a)2 次元反復ステンシル計算の疑似コード　　(b)2 次元格子と 3×3 スターステンシル

図 6・9—2 次元のステンシル計算[(15)~(17)]

計算の様子を示す．図(b)に示すように，ステンシル計算とは，ある格子点に関し，その周囲のデータを用いて計算を行い，格子点のデータを更新する計算である．計算のためにデータを参照する近傍領域をステンシルと呼ぶ．基本的でよく用いられるのが，図にあるような十字型の 3×3 スターステンシルである．2次元の場合には，同一ステンシルおよび同一計算によりすべての格子点のデータを更新する．

図6・9(a)は2次元ステンシル計算を表す疑似コードであり，縦・横方向のループと，格子全体の更新をさらに繰り返すためのタイムステップ n のループによる3重ループ構造をもつ．ループボディである関数 $F()$ は，ステンシル内のデータを用いた何らかの計算を示す．関数 $F()$ としては，次式に示すような重み係数との積和計算がよくみられる．

$$\begin{aligned} v(i,j) := c_0 + c_1 v(i,j) + c_2 v(i-1,j) + c_3 v(i+1,j) \\ + c_4 v(i,j-1) + c_5 v(i,j+1) \end{aligned}$$

ここで，":=" は計算終了後の値の更新を意味する．図6・8(b)のPEは，ローカルメモリに格納された部分格子に対し，シーケンサ内のマイクロプログラムにより上式のステンシル計算を実行できる．佐野らは，係数の異なる上記ステンシル計算を繰り返すことにより流動現象を求めるフラクショナルステップ法（Fractional-Step Method）のシストリックアルゴリズムを導出し，図6・8(a)のシストリック計算メモリアレイを用いてその計算を実証している．詳細は文献(15)〜(17)を参照して欲しい．

6・4　データフローマシン

データフローマシン[†1]とは，プログラムカウンタが指す命令メモリの番地から命令フェッチを行い演算を行うノイマン型と対照的に，必要なデータが揃い次第演算を行う非ノイマン型の計算方式である(18)．データフローマシンとはノイマン型計算機が本質的にもつボトルネック，すなわち命令メモリフェッチによるボトルネックを解消できる方式ともいえる．**図6・10**にノイマン型計算機とデータフローマシンの比較を示す．ノイマン型計算機はメモリから命令とデータを読み

†1　データ駆動方式とも呼ぶ．

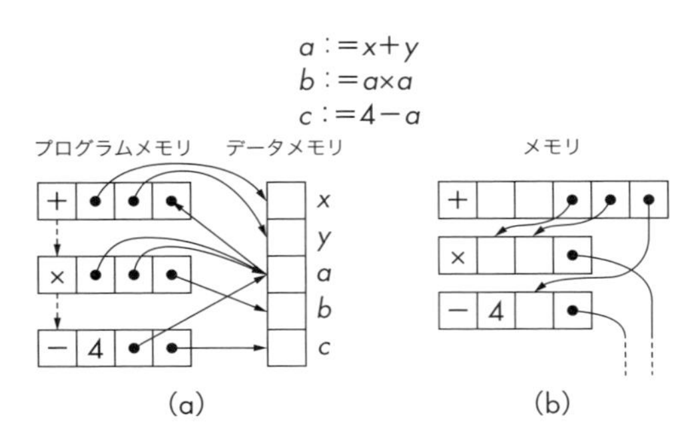

図 6・10—ノイマン型計算機 (a) とデータフローマシン (b) の比較（文献 (18), 370 ページ図2 より引用）

書きしながら演算しているのに対し，データフローマシンは一方方向にデータを移動させながら演算している．

データフローマシンは与えられたプログラムをデータフローグラフで表現して実行する．**図6・11** にデータフローグラフで用いられるデータフローノードを示す．Fork はデータを複製し，Primitive Operation は記述された算術演算の結果を出力し，Branch は条件信号の値（T または F）に応じてデータを分岐させ，Merge は条件信号の値に応じて信号を選択する．**図6・12** に図6・10 に示した演算を行うデータフローグラフを示す．図中の◯は演算中のデータを保持しており，トークンと呼ぶ．本節ではトークンの中に保持している値を記入することにする．まず，加算器は各々二つのトークンが共に揃っているため演算を開始する．そして，演算結果をトークンとして出力する．後続の乗算器と減算器は入力トークンが揃うため演算が開始される．このようにデータフローグラフは処理するプログラム

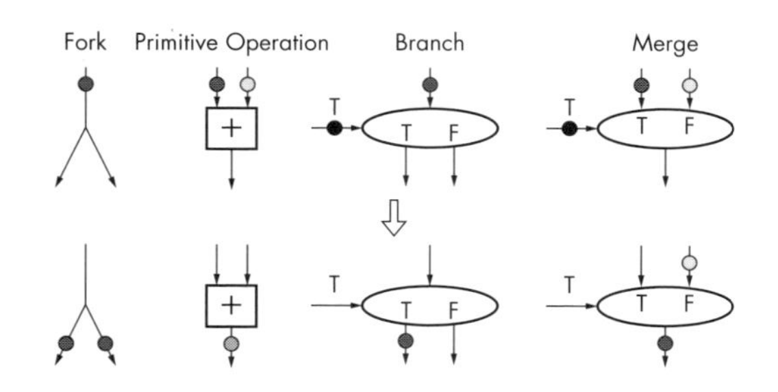

図 6・11—データフローノード

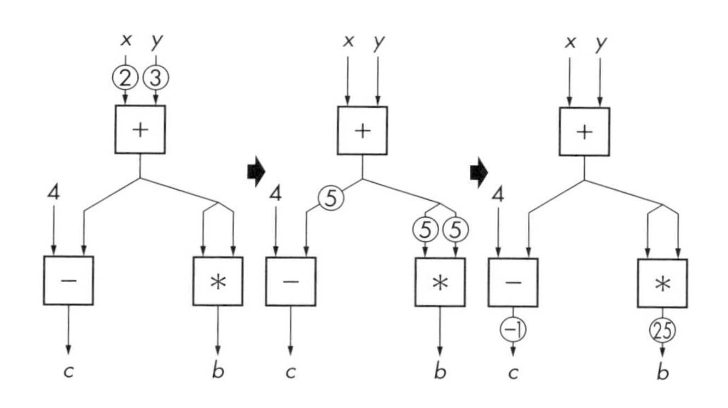

図 6・12—データフローグラフの例

に内在するデータの並列性を容易に知ることが可能である．

ノイマン型計算機と同様にデータフローマシンも条件分岐やループを実現できる．**図 6・13** に分岐の例を示す．分岐は Branch ノードおよび Merge ノードを設けることで実現する．トークンが到着すると，Branch ノードを実行し，演算ノードにトークンとして送る．Merge ノードは条件により真であれば T，偽であれば F からトークンを出力する．**図 6・14** にループの例を示す．ループは Merge ノードで初期値を切り換えつつ，条件を満たす間 Branch ノードを経由して演算を繰り返せばよい．ループを含むプログラムをデータフローマシン上で実現する場合，

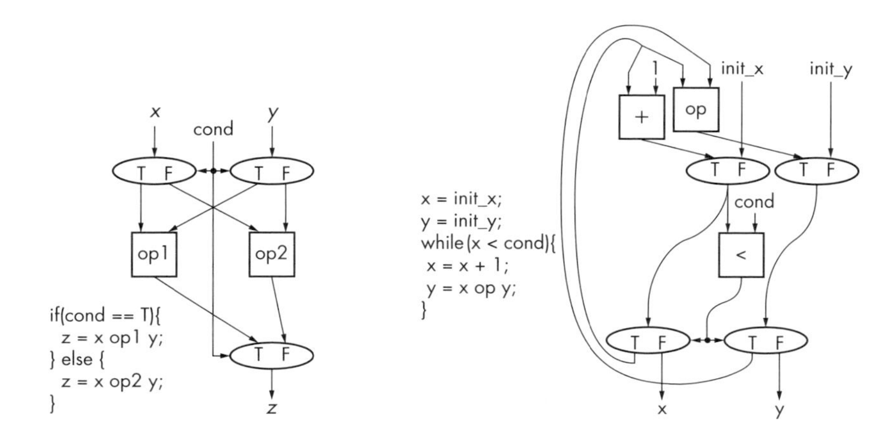

図 6・13—データフローグラフでの分岐　　**図 6・14**—データフローグラフでのループ

ループをすべて展開しフラットなデータフローとして表現する静的データ駆動方式と，ループボディのデータフローを用いて次ループ以降の処理と演算器などを共有する動的データ駆動方式の2通りが考えられる．静的データ駆動方式は純粋なデータ駆動処理の考え方であるが，多くの場合データフローグラフが爆発してしまい，ハードウェア資源に制約がある現実的なデータフローマシンでは処理できないことが多い．一方，動的データ駆動方式はループボディ内の演算を現実の演算器で共有するため，制御機構を設ける必要がある．そうでなければ，イタレーション間のトークンが混在した場合，同一イタレーションのトークン同士の演算を保障することができなくなってしまう．例えば，図6・13，図6・14では，ループ内で x の更新を行う前に y の更新が行われると演算結果が期待した値と異なってしまう．

動的駆動データ方式において，イタレーションでのトークンと次イタレーションでのトークンを明確に識別できるようにするためにトークンへタグを付加する．この方法をタグ付きトークン（Tagged Token）方式，またはタグをカラーともいうことからカラード（色付き）トークン方式ともいう．タグ付きトークンを用いることで，同じタグをもつトークンに対する演算を保障することができる．

6・4・1　静的データ駆動方式マシン

静的データ駆動方式では，ノードの演算機能とオペランドを混在させて表現する方法がよく用いられる．MIT の Dennis らが提案したデータ駆動マシンでは，データフローグラフのノード情報として，演算に必要なデータ，演算種類および結果の格納先情報をもつ．このノード情報をそのままトークンパケットとして用いることで，データ駆動処理を実現する．なお，トークンはタグ情報をもたないため，ループ処理などを含まない静的データフローのみが処理の対象となる．**図6・15**に静的データ駆動アーキテクチャのハードウェア構成と各命令セルの構造を示す．図(a)内の命令セルは上記ノード情報を格納しており，有効な情報をもつ命令セル全体でデータ駆動計算機の命令となるデータフローグラフを表現している．

演算の処理過程を示す．いま，ある命令セルのオペランドが揃っている場合，ANET を介してオペレーションパケットを送り出す．このパケットには命令セル内のオペランド，演算種類および結果の格納先情報のすべてを含む．演算結果はデータトークンとして DNET を介して転送され，格納先情報（図6・15(b)の d1,

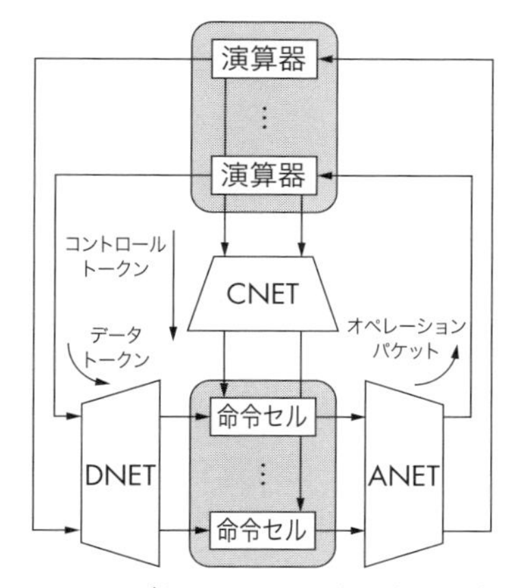

(a)ハードウェア構成

(b)命令セル構造

図 6・15—静的データ駆動方式マシン（文献 (19)，749 ページより）

d2）に従って指定された命令セル内のオペランド部に書き込まれる．そして，引き続きオペランドが揃った命令セルは随時オペレーションパケットを送り出す．これらの手順を踏むことで，一連のデータ駆動処理が進んでいく．

6・4・2　動的データ駆動方式マシン

動的データ駆動方式はノードの演算機能とオペランドとを分離させて表現する方法がよく用いられる．この表現法の利点は，フローグラフと実際のデータとを分離できるため，タグ付きトークンを用いることでループ処理を考慮できることである．MIT の Arvind らが提案したデータ駆動マシンは，**図 6・16**(a) に示すように，N 個の PE が $N \times N$ の相互結合網で接続されている．図 (b) は命令の形式であり，op は命令，nc は格納されている定数の個数，nd は格納先の数，定数 1 および 2 は定数の格納場所を意味する．また，格納先の情報として，s は格納先命令のステートメント番号，p は格納先命令の入力ポート番号，nt は格納先命令が要するトークン数，af は格納先命令をどの PE に割り当てて実行するかを決定する関数（アサイメントファンクション）の 4 個のパラメータにより指し示される．命令はデータフローグラフを表現するだけであり，実際の演算データは

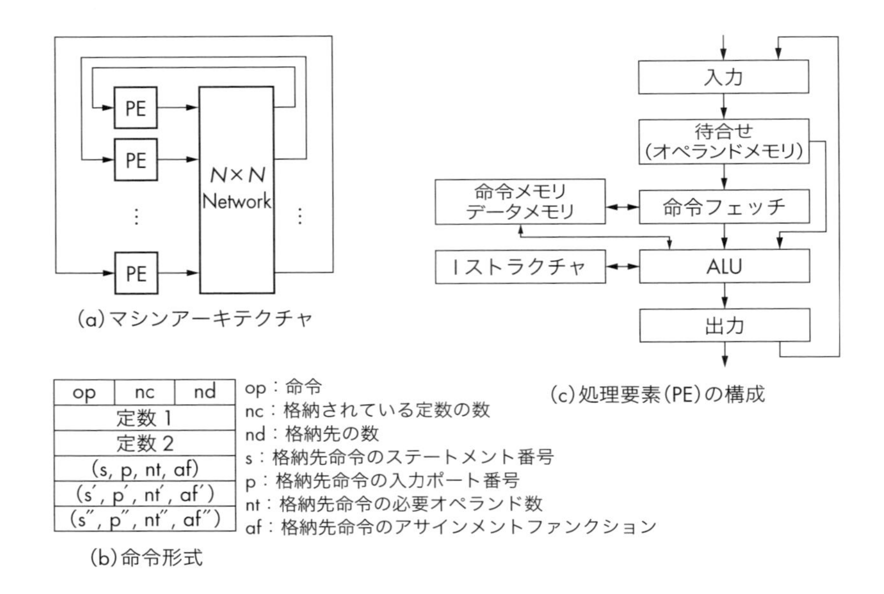

図 6・16—動的データ駆動方式マシン（文献[19]，p757-758 より）

データトークンとして表現される．つまり，プログラム（データフロー）とデータ分離した表現を用いている．データトークンは，格納先命令のステートメント番号，タグ（カラー），格納先命令の入力ポート番号および格納先命令オペランドデータから構成されている．同じデータフローグラフを処理する場合でも，タグを変えることによってループ処理などに対応できる動的データ駆動処理を実現している．

各 PE は図 6・16(c) のような構成となっている．演算の処理過程は以下の手順を実行する．入力部は相互結合網または自 PE の出力からデータトークンを受け取り，次の待合せ部において演算実行に必要なオペランドデータが揃っているかを，データトークンのステートメント番号とタグを用いて，オペランドメモリを連想検索する．二項演算を行う場合を考えると二つのオペランドが必要であるが，一方のオペランドがすでに受取済みであればオペランドメモリ内に登録済みのはずである．したがって，連想検索により，演算に必要なオペランドが揃ったかどうかを調べることができる．演算に必要なオペランドが揃った場合，次の命令フェッチ部において格納先命令のステートメント番号を用いて命令メモリから演算情報を読み出すとともに，新しく到着したオペランドは待合せ部から，もう一つの受取済みオペランドはオペランドメモリから読み出すことで，演算に必要な情報を揃える．そして，ALU において演算を行い，演算結果を格納先命令情報に従ってデータトークンとして送り出す．以上が一連の動作である．

なお，I ストラクチャは配列のように単純なデータ構造に対して待合せの機能を提供する機構である．データ駆動における配列アクセスでは，ある配列要素のデータ読出しが，その配列要素のデータ生成よりも早く発生する場合があり得る．データの書き込み後，読出しを保証するためにメモリの各要素に対し 1 ビットの存在ビット（Presence Bit）を設け，その値が 1 であれば書込み済み，0 であれば未書込みであることを表現する．読出しの際に存在ビットが 0 であれば，その読出しは書込みが終了するまで延期し，データアクセスに関する同期処理をハードウェアで保証することができるようになっている．

以上，静的と動的の二つのデータ駆動アーキテクチャの概観を紹介した．両者は演算の制御に関して大きく異なる．本節では初期の第一世代にあたるアーキテクチャについて概説してきたが，第二世代以降のデータ駆動マシンについては文献 (20)(21) が詳しいので参照して欲しい．

6・4・3　ペトリネット

データ駆動方式はシステムの状態を規定するグラフ表現であったが，信号の入出力に着目したグラフ表現の一種にペトリネット（Petri Net）がある．ペトリネットの一種に信号遷移グラフ（STG：Signal Transition Graph）があり，並列システムや非同期式システムの記述に用いられている．

ペトリネット (Petri Net) は，プレース (Place) とトランジション (Transition) と呼ぶ 2 種類のノードと有向枝により構成される 2 部グラフである．本項ではプレースを○，トランジションを｜で表現する．ペトリネットを用いてシステムを表現する場合，プレースはシステムの状態や条件などを示し，トランジションはシステムの状態遷移や生起・完了といったイベントに対応している．そして，プレース → トランジションの有向枝は生起現象とその前提条件を示し，トランジション → プレースの有向枝は事後の状態や成立条件との関係を表現する．また，プレースには ● で表現するトークンを配置することができ，ペトリネットの規則に従ってプレースを移動していく．このトークンの移動によりシステムの動作を表現することができる．

データ駆動方式の動作をペトリネットにより表現すると，**図 6・17** のデータフローグラフは**図 6・18** のように表現することができる．入力データに対応するプレースにはデータがあることを示すトークンが配置されている．演算を表すトランジションが発火可能な条件は，トランジションに接続されているすべての入力プレースに少なくとも一つ以上のトークンが存在することである．また，発火後は出力となるプレースにトークンを1個生成する．このように，データ駆動方式におけるデータフローの表現とその動作はペトリネットによって容易に表現できる．そのほか，並行動作や同期などのペトリネットの基本動作を**図 6・19** に示す．

ペトリネットとその並列処理の記述に興味をもった読者は文献(23)(24)などを参照して欲しい．

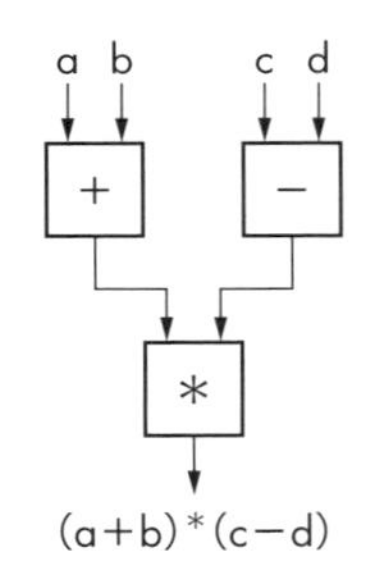

図 6・17—データフローグラフの例

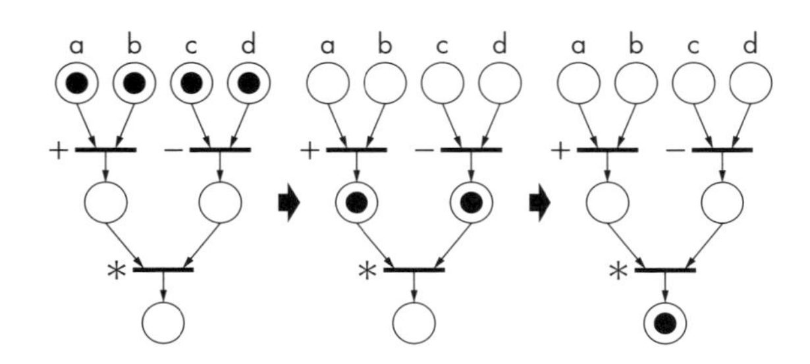

図 6・18—ペトリネットの例

(a)並　行	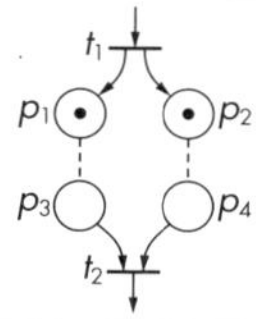 t_1 が発火後 t_2 が発火するまで p_1 から p_3 への左側のパスと p_2 から p_4 への右側のパスとは独立に平行に動作する.
(b)競　合	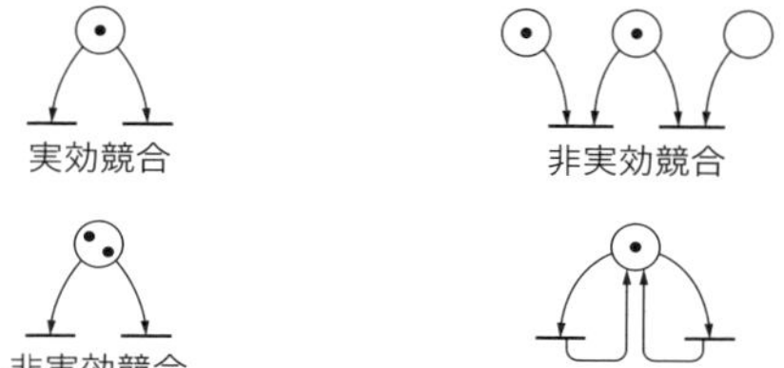 実効競合　非実効競合 非実効競合　パーシステント
(c)コンフュージョン	t_1 と t_2 は並行であると同時に t_3 と競合. 対称型 t_1 と t_2 は並行であるが t_1 より t_2 が先に発火すると t_3 と競合. 非対称型
(d)同　期	左側のパスと右側のパスは t_1 の発火で同期がとられる. ランデブー型 左側のパスは右側と無関係に進行するが，右側は左側の進行を待つ. セマフォア型
(e)資源共有	 左側のパスと右側のパスは同時に p_1 の(資源)を使用できない. 相互排除 左側のパスと右側のパスはいくつかの同じ資源を共有する.
(f)読出し	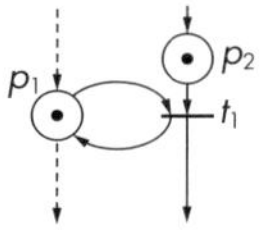 右側のパスの t_1 は左側のパスの p_1 の状態を読み出す. その際, 左側のパスを乱すことはない.
(g)有限容量	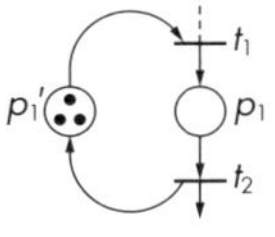 $M(p_1)+M(p_1')=3$ p_1 中のトークンは 3 を超えることはできない. (p_1'は p の補プレイス)

図 6・19—ペトリネットの基本動作（文献 (22), 図 1.4 による）

6・5　ストリーム処理

6・5・1　定義とモデル

逐次的に供給されるデータ列の各要素に対し，次々と処理を行う方式をストリーム処理（Stream Processing）という[(25)〜(27)]．各要素は単一のスカラデータ，または複数ワードを含むベクトルデータである．一度に一つの要素に対してのみ処理を行うことから要素数（ストリーム長）に比例する処理時間が必要となる反面，時間をかけさえすれば巨大なデータセットに対する処理を実現することができる．ストリーム処理自体にはストリームデータ全体の記憶は含まれておらず，データストリームは通常外部のメモリ，ネットワーク，センサデバイスなどから供給される．このため，例えばインターネット上のサーバに次々と到着する無数の問合せに対し統計情報を求めるような，対象のデータ全体をメモリには到底蓄積できないような処理を実現するために用いられることがある．また，外部のメモリに記憶されたストリームデータを用いる場合でも，規則的かつ連続したアドレスの読出しによりメモリの帯域を効率的に利用可能との利点が期待できる．

ストリームデータ要素に対する単位処理のことを処理カーネルと呼ぶ．**図 6・20** は，単一のカーネルによるストリーム処理モデルである．ここで，入力はストリームであるが，出力は処理の種類によってストリームである場合とそうでない場合があり得る．また，**図 6・21** のように，複数の処理カーネルをそれらの依存関係

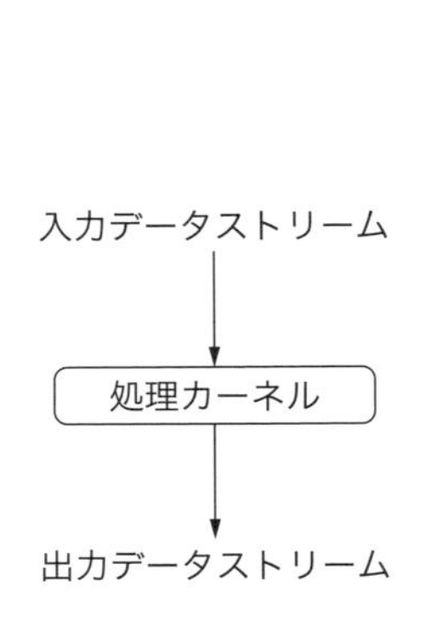

図 6・20―単一カーネルによるストリーム処理

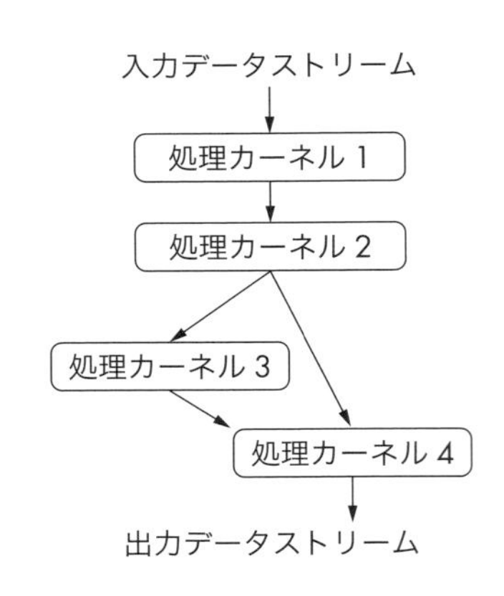

図 6・21―複数カーネルによるストリーム処理

に基づき接続してストリーム処理を実現することも可能である．これは，ノードが処理カーネルであるデータフローグラフによりストリーム処理を表現することに相当する．

6・5・2　ハードウェア実装方式

ストリーム処理の概念を実現するにはさまざまな方法が考えられる．高スループットのストリーム処理をソフトウェア実装により達成する手段の一つとして，汎用マイクロプロセッサへのベクトル命令またはSIMD命令の組込みが挙げられる．これらの命令はある長さのベクトルデータを高速に処理することが可能である．しかしながら，汎用プロセッサには並列度向上の限界や深いメモリ階層を起因とする非効率なデータストリーム入出力といった問題があることから，より高性能なストリーム処理の実現には，一般にハードウェア実装が適している．

高スループットのストリーム処理ハードウェアを実現するには，単位処理に含まれる多数の演算操作を並列に実行する構造が必要となる．このためには，パイプライン処理，シストリックアルゴリズム，データ駆動方式といった並列処理モデルに基づいたハードウェア設計が求められる．例えば，図6・21の複数カーネルからなるストリーム処理を十分なハードウェア資源のもとで実現するとしたら，パイプラインモジュールとして構成した各カーネルを相互に接続し，全体として巨大なパイプラインを静的に実装するという設計が考えられる．ハードウェア資源が十分である場合にはすべての処理カーネルを同時に実装できることから，毎サイクル入出力を行うことが可能なスループットが1のストリーム処理を実現できる．

ハードウェア資源が不十分の場合にはどのようにすべきだろうか．この場合には必要な処理カーネルのすべてを実装できないため，異なるカーネルの間でハードウェア資源を共有し，より長い時間をかけて単位処理を行うような設計が必要となる．例えば図6・21の例において，半分の数の処理カーネルのみを実装可能なハードウェア資源しかない場合を考える．この場合，**図6・22**(a)のように，モードを切り換えることによりカーネル1と2の処理が可能なモジュール，およびカーネル3と4の処理が可能なモジュールを実装する．もとのデータフローグラフを折り畳んで小さなグラフとしたうえでハードウェアにマッピングすることから，このような方法をフォールディング（重畳）と呼ぶ．フォールディングによるハー

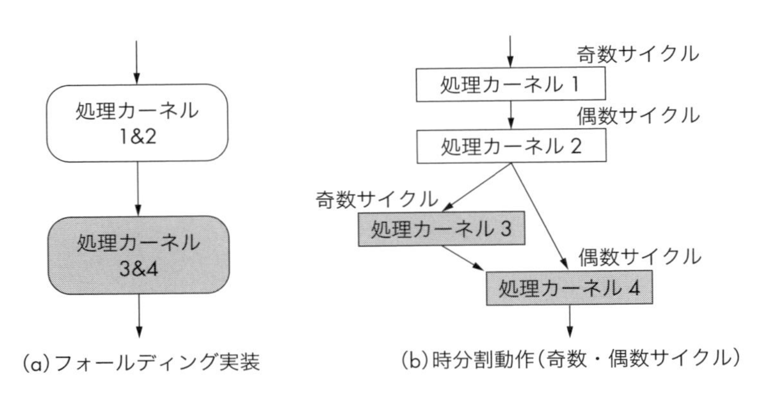

図 6・22—フォールディングによるストリーム処理の省資源実装

ドウェアは，図 (b) のように時分割により動作する．入力データに対し，まずカーネル 1 の処理を行い，次にモードを切り換えてカーネル 2 の処理を行う．カーネル 3 および 4 に対しても同様な動作を行う．この結果，サイクルタイムは倍となりスループットは 2 分の 1 に低下するものの，少ないハードウェア資源でもストリーム処理を実現できる．

先の例はすべてのカーネルが常に動作し稼働率が 100%であった．このような場合，重畳された処理カーネルノードの稼働率が 100%を上回り，その結果スループットが低下することとなる．しかしながら，条件分岐処理のように元々稼働率が 100%未満であり，ほかとあわせても 100%以下となるようなカーネルも存在する．このような条件では，制御が複雑になるという短所はあるものの，稼働率を下げずにハードウェア資源消費のみを減らすことができる．**図 6・23** に，稼働率が 100%以下となるフォールディングの簡単な例を示す．条件分岐を含む図 (a) のストリーム処理では，二つの計算式 $(x + y * z)$ および $(x * y + z)$ が同時に行われ，続く選択器によりそれぞれの結果が 90%，10%の割合で出力される．したがって，それぞれの式のカーネルは実質的に稼働率が 100%未満である．この場合，共通する演算に着目し，演算器を共有する形で 2 式を計算可能なモジュールを実装する．図 (b) にその例を示す．2 式のそれぞれに必要となる乗算器と加算器を一つずつ実装し，2 式の計算を切り換えるために演算器の入力に選択器を設ける．2 式のどちらか一方を計算するのみであるため，単位処理に必要なサイクルを増加させることなくハードウェア資源消費を減らすことができる．

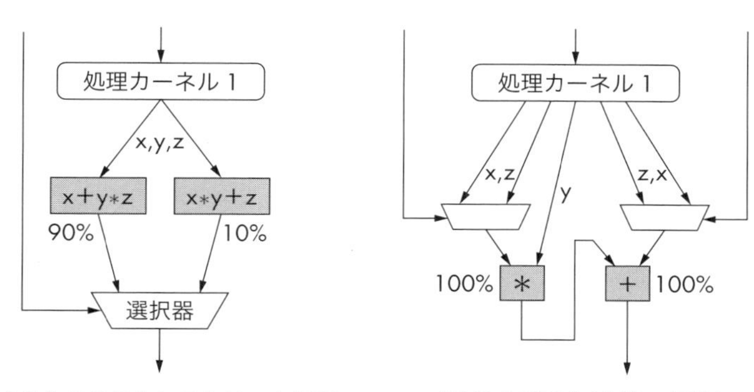

図 6・23―稼働率が 100%以下のフォールディング実装

また，連続する複数の要素処理間に依存があるようなストリーム処理は，ストリーム処理の中間データを遅らせて次の要素処理に作用させるための遅延バッファメモリを用いることにより実現することができる．**図 6・24** の例では，処理カーネル 1 の現在の出力結果を e_i とすると，これに加えて過去の出力結果である e_{i-1} および e_{i-3} を処理カーネル 2 へ入力するために，三つのレジスタにより構成される遅延バッファメモリを用いている．次項では，遅延バッファの応用例であるステンシル計算のストリーム処理を紹介する．

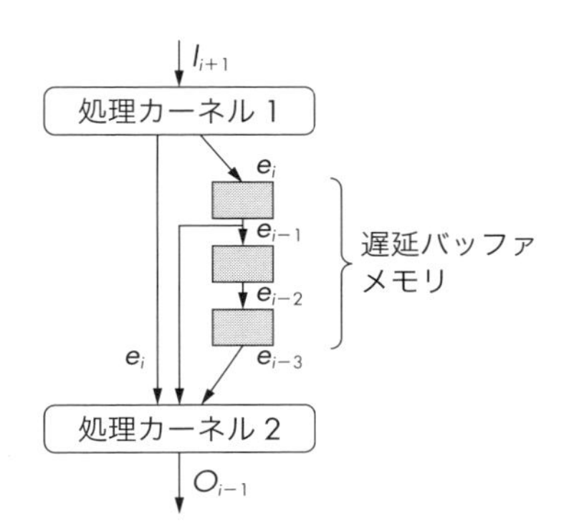

図 6・24―遅延バッファによる連続要素処理間の依存解決

6・5・3　計算の例

図6・25に，スカラ列の平均を求めるストリーム処理の例を示す．この例では，処理カーネル内に二つのレジスタ acc と num_total があり，動作開始時にはそれぞれは0に初期化される．スカラデータ in が入力されることに，acc にはその値が累積されるとともに num_total に1が加算される．毎サイクル acc の num_total による除算 avg が計算され，その時点までの平均値として出力される．

図6・26に，2次元反復ステンシル計算のストリーム処理ハードウェアの例を示す．この例は，図6・9の2次元反復ステンシル計算を対象としている．図6・9(b)の2次元計算格子データを x 方向に走査することにより，格子点データ $v_{i,j}$ のデータストリームを生成する．処理カーネルでは，関数 $F()$ により，3×3 スターステンシル内の五個のデータ $\{v_{i,j+1}, v_{i+1,j}, v_{i,j}, v_{i-1,j}, v_{i,j-1}\}$ を用いて格子点 (i, j) の計算を行う．この場合，現在の入力データ要素のみでなく前後の要素を用いる必要があるため，遅延バッファメモリを用いる[(28)]．このバッファメモリのことを特にステンシルバッファメモリと呼ぶ．

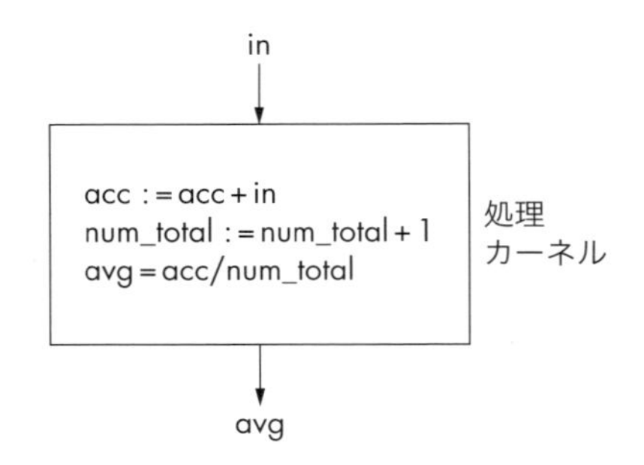

図6・25—スカラ列の平均を求めるストリーム処理ハードウェア

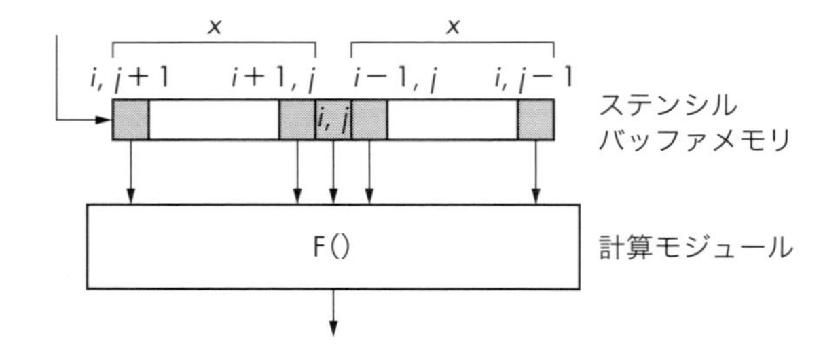

図6・26—3 × 3 スターステンシル計算（図6・9）のストリーム処理ハードウェア

2次元計算格子の幅を X とすると，ステンシルバッファは長さが $(2X+1)$ のシフトレジスタであり，図6・26のように，$\{v_{i,j+1}, v_{i+1,j}, v_{i,j}, v_{i-1,j}, v_{i,j-1}\}$ に対応する五つの読出しポートをもつ．現在の格子点 (i,j) のデータを入力してから X サイクル経過すると，そのデータは丁度ステンシルバッファの中央にくるため，スターステンシル内の5点のデータを同時に読出し可能となる．計算モジュールはこれらを用い，格子点 (i,j) の計算結果を出力する．2次元格子におけるステンシル計算では，格子幅に比例したバッファを用いる必要がある．3次元格子におけるステンシル計算では，その断面積に比例したバッファを用いる必要がある．2次元と比べ3次元の場合にはより大きなバッファメモリが求められるため，オンチップのメモリ容量では不足する場合がある．このような場合には，計算格子を小さな部分格子に分割し，それぞれを順番に処理するなどの方法がとられる．

図6・27に，複数の計算ステージから構成される非圧縮性流体計算のストリーム処理ハードウェアの例を示す．図(a)に示すように，流体計算に用いられるフラクショナルステップ法に基づくアルゴリズム(15)(29)は，四つの計算ステージから構成される．それぞれのステージは，直交格子の各点において近傍を参照するステンシル計算となることが知られている．このため，各ステージは，図6・26の

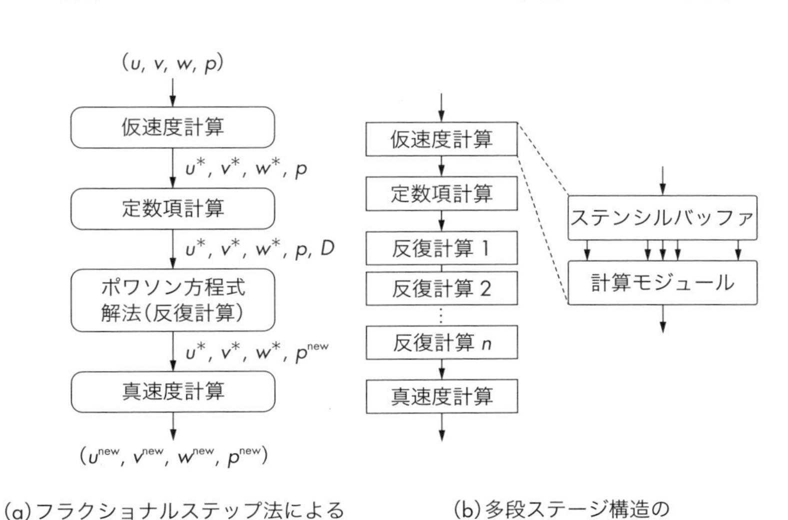

図 6・27—非圧縮性流体計算とそのストリーム処理ハードウェア

ようにステンシルバッファと計算モジュールを組み合わせたスループット1のストリーム処理ハードウェアにより実装できる．各計算ステージのハードウェアを直列に繋げると，時間刻み一つ分の流体計算を行う多段ステージ構造のストリーム計算ハードウェアを構築できる[29]．ポワソン方程式の反復解法部分は，1反復のステンシル計算ハードウェアを n 個並べた固定構造により実現されている．これは，本来の反復解法では残差が十分に小さくなるまで繰返しを行う実装がされているものの，多くの場合にはある決まった数以下の反復回数で済んでいるとの経験に基づいている．反復数が定数でない問題に対する一つの解決方法ではあるが，実用上の問題の有無については十分な検討が必要である．

6・6　セルオートマトン

セルオートマトン（Cellular Automata）とは，格子状のセルと単純な規則による離散的計算モデルであり，1940年代にジョン・フォン・ノイマンらによって提唱された[30]．セルオートマトンは計算可能性理論，数学，物理学，複雑適応系，数理生物学，微小構造モデリングの研究で利用され，生命現象，結晶の成長，乱流といった複雑な自然現象を模すことができる．有限種類の状態をもつセルによってセルオートマトンは構成され，離散的な時間で個々のセルの状態が変化する[31]．ある時刻 t におけるセルの状態，および近傍のセルの内部状態によって，次の時刻 $t+1$ での個々のセルの状態が変化する．近傍には上下左右のセルの状態を考慮したフォン・ノイマン近傍と中心のセルを囲む八つのセルの近傍を考慮したムーア近傍がある．**図6・28**に示したフォン・ノイマン近傍の場合，各セルが取り得る状態を K とすると，中心を含む5個のセルが取り得る状態は K^5 個存在する．したがって，フォン・ノイマン近傍を適用したセルオートマトンの規則は K^{K^5} 個存在する．よく知られるセルオートマトンは $K=2$，フォン・ノイマ

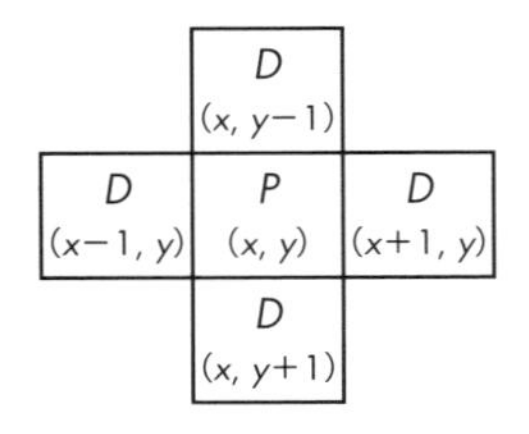

図6・28—フォン・ノイマン近傍

ン近傍を用いて以下のルールで記述できるライフゲームである．

- 誕生：死んでいるセルの周囲に三つの生きているセルがあれば次のステップで生きる．
- 維持：生きているセルの周囲に二つか三つの生きているセルがあれば次のステップでも生き残る．
- 死亡：上記以外では次のステップで死ぬ．

ライフゲームは生き物の増殖のような複雑で多様なふるまいを示す．

セルオートマトンのシミュレーションは有限のセルを用いることが多い．一般に，有限の四角形を想定して実装されるが，端（境界）の実装が問題となる．端をすべて定数として扱う方法もあるが，ルールが増加してしまう欠点がある．もう一つの方法はトーラス形にすることである(32)．トーラスとは上下と左右をそれぞれ繋げて無限の平面が同じ四角形で平面充填することで，無限の四角形を模擬する方法である．**図 6・29** に 3×3 の格子状に PE を配置しトーラス接続を用いてセルオートマトンを模擬する回路を示す．ライフゲームの場合，PE は各セルの状態を保持しており，クロックごとに上記のルールを実行し，次クロックでセルの状態を更新する．

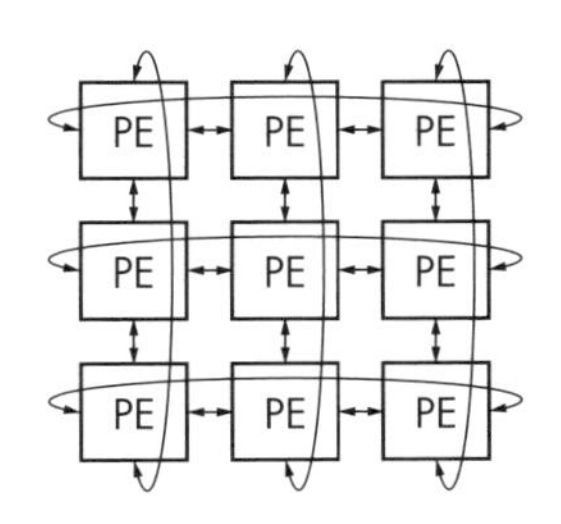

図 6・29—3 × 3 PE を用いたセルオートマトンを模擬する回路

入出力までがすべて並列であるセルオートマトンを模擬する回路は FPGA 上での実現と親和性が高く，既存のノイマン型アーキテクチャを凌駕する可能性を秘めている．特に，セルの演算段数が深いルールであればあるほど，パイプライン並列化によるスループットの向上が見込める．近年では，回路やデバイスではなく，材料の観点からより物理的なセルオートマトンを構築する試みがなされている(33)．これらの実現法を FPGA に適用することで既存のノイマン型アーキテクチャを置き換えることが期待されている．

6・7　ハードウェアソーティングアルゴリズム

n 個の要素からなるランダムな数列を昇順（または降順）に並び換えることをソーティングという．データベース，画像処理，データ圧縮では FPGA を用いたソーティングの高速化が採用されている．ハードウェアに適したソーティングネットワークとマージソートツリーを紹介する．

最も単純なハードウェアソーティングアルゴリズムはバブルソートに基づくソーティングネットワーク[34]である．このアルゴリズムは隣接した二つの要素のソートを並列に行う．**図 6・30** に四つの要素に対するソーティングネットワークを示す．ソーティングネットワークはワイヤと隣接した要素をソートする交換ユニット（EU：Exchange Unit）で構成される．ワイヤ数は要素数 n と一致する．どの要素も高々 $n-1$ 段の EU を通る．ソーティングネットワークは，パイプライン処理を適用してスループットを上げることができる．ただし，n 並列のワイヤが必要であるため，多大な配線資源を必要とし EU の数も膨大になってしまう．最も高効率なソーティングネットワークは Batcher らが提案したバッチャー奇偶マージソートである[35]．

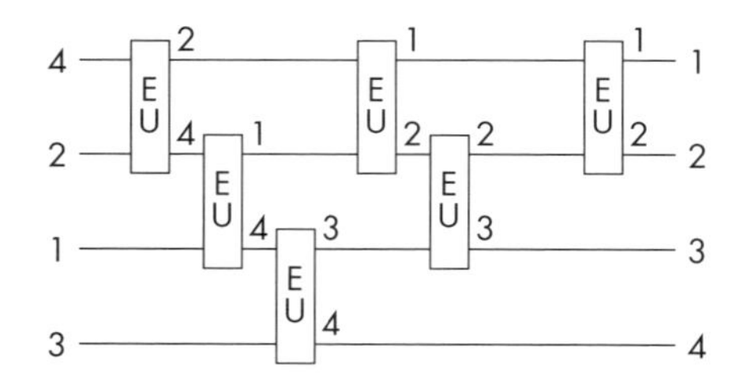

図 6・30—四つの要素をソートするソーティングネットワーク

もう一つのハードウェアソーティングアルゴリズムはマージソートツリー[36]である．EU を 2 分木上に接続する構成をもち，入出力に FIFO をもち，各レベルにおいて並列にソートが実行される．また，異なるレベル間でも同時にソートが実行される．四つの要素に対するマージソートツリーを用いたソーティングの例を**図 6・31** に示す．マージソートツリーではソート対象の数列が並列に入力され，各レベルの EU にてソートされた数列のみ次段の FIFO に入力される．した

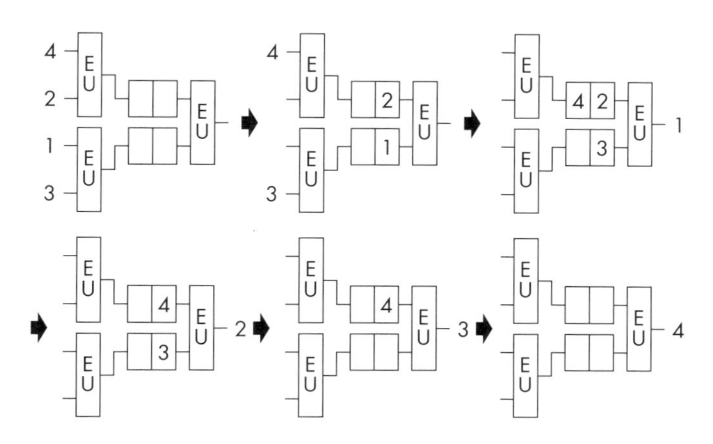

図 6・31—四つの要素をソートするマージソートツリー

がって，レベルごとにパイプラインレジスタを挿入してスループットを上げることが可能である．

ソーティングネットワークとマージソートツリーを組み合わせてFPGA上に面積性能効率の良いハードウェアソートを実現する手法[37]が提案されている．

6・8 パターンマッチング

FPGAのアプリケーションの一つにパターンマッチングが挙げられる．パターンマッチングとはデータ内のパターンを探す問題である．種々のパターンマッチングアルゴリズムがあり，厳密マッチング，正規表現マッチング，近似マッチングに大別できる．本節では各マッチングに適したハードウェアアルゴリズムについて述べる．

6・8・1 厳密マッチング

厳密マッチングとはパターン長が固定である．ただし，パターンの要素は0と1以外に両方の値をとれるドントケアを用いてもよい．厳密マッチングは連想メモリ（CAM：Content Addressable Memory）を用いて行われる[38]．ここでは，CAMをFPGAに実現するインデックス生成器（IGU：Index Generation Unit）[38]について述べる．

表6・2に示すインデックス生成関数 f の分解表を**表6・3**に示す．列ラベルは

表 6・2―インデックス生成関数の例

x_1	x_2	x_3	x_4	x_5	x_6	f
0	0	0	0	1	0	1
0	1	0	0	1	0	2
0	0	1	0	1	0	3
0	0	1	1	1	0	4
0	0	0	0	0	1	5
1	1	1	0	1	1	6
0	1	0	1	1	1	7

表 6・3―インデックス生成関数の分解表の例

	0	0	0	0	0	0	0	0	1	1	1	1	1	1	1	1	x_5
	0	0	0	0	1	1	1	1	0	0	0	0	1	1	1	1	x_4 X_1
	0	0	1	1	0	0	1	1	0	0	1	1	0	0	1	1	x_3
	0	1	0	1	0	1	0	1	0	1	0	1	0	1	0	1	x_2
00	0	0	0	0	0	0	0	0	1	2	3	0	0	0	4	0	
01	0	0	0	0	0	0	0	0	0	0	0	0	0	0	0	0	
10	5	0	0	0	0	0	0	0	0	0	0	0	0	7	0	0	
11	0	0	0	0	0	0	0	0	0	0	0	6	0	0	0	0	
x_6, x_1 X_2																	

$X_1 = (x_2, x_3, x_4, x_5)$ を，行ラベルは $X_2 = (x_1, x_6)$ を，表の値は関数値を表す．この表の各列には非零要素が高々 1 個しか存在しない．よって f は X_1 のみを入力とした主メモリで実現できる．主メモリは 2^n の集合を $k+1$ の集合へ写す写像を表現できる．主メモリは f の出力値を与えるが，X_2 の値を調べなければ f の値が正しい値か否かわからない．そこで補助メモリを付加し，補助メモリに主メモリに登録したベクトルに対応する X_2 を登録する．そして入力 X_2 と比較を行い，主メモリの値の正誤判定を比較器で行う．**図 6・32** に IGU を示す．p ビットの入力 X_1 を用いて主メモリを参照し出力 q を得る．q を用いて補助メモリを参照し出力 X_2' を得る．X_2' と入力 X_2 を比較し，一致すれば q を出力する．不一致の場合は，0 ベクトルを出力する．

図 6・33 に表 6・2 に示すインデックス生成関数を実現する IGU の例を示す．入力ベクトルが $(x_1, x_2, x_3, x_4, x_5, x_6) = (1,1,1,0,1,1)$ のとき，まず $X_1 = (x_2, x_3, x_4, x_5) = (1,1,0,1)$ を主メモリに入力し，インデックス "6" を読み出す．次に，インデックス "6" を補助メモリに入力し，$X0_2 = (x_1, x_6) = (1,1)$ を読み出す．比較器が一致信号を AND ゲートに送り，インデックス "6" を出力す

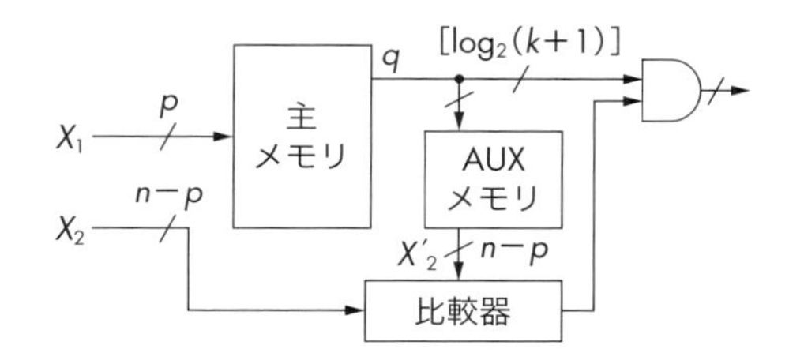

図 6・32—インデックス生成ユニット（IGU）

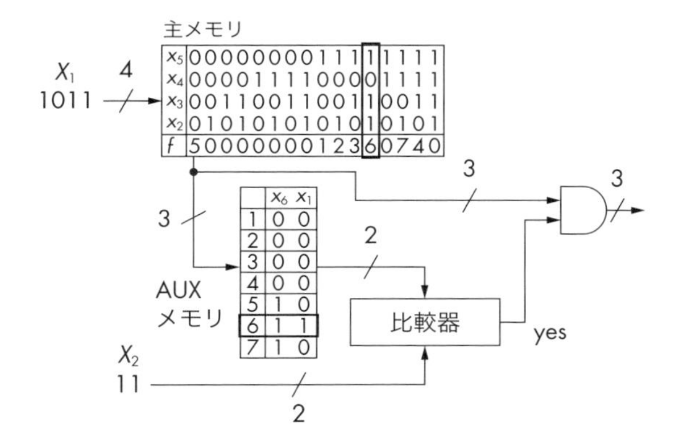

図 6・33—IGU の動作例

る．IGU は 2^n の集合を $k+1$ の集合へ写す写像を表現するため，メモリ量を単一実現のときの $O(2^n)$ から $O(2^p)$ へと大幅に削減できる．

IGU の理論的解析は文献 (38) を，FPGA を用いた応用事例は文献 (39)(40) を参照して欲しい．

6・8・2 正規表現マッチング

正規表現は文字と文字の集合を表すメタ文字から成る．入力文字列に対する正規表現マッチングは，与えられた正規表現と等価な有限オートマトンを用いた入力文字列の受理を調べることと等価である．入力に対し，遷移状態が一意に決まらないオートマトンを非決定性オートマトン（NFA）といい，遷移状態が一意に決まるオートマトンを決定性オートマトン（DFA）という．DFA を用いた手法は，Aho-Corasick アルゴリズム (42) に基づく手法が一般的である．Aho-Corasick オートマトンをビット分割し，コンパクトに実現する手法 (43) が提案されている．

一方，NFAを用いた手法として，NFAをPCのシフト演算とAND演算で模擬するアルゴリズム(44)を並列ハードウェアで常に実現するPrasannaの手法(45)が知られている．Prasannaの手法のさまざまな改良法として，正規表現の共通部を制約を考慮しながら併合する手法(46)や正規表現の繰返しをXilinx社FPGAの素子（SRL16）にマッピングする手法(47)が提案されている．

ここではFPGA実装に適したNFAに基づく正規表現マッチングのアルゴリズムについて述べる．**図6・34**に正規表現からNFAに変換する手法を示す．図においてεはε遷移を表し，灰色の状態は受理状態を表す．**図6・35**に正規表現"abc（ab）$*$ a"をNFAに変換した結果を示す．また，入力文字列'abca'に対するNFAの状態遷移を示す．ベクトルの要素はNFAの各状態に対応し，遷移している状態を'1'で表す．**図6・36**に図6・35に示したNFAを模擬する回路を示す．NFAを模擬するため，メモリを用いて1文字を検出し，マッチングエレメント（ME）に検出信号を送る．MEは状態遷移を模擬し，マッチ信号を出力する．

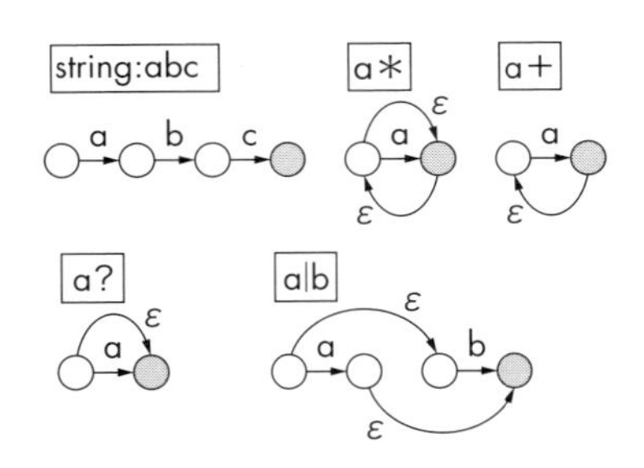

図6・34―正規表現からNFAへの変換

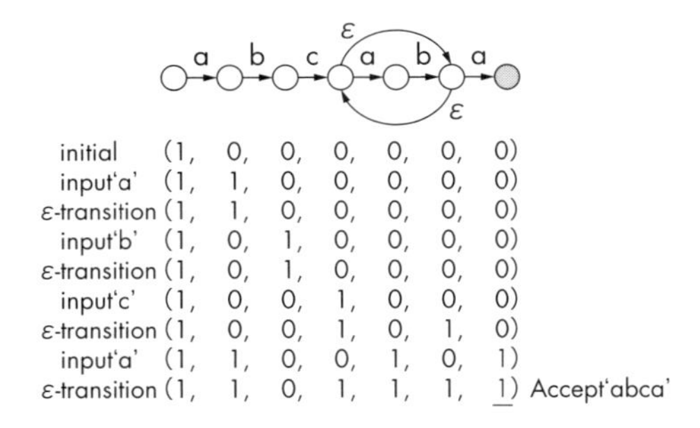

図6・35―'abc(ab)*a'を受理するNFA

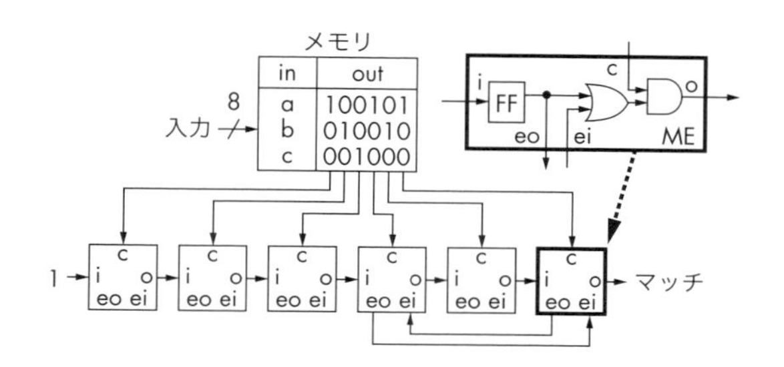

図 6・36—NFA を模擬する回路

ME 中の FF は，図 6・35 のベクトルの各要素を保持する．i は前状態からの遷移信号，o は次状態への遷移信号，c はメモリからの文字検出信号入力，ei，eo は ε 遷移の入出力信号を表す．

表 6・4 に NFA [45] と DFA [43] を実現する並列ハードウェアの複雑度の比較を示す．ビット分割を行えばメモリ量を削減できることは保証されているが，複雑度 $O(\Sigma^{sm})$ は変わらない．正規表現のルール数が増加すると，DFA を用いる方法ではメモリ量が指数関数的に増加するため NFA に基づく方法が複雑度も小さく FPGA 実装にも向く．

表 6・4—複雑度の比較

		ビット分割 DFA	Prasanna-NFA
面積複雑度	LUT 数	$O(1)$	$O(ms)$
	メモリ量	$O(\sum^{ms})$	$O(ms)$
時間複雑度		$O(1)$	$O(1)$

6・8・3 近似マッチング

パターンを編集したものをテキスト中に求める問題を近似文字列マッチングという．近似文字列マッチングでは，パターンに削除・置換・挿入を行いながら，テキストと比較を行う手法が一般的であり，多くのアルゴリズムは動的計画法に基づく．近似マッチングはバイオインフォマティクスにおいて，DNA 配列や RNA 配列間の類似性を評価するために用いられている．

テキストを ACG，パターンを TGG として編集距離を求める例を示す．

(1) テキスト ‘ACG’ から ‘A’ を削除し，‘CG’ を得る．

(2) ‘CG’ から ‘C’ を削除し，‘G’ を得る．

(3) ‘G’ に ‘G’ を挿入し，‘GG’ を得る．

(4) ‘GG’ に ‘T’ を挿入し，‘TGG’ を得る．パターンと一致したので終了．

ここでは，挿入と削除の編集スコアを 1 とする．置換は，挿入と削除を行うことであるから，編集スコアを 2 とする．上記の例では ‘ACG’ と ‘TGG’ の編集距離は 4 である．

図 6・37 に近似文字列マッチングを行うシステムを示す．ホスト PC からテキストとパターンを送る．バッファメモリからテキストを読み出し，編集距離計算回路でテキストの一部とパターンの編集距離を計算する．制御回路は編集距離が最小の場合，FIFO に最小編集距離とテキスト位置を表すアドレスを格納する．テキストを 1 文字ずつずらしながら，これらの操作を行う．すべてのテキストのマッチングが終わったらホスト PC は最小編集距離とテキスト位置を FIFO から読み出し，必要ならば編集パターンを求める．近似文字列マッチングでは編集距離を求める計算が最も時間を要するため，FPGA を用いた高速化が求められる．

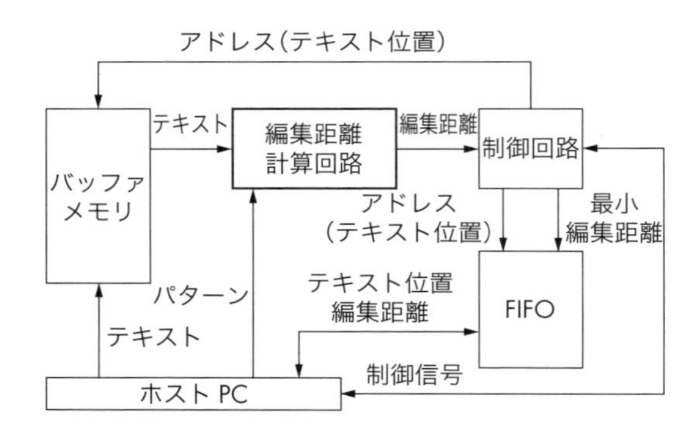

図 6・37—近似文字列マッチングを行うシステム

二つの文字列間の編集距離は動的計画法を用いて計算できる．Needleman-Wunsch（NW）アルゴリズム (48) はテキスト全体とパターンの編集距離の最小値を求める．Smith-Waterman（SW）アルゴリズム (49) はテキストの一部とパターンの編集距離の最小値を求める．ここでは動的計画法を用いた二つの文字列間の編集距離の最小値を求める基本的なアルゴリズムについて述べる．

パターンを $P = (p_1, \ldots, p_n)$，テキストを $T = (t_1, \ldots, t_m)$ とし，これらを

各行各列にラベル付けした $(n+1) \times (m+1)$ 個の頂点をもつ近似文字列マッチンググラフを考える．座標 (i,j) には頂点 v_i, g_j が配置され，左上の頂点を原点 $(0,0)$ とし，右下の頂点 (n,m) に向かって座標 (i,j) が増加するものとする．また，$0 <= i <= n-1$，$0 <= j <= m-1$ に対して，$v_{i,j}$ と $v_{i+1,j}$，$v_{i,j}$ と $v_{i,j+1}$ 間を結ぶ縦横方向の枝が存在し，$v_{i,j}$ と $v_{i+1,j+1}$ 間を結ぶ対角線方向の枝が存在する．**図 6・38** にテキスト ACG，パターン TGG に対する近似文字列マッチンググラフの例を示す．

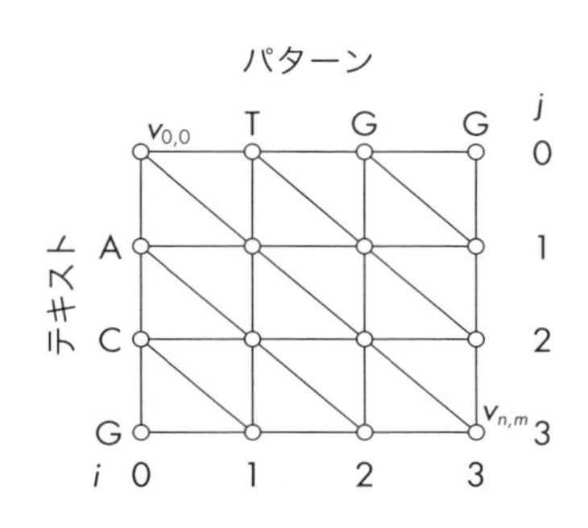

図 6・38—近似文字列マッチンググラフの例

削除の編集スコアを s_{del}, 挿入の編集スコアを s_{ins}, 置換の編集スコアを s_{sub} とする．ここでは，$s_{\mathrm{del}} = 1$, $s_{\mathrm{ins}} = 1$, $s_{\mathrm{sub}} = 2$ とする．各頂点 $v_{i,j}$ にサブパターン $P^t = (p_1, p_2, \ldots, p_i)$ とサブテキスト $T^t = (t_1, t_2, \ldots, t_j)$ に対する編集距離を記憶させる．各頂点がもつ編集距離のことを頂点スコアと定義する．各頂点 $v_{i,j}$ に対する編集距離の最小値は以下に示す再帰式により計算できる．

$$v_{i,j} = min \begin{cases} v_{i-1,j-1} + \begin{cases} p_i = t_j \text{ のとき} & 0 \\ p_i \neq t_j \text{ のとき} & s_{\mathrm{sub}} \end{cases} \\ v_{i-1,j} + s_{\mathrm{ins}} \\ v_{i,j-1} + s_{\mathrm{del}} \end{cases}$$

再帰式を頂点 $v_{0,0}$ から頂点 $v_{n,m}$ へと再帰的に適用すると，最小な編集距離を計算できる．以下に，最小編集距離を計算するアルゴリズムを示す．

［アルゴリズム］ テキスト T とパターン P が与えられ，それぞれの長さを m, n とする．

1: $v_{1,0} \leftarrow i, (i = 0, 1, \ldots, n), v_{0,j} \leftarrow j, (j = 0, 1, \ldots, m)$
　とする．

2: **for** $j \leftarrow 1$ **until** $j \leq m + n - 1$ **begin**

3: **for** $i \leftarrow 1$ **until** $i \leq n$ **begin**
4: **if** $0 < j - i + 1 \leq m$ ならば
式 (1) を用いて $v_{i,j-i+1}$ を求める．
5: $i \leftarrow i + 1$ とする．
6: **end**
7: $j \leftarrow j + 1$ とする．
8: **end**
9: $v_{n,m}$ を編集距離とし，停止．

パターン長 n はテキスト長 m よりもはるかに短いと仮定する．例えば，バイオインフォマティクスのアライメントでは，$n = 10^3$ 程度に対して，$m = 10^9$ 程度である．再帰式を直接用いて最小編集距離を計算するアルゴリズムを Naive 法とする．頂点スコアはそれぞれ独立に計算できる．近似文字列マッチンググラフの各列の計算を行うためにプロセッシングエレメント（PE）を用いる(50)．**図 6・39** に Naive 法の PE の構造を示す．s はテキストとパターン 1 文字のビット数を表し，n はパターン長を表す．再帰式を直接実行するため，下部に示した回路にテキスト（t_in）とパターン（p_in）を入力し，一致検出回路を通して，置換の編集スコアを加算するか選択する．同時に，各頂点のスコアに対してそれぞれの編集スコアを加算し，最小値選択回路を用いて最小編集スコアを求める．

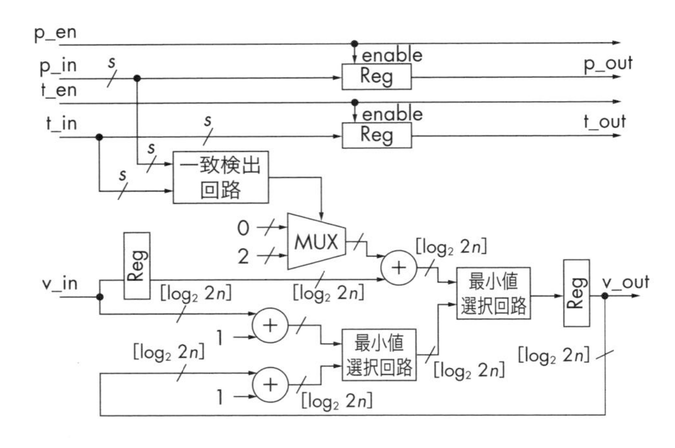

図 6・39—プロセッシングエレメント（PE）

PE はクロックごとに対応する頂点の値を計算し，出力する（**図 6・40** において太枠で囲まれた範囲）．t は時刻を表す．ここで，頂点 $v_{i,j}$ を PE_i で演算するために必要なデータの依存関係を考える．再帰式より，$v_{i,j}$ を計算するには $v_{i,j-1}$，$v_{i-1,j}$，$v_{i-1,j-1}$ が必要である．ここで，$v_{i,j-1}$ は時刻 $t-1$ において，PE_i が出力する値であるから，PE_i の出力をフィードバックして参照すればよい．$v_{i-1,j}$ は時刻 $t-1$ において，PE_{i-1} が出力する値であるから，PE_{i-1} の出力を受け取ればよい．$v_{i-1,j-1}$ の値は時刻 $t-2$ において，PE_{i-1} が出力する値である．したがって，レジスタを 1 段挟み遅らせてから受け取ればよい．図 6・39 に示す PE を直列に接続した回路は，1 クロックで近似文字列マッチンググラフの対角線（**図 6・41** において太枠で囲まれた範囲）を一度に評価する．つまり，並列プロセッサを用いると Naive 法アルゴリズムの 3 行目から 6 行目までのループを並列に計算できる．したがって，この回路を用いた場合，計算時間複雑度は $O(m)$ となる．

近似文字列マッチングの FPGA 実装の詳細は文献 [51] を参照して欲しい．

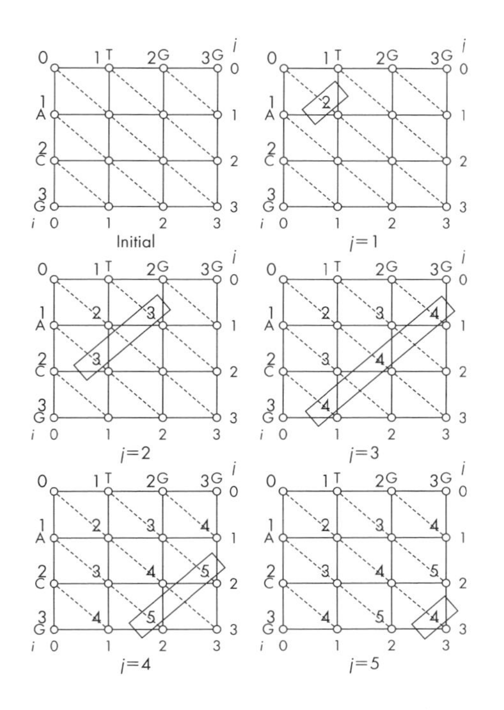

図 6・40—近似文字列マッチングアルゴリズムの例

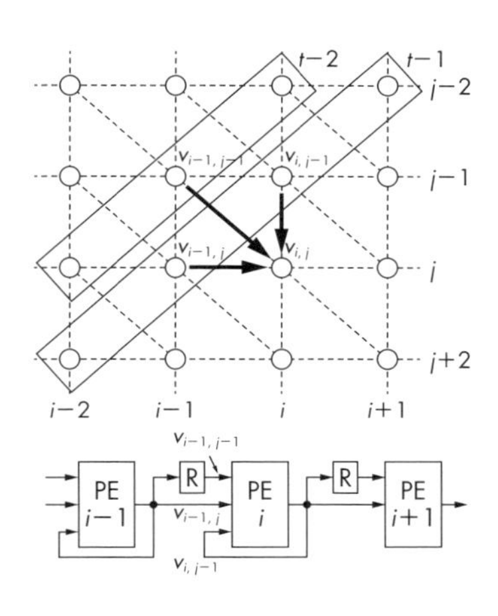

図 6・41—PE と対応する頂点の値

参考文献

(1) D.A. Patterson and J.L. Hennessy, "Computer Organization and Design, Fourth Edition, Fourth Edition: The Hardware/Software Interface," Morgan Kaufmann Publishers (2008).

(2) 奥川俊史, "並列計算機アーキテクチャ," コロナ社 (1991).

(3) M.J. Flynn, "Some Computer Organizations and Their Effectiveness," IEEE Trans. Computers, Vol.21, No.9, pp.948-960 (1972).

(4) D.E. Culler and J.P. Singh, "Parallel Computer Architecture, A Hardware / Software Approach," Morgan Kaufmann Publishers (1999).

(5) A. Peleg and U. Weiser, "MMX Technology Extension to the Intel Architecture," IEEE Micro, Vol.16, No.4, pp.42-50 (1996).

(6) M. Hassaballah, S. Omran, and Y.B. Mahdy, "A Review of SIMD Multimedia Extensions and their Usage in Scientific and Engineering Applications," The Computer Journal, Vol.51, No.6, pp.630-649 (2008).

(7) A. Downton and D. Crookes, "Parallel Architectures for Image Processing," Electronics & Communication Engineering Journal, Vol.10, No.3, pp.139-151 (1998).

(8) A.P. Reeves, "Parallel computer architectures for image processing," Computer Vision, Graphics, and Image Processing, Vol.25, No.1, pp.68-88 (1984).

(9) H.T. Kung, "Why Systolic Architecture?," IEEE Computer, Vol.15, No.1, pp.37-46 (1982).

(10) 梅尾博司, "シストリック・アレイ," 情報処理, Vol.30, No.1 (1988).

(11) K.T. Johnson, A.R. Hurson, and B. Shirazi, "General-Purpose Systolic Arrays," IEEE Computer, Vol.26, No.11, pp.20-31 (1993).

(12) S.-Y. Kung, K.S. Arun, R.J. Gal-Ezer, and D.V.B. Rao, "Wavefront Array Processor, Language, Architecture, and Applications," IEEE Trans. Computers, Vol.C-31, No.11, pp.1054-1066 (1982).

(13) K. Sano and Y. Kono, "FPGA-based Connect6 Solver with Hardware-Accelerated Move Refinement," Computer Architecture News, Vol.40, No.5, pp.4-9 (2012).

(14) 末吉敏則, 天野英晴 (編), "リコンフィギャラブルシステム," オーム社 (2005).

(15) K. Sano, T. Iizuka, and S. Yamamoto, "Systolic Architecture for Computational Fluid Dynamics on FPGAs," Proc. IEEE Symp. Field-Programmable Custom Computing Machines, pp.107-116 (2007).

(16) K. Sano, W. Luzhou, Y. Hatsuda, T. Iizuka, and S. Yamamoto, "FPGA-Array with Bandwidth-Reduction Mechanism for Scalable and Power-Efficient Numerical Simulations based on Finite Difference Methods," ACM Trans. Reconfigurable Technology and Systems, Vol.3, No.4, Article No.21 (2010).

(17) K. Sano, "FPGA-Based Systolic Computational-Memory Array for Scalable Stencil Computations," High-Performance Computing Using FPGAs (Springer), pp.279-304 (2013).

(18) A.H. Veen, “Dataflow Machine Architecture,” ACM Computer Surveys, Vol.18, No.4, pp.365-396 (Dec. 1986).
(19) K. Hwang and F.A. Briggs, “Computer Architecture and Parallel Processing,” McGraw-Hill (1984).
(20) 田中英彦, “非ノイマン型コンピュータ,” コロナ社 (1989).
(21) 弓場敏嗣, “データ駆動型並列計算機,” オーム社 (1993).
(22) 奥川峻史, “ペトリネットの基礎,” 共立出版 (1995).
(23) 樋口龍雄, “高度並列信号処理,” 昭晃堂 (1992).
(24) 米田友洋, “非同期式回路の設計,” 共立出版 (2003).
(25) S. Hauck and A. Dehon, “Reconfigurable Computing,” Morgan Kaufmann Publishers (2008).
(26) R. Stephens, “A Survey of Stream Processing,” Acata Informatica, Vol.34, No.7, pp.491-541 (1997).
(27) A. Das, W.J. Dally, and P. Mattson, “Compiling for Stream Processing,” Proc. Int. Conf. Parallel Architectures and Compilation Techniques, pp.33-42 (2006).
(28) K. Sano, Y. Hatsuda, and S. Yamamoto, “Multi-FPGA Accelerator for Scalable Stencil Computation with Constant Memory-Bandwidth,” IEEE Trans. Parallel and Distributed Systems, Vol.25, No.3, pp.695-705 (2014).
(29) K. Sano, R. Chiba, T. Ueno, H. Suzuki, R. Ito, and S. Yamamoto, “FPGA-based Custom Computing Architecture for Large-Scale Fluid Simulation with Building Cube Method,” Computer Architecture News, Vol.42, No.4, pp.45-50 (2014).
(30) J. von Neumann, “The general and logical theory of automata,” in L.A. Jeffress, ed., Cerebral Mechanisms in Behavior – The Hixon Symposium, John Wiley & Sons, pp.1-31 (1951).
(31) S. Wolfram, “Statistical Mechanics of Cellular Automata,” Reviews of Modern Physics 55 (3): pp.601–644 (1983).
(32) J. von Neumann and A.W. Burks, “Theory of Self-Reproducing Automata,” University of Illinois Press (1966).
(33) A. Bandyopadhyay et. al, “Massively parallel computing on an organic molecular layer,” Nature Physics, No.6, pp.369-375 (2010).
(34) D.E. Knuth, “The Art of Computer Programming, Volume 3: Sorting and Searching,”Addison Wesley Longman Publishting (1998).
(35) K.E. Batcher et. al, “Sorting Networks and Their Applications,”Spring Joint Computer Conference, AFIPS, pp.307-314 (1968).
(36) D. Koch et. al, “FPGA Sort,” FPGA, pp.45-54 (2011).
(37) J. Casper and K. Olukotun, “Hardware Acceleration of Database Operations,” FPGA, pp.151-160 (2014).
(38) T. Kohonen, “Content-Addressable Memories,” Springer Series in Information Sciences, Vol.1, Springer Berlin Heidelberg (1987).

(39) H. Nakahara, T. Sasao, and M. Matsuura, "A Regular Expression Matching Circuit: Decomposed Non-deterministic Realization With Prefix Sharing and Multi-Character Transition," Microprocessors and Microsystems, Vol.36, No.8, pp.644-664 (2012).

(40) H. Nakahara, T. Sasao, and M. Matsuura, "A virus scanning engine using an MPU and an IGU based on row-shift decomposition," IEICE Trans. Information and Systems, Vol.E96-D, No.8, pp.1667-1675 (2013).

(41) H. Nakahara, T. Sasao, M. Matsuura, H. Iwamoto, and Y. Terao, "A memory-based IPv6 lookup architecture using parallel index generation units," IEICE Trans. Information and Systems, Vol.E98-D, No.2, pp.262-271 (2015).

(42) A.V. Aho and M.J. Corasick, "Efficient string matching: An aid to bibliographic search," Comm. ACM, Vol.18, No.6, pp.333-340 (1975).

(43) L. Tan and T. Sherwood, "A high throughput string matching architecture for intrusion detection and prevention," Proc. 32nd Int. symp. Computer Architecture (ISCA 2005), pp.112-122 (2005).

(44) R. Baeza-Yates and G.H. Gonnet, "A new approach to text searching," Communications of the ACM, Vol.35, No.10, pp.74-82 (Oct. 1992).

(45) R. Sidhu and V.K. Prasanna, "Fast regular expression matching using FPGA," Proc. of the 9th Annual IEEE symp. Field-programmable Custom Computing Machines (FCCM 2001), pp.227-238 (2001).

(46) C. Lin, C. Huang, C. Jiang, and S. Chang, "Optimization of regular expression pattern matching circuits on FPGA," Proc. Conf. Design, automation and test in Europe (DATE 2006), pp.12-17 (2006).

(47) J. Bispo, I. Sourdis, J.M.P. Cardoso, and S. Vassiliadis, "Regular expression matching for reconfigurable packet inspection," Proc. IEEE Int. conf. Field Programmable Technology (FPT 2006), pp.119-126 (2006).

(48) T.F. Smith and M.S. Waterman, "Identification of common molecular subsequences," J. Molecular Biology, 147 (1): pp.195-197 (1981).

(49) S.B. Needleman and C.D. Wunsch, "A general method applicable to the search for similarities in the Amino-Acid sequence of two Proteins," J. Molecular Biology, 48, pp.443-453 (1970).

(50) L.J. Guibas, H.T. Kung, and C.D. Thompson, "Direct VLSI implementation of combinatorial algorithms," Proc. Conf. VLSI: Architecture, Design, Fabrication, pp.509-525 (1979).

(51) Y. Yamaguchi, T. Maruyama, and A. Konagaya, "High speed homology search with FPGAs," Proc. Pacific Symp. Biocomputing, pp.271-282 (2002).

7章　PLD/FPGAの応用事例

7・1　プログラマブル・ロジック・デバイスの現在とこれから

プログラマブル・ロジック・デバイス（PLD）は，試作用デバイスまたは特定用途向け集積回路（ASIC）の代替デバイスとして1970年代後半に登場した．このとき，再書換え可能性（Re-configurability）というPLDの先進的な特徴には大きな期待が寄せられた．しかし，社会に与えたインパクトは残念ながら小さかった．この理由は，産業用デバイスとしてみたとき，PLDの演算性能・信頼性・消費電力・価格が十分なレベルに至ってなかったためである．

2010年に入りPLDは再評価されるようになった．これは，ムーアの法則(1)に従ったPLDの飛躍的な成長が理由である(2)．例えば，2010年には200億個超のトランジスタを搭載したPLDが市場より入手可能となり，ハードウェア設計者はトランジスタ単価を無料と見なせるようになった(3)(4)．動作周波数も1.5 GHzという高速動作を可能としたPLDが登場した(5)．また，PLDの最小演算単位を大きくした構造(粗粒度構造)や回路の動作中に回路の一部ないし全部を変更する方法(動的再構成)などを採用し，消費電力削減と演算性能のバランスを考えた応用特化型PLDも登場している(6)〜(8)．つまり，PLDは，四半世紀を超える年月をかけて，産業用デバイスとして十分に成長した．加えて，スピン素子(9)や原子スイッチ(10)などの新技術が議論されており，PLDの成長は今後も続くと考えられる．

ここで，PLDの各応用事例を紹介する前に，2020年までの予想も含めたPLD業界全体に関する産業統計データを眺めてみる．2010年から2015年におけるPLD市場の年平均成長率は約8.1%であり，2020年にはその規模は世界で1兆円を超えると予想されている(11)．これを国内市場で例えるなら，福祉用具[†1]（約

[†1] 車椅子，特殊寝台，床ずれ防止用具，手すり，歩行補助杖などの市場．詳細は文献（12）など．

1.3 兆円)，一般用医薬品[†2]（0.6 兆円)，ゲーム市場（約 0.5 兆円）などと同程度の市場に成長することを示唆している．では，PLD 応用分野はどうだろうか．

Internet of Things（IoT）を例に挙げると，2025 年の予想では全世界で 1 兆個の IoT 機器がインターネットに接続されると予想されている．まず，PLD は IoT 用デバイスとして利用されるだろう．IoT 機器どうしを繋ぐネットワークスイッチの高速化や通信データの暗号化・復号化処理などにも PLD は利用される．また，IoT 社会を支えるデータセンター（ビッグデータを含む)，人工知能，自動運転やロボット技術などにおいても PLD は重要な役割を担うだろう．

PLD は，周辺市場も含め，急速に進化を続けており大きなビジネスチャンスがある．本章がそれを理解する一助になれば幸いである．

7・2 スーパーコンピュータ：大規模システムを補完する PLD/FPGA

7・2・1 スパコン構築において重要なことはなにか

ビッグデータ[†3]，ゲノム科学[†4]，金融工学[†5]，人工知能[†6]，新材料設計，創薬・医療工学，気象・災害予測など，家庭用パソコンでは計算が困難な問題が数多く存在する．これらの超大規模な問題の解決を目的として，スーパーコンピュータ（以下，スパコンと略す）が開発されている[(13)~(24)]．この名称に明確な定義は存在しないが，家庭用パソコンと比べて 1 000 倍程度以上の性能をもつシステムが，または 50 TFLOPS[†7]以上の理論的最高性能をもつシステムが一般にスパコンと呼ばれている[(25)(26)]．

スパコン性能の比較には，TOP500[(27)]および Green500[(28)]という世界ランキングが有名である．TOP500 はスパコン性能を，Green500 は性能に加えて消費電力を考慮したスパコンの電力効率をランキングしたものである．両者ともに毎年 6 月と 11 月に更新され，スパコン性能の推移は**図 7・1** のようにまとめられている．

さて，TOP500 において，スパコンランキングをモータースポーツの Formula

---

†2 薬局やドラッグストアなどで一般向けに販売されている医薬品のこと．OTC 医薬品（Over-The-Counter drug）とも呼ばれる．

†3 7・4 節で紹介

†4 7・5 節で紹介

†5 7・6 節で紹介

†6 7・7 節で紹介

†7 TFLOPS: Tera FLoating-point Operations Per Second の略．1 FLOPS は浮動小数点演算を 1 秒間に 1 回計算することを意味する．Tera は接頭辞 10^{12}（兆）を意味する．つまり，50 TFLOPS は 1 秒間に 50 兆回の浮動小数点演算を実行する性能をもつことを意味する．

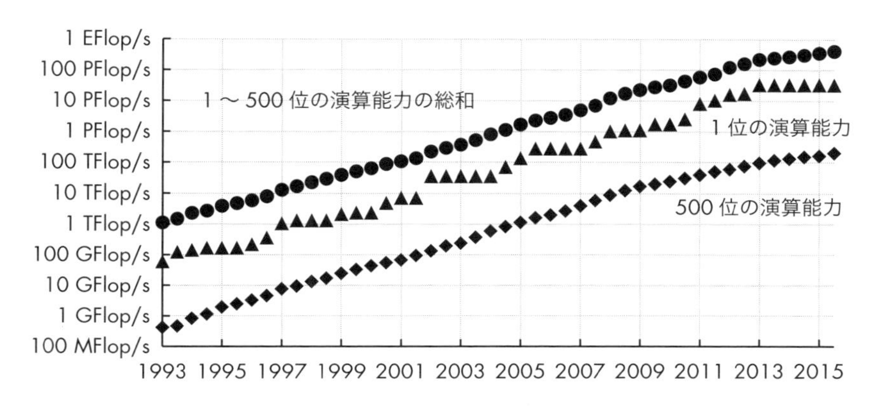

図 7・1—スパコンの演算能力の推移（1993～2015 年，TOP500（27）より再作成）

One racing（以下，F1）を例に説明する部分がある．このため，スパコンは速さ（＝演算性能）を追求したシステムでありPLD/FPGA も演算加速器として利用するというイメージが先行するかもしれない．しかし，スパコンの性能を高めるために重要視されることは演算プロセッサや演算加速器の性能だけではない．PLD/FPGA を演算加速器に利用するというだけでなく，ほかの観点からもスパコンの性能を高める可能性をもつデバイスであることを本節では紹介する．

スパコンの目的は，F1 の例えでわかるように，速さ（演算性能）の追求である．では，F1 とスパコンで追求している速さの質は同じものだろうか．F1 では，フルマラソンのような個人競技のように，ある単一システムが耐久性も含めてその最高性能を競う．一方，100 人 101 脚のような団体競技のように，スパコンのTOP500 では複数システムの協調動作を前提に最高速を競う．つまり，超高速な演算加速器をシステムの一部にのみ導入したり，大量の演算プロセッサをただ並べても飛躍的な性能向上は期待できない．スパコン構築で重要なことは，膨大な数の演算プロセッサや演算加速器をどのように接続し，どのように効率良く協調動作させるかにある．この超並列計算を支える技術は今後もチャレンジングな研究テーマとして多くの議論が交わされるだろう．なお，日本を代表するスパコン「京」[†8]では Tofu インターコネクトが 80 000 個を超える演算プロセッサの協調動

[†8] 理化学研究所計算科学研究機構と富士通により共同開発された日本を代表するスパコン．「京」の愛称は，開発当時（2011 年）の演算性能である 1.128 京 FLOPS（11.28 Peta FLOPS）に由来する．なお，2011 年 6 月および 11 月に TOP500 の 1 位に入賞している．

作を支えている(29).

PLD/FPGA は，上記で述べたスパコンの実効効率を高める可能性をもつデバイスとして，現在注目を集めている．何故なら，単なる演算加速器としてだけでなく，スパコン内の多数の演算プロセッサや演算加速器を密に結合するスイッチングデバイスとしての利用も考えられるからである．そして，IoT 技術による情報インフラが一層進むと，演算とデータの超集中と超分散がこれまで以上に加速する．これに伴い，スパコンの技術応用を必要とするデータセンターでは，より斬新かつ有効な手法・技術が必要となる†9．大規模計算という観点だけでなく，社会 IT インフラを強化する観点からもスパコン技術の向上は社会から要求されている．以上より，PLD/FPGA のスパコン利用は，今後より広まると推測される．

7・2・2　スパコンにおける FPGA の利用事例

HA-PACS は，筑波大学において 1970 年代より開発が続いている科学技術計算用並列計算機 PACS/PAX シリーズ 8 代目のスパコンである(30)．PACS/PAX シリーズは，開発当初より，CPU とメモリ間の通信性能を考慮したアーキテクチャを採用していることで知られている†10．HA-PACS は，PACS/PAX シリーズで初めて，演算加速器として GPU を採用したスパコンである．

GPU を用いてスパコンの性能を向上するには，GPU の高い演算性能を生かす並列システムアーキテクチャについて考えなければならない．しかし，HA-PACS 開発当初，GPU にはいくつかの問題があり効率の良い並列システムアーキテクチャを提案することが難しかった†11．例えば，複数の GPU でデータを共有する場合，転送の前と後でホスト CPU のメインメモリにデータをコピーする必要があった．また，データ転送には PCIe から別の通信方式への変換が必要となるため，通信レイテンシーの削減も難しかった．この改善に向け PEARL (PCI Express Adaptive and Reliable Link)(34)という概念をもとに TCA（Tightly Coupled Accelerators）技術が提案され，TCA を実現する PEACH2 ボード(35)が開発

†9　PEZY 社の菖蒲（Shoubu）や睡蓮（Suiren）など国産スパコンは是非頑張ってほしい．

†10　例えば，シリーズ 6 代目の CP-PACS は，CPU 性能：メモリ性能：ネットワーク性能の比率が 1：4：1 という理想的構成を実現し TOP500 において 1 位となっている．

†11　HA-PACS/TCA が提案された以降の NVIDIA 社製 GPGPU では，GPUDirect Version1～3(31)の導入や，チップ間インターコネクトの NVLink(32)の提案，HBM(33)による Stacked DRAM による超広帯域メモリの導入，などによりこの問題の改善を図っている．

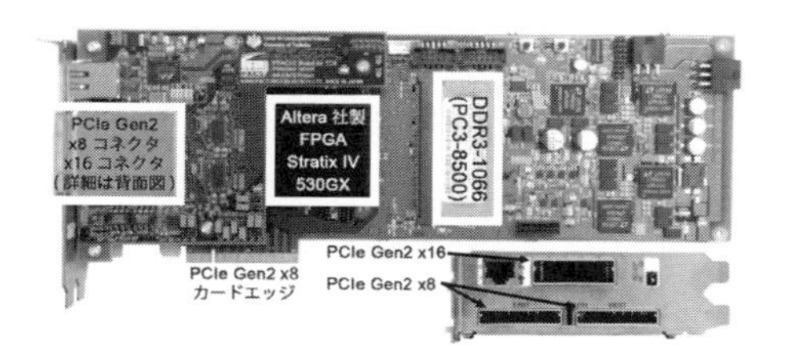

図 7・2—PEACH2 基板（写真）Altera Stratix IV GX530 を利用

図 7・3—HA-PACS/TCA（写真）

された（**図 7・2**）．2013 年には，HA-PACS/TCA 部が構築された（**図 7・3**）．

それでは，CPU+GPU+FPGA という，ヘテロジーニアス[†12]なシステム構成により得られたスパコン性能はどうだったろうか．HA-PACS/TCA は，64 ノードと小規模ながら，理論性能 364.3 TFLOPS，実効性能 277.1 TFLOPS を記録し，2013 年 11 月の TOP500 で 134 位となっている．また，3.52 GFLOPS/W という高い性能対電力を実現したことから，2013 年 11 月および 2014 年 6 月の Green500 で 3 位入賞もした．つまり，HA-PACS/TCA の基礎部分である最先端 GPU と CPU の組合せにより高性能と低消費電力を実現し，FPGA に実装された PEACH2 が学際共同利用などにおける実応用プログラムに対する実演算性能をさらに高めたといえる．

PEACH2 は，端的にいうと，GPU どうしが直接通信できるようなフレームワークを提供している．より専門的には，PEACH2 は PCIe による通信リンクを GPU 間の直接通信に拡張することで，高効率なデータ転送を実現している[†13]．技術的には，

†12　システムに異なるプロセッサ（アーキテクチャ）を採用した構成をヘテロジーニアス（heterogeneous）と呼ぶ．これに対し同一構造を採用する場合をホモジーニアス（homogeneous）と呼ぶ．

†13　Bonet Switch[(36)] など PCIe 2.0 を基本プロトコルに採用したスイッチも存在する．

PEACH2 は PCIe における Root Complex と複数の End Point とのパケット通信をノード間直接通信に拡張するルータを実現している(**図7・4**). つまり, **図7・5**に示されるように, GPU mem→CPU mem→(InfiniBand/MPI[†14])→CPU mem→GPU mem というデータ転送から GPU mem→(PCIe/PEACH2)→GPU mem, という GPU どうしの直接転送を可能にしている. これに加え, プロトコルが統一され, InfiniBand と比較して低いレイテンシーが実現された.

では, PEACH2 の通信性能をみてみよう. PEACH2 のポート数は, PCIe Gen2

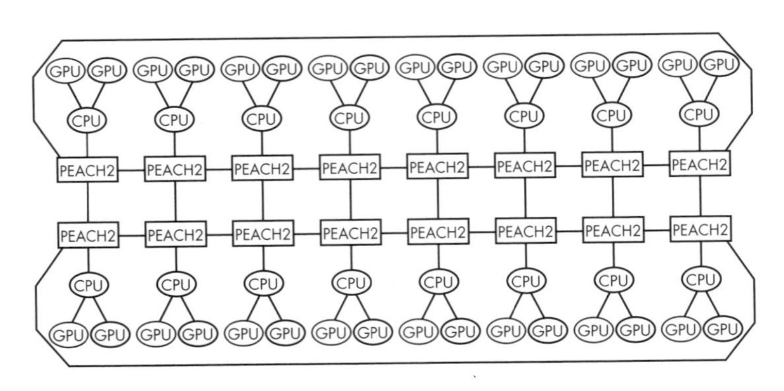

図 7・4—HA-PACS/TCA（CPU0 のみ. CPU1 は省略）

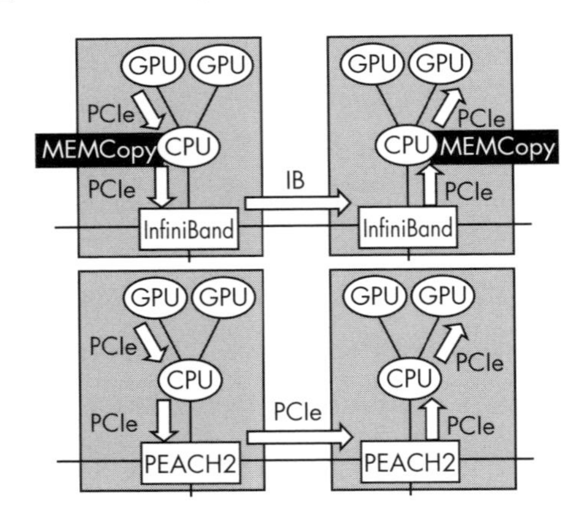

図 7・5—通信の簡略化

†14 MPI：Message Passing Interface. 分散メモリ間のメッセージ通信 API 規格. 詳細は文献 (37) など.

8 レーン[†15]を 4 ポート備えている．このポート数は，PEACH2 による制約ではなく使用している FPGA デバイスの物理的制約であり，FPGA 製造技術の向上により改善される[†16]．また，PEACH2 による GPU to GPU の DMA による Ping-pong レイテンシーは 2.0 μs（100 万分の 2 秒）であり，CPU to CPU が 1.8 μs であることを考えると，非常に短いレイテンシーで通信可能なことがわかる．なぜなら，PEACH2 の転送におけるオーバーヘッドが PLD/FPGA により 0.2 μs 程度まで削減されているからである．この性能は MVAPICH2 v2.0-GDR (GDR 有：4.5 μs，GDR 無：19 μs)[(39)]と比較しても十分といえる[†17]．FPGA 実装による軽量プロトコル，複数の RootComplex の接続，Block-Stride 通信機能のハードウェア実装などにより高いアプリケーション性能を得ることを可能にした．また，Ping-pong バンド幅をみると，PEACH2 の CPU to CPU の DMA 転送性能は約 3.5 GByte/s であり理論性能[†18]の 95%に達している．また，GPU to GPU の DMA 性能は約 2.8 GByte/s であった．ただし，ペイロードサイズが 512 KB を超えると MVAPICH2 v2.0-GDR のほうが高い性能を示しているため，実際の運用では状況によって使い分けている[(40)]．このように，PLD/FPGA の強みを生かしつつシステムの全体性能を高める高効率な運用方法についても今後は研究やビジネスの対象となるだろう．

7・3　ネットワーク分野：高速・高帯域通信を実現する PLD/FPGA

本節では，演算加速ではなく，ネットワーク通信を強化するデバイスとしてみた PLD/FPGA について紹介する．

7・3・1　ネットワークスイッチの概要

ネットワークスイッチとは，パソコンなどの情報端末どうしやネットワークとネットワークの接続をサポートする機器である．より具体的には，転送されるデータの塊（パケット）を適切な送信先へと転送する機器であり，パケットに対する処

[†15] InfiniBand 4 × QDR の物理帯域（32 Gbps = 4 × 8 Gbps）と同等の性能．
[†16] 2016 年に入手可能な PLD/FPGA は PCIe Gen3 8 レーンに対応しており，これに対応した PEACH3 という後継プロジェクト[(38)]も存在する．
[†17] 2013 年当時．2016 年現在では，MVAPICH の性能も飛躍的に改善され，ほぼ同等の性能となりつつある．
[†18] 3.66 GByte/s（ペイロードサイズが 256 KB のとき：256/(256 + 24) × 4 GByte/s)．

理機能から大きくレイヤ2スイッチとレイヤ3スイッチに分けることができる[†19]．レイヤ2スイッチによる MAC アドレスに基づくパケット転送の例を**図7・6**に示す．

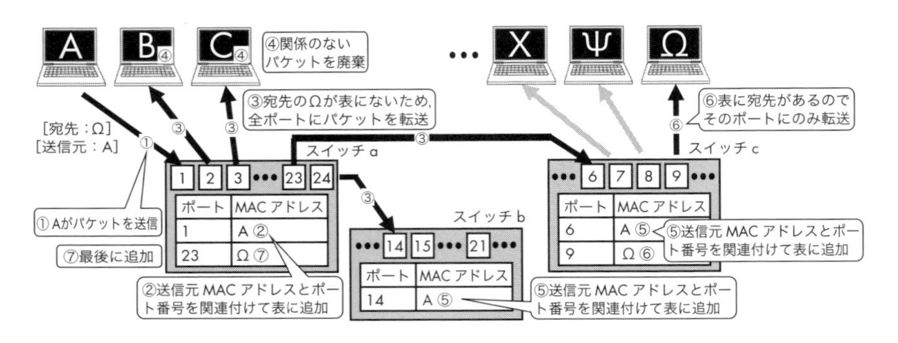

図7・6―MAC アドレスに基づくパケット転送の例（L2 スイッチの例）

図7・6において，①のような要求が来ると，②のように MAC アドレステーブルに基づき，パケットを出力するポートを変更する．しかし，電源投入時など MAC アドレステーブルが空の場合，図7・6の③に示すように全ポートにデータを転送（フラッディング）する必要がある．一定時間が経過し MAC アドレスとポートの対応が十分に記憶されると，フラッディングを極力減らして特定のポートのみに転送処理できるようになる．つまり，出力ポートに重複がなければ，同時刻に複数の異なるポートから来るパケットを並列に処理できるため，スイッチレベルで考えると通信帯域幅を大幅に向上させることができる．

次に，通信遅延を削減することについて考えてみる．CPU（ソフトウェア）を用いる場合，リアルタイム OS などにおける処理のオーバーヘッドは概ね 1 μs と大きいため，ハードウェア化する方が望ましい[(41)]．また，ハードウェア実装によりスイッチング遅延を 0.1 μs 程度にまで削減した製品も市販化されている[(42)]．

そこで PLD/FPGA をネットワークにおける演算処理用デバイスとして利用することを前提に，PLD/FPGA そのものの物理的な通信性能の進化と，低遅延かつ高通信帯域を保証しつつ，PLD/FPGA がネットワークを流れるパケットをどのように処理するかについて紹介を続ける．

†19　電気信号を接続するという観点からハブをレイヤ1スイッチとして考えることができる．ただし，レイヤ1スイッチの遅延は 5 ns 程度（ASIC 搭載時，2015 年現在）であり，この部分を PLD/FPGA に置き換えて性能向上を図るのは極めて難しい．

7・3・2　ネットワーク用デバイスとしてみた FPGA の進化

FPGA の高速トランシーバ導入は 2000 年ごろまで遡ることができる．そこでまず，Xilinx 社製 FPGA を例に，ネットワーク用デバイスという観点でみた FPGA の進化を**表 7・1** にまとめる．

表 7・1—FPGA の進化（各シリーズ最大規模のデバイス．高速トランシーバの比較）

年代	シリーズ	高速トランシーバ名（最大転送速度，トランシーバ数）
2002 年	Virtex 2 Pro	Rocket IO (3.125 Gbps, ×24)
2004 年	Virtex 4	Rocket IO MGT (6.5 Gbps, ×24)
2006 年	Virtex 5	Rocket IO GTX (6.5 Gbps, ×48)
2009 年	Virtex 6	GTX (6.6 Gbps, ×48) + GTH (11.18 Gbps, ×24)
2010 年	Virtex 7	GTH (13.1 Gbps, ×72) + GTZ (28.05 Gbps, ×16)
2013 年	UltraScale	GTH (16.3 Gbps, ×60) + GTY (30.5 Gbps, ×60)
2015 年	UltraScale+	GTY (32.75 Gbps, ×128)

表 7・1 よりトランシーバ当たり 10 年で 10 倍近い性能向上を実現しているのがわかる．しかし，現在の技術でこの性能を同じペースで高めることは動作周波数の制約から難しいだろう．大きな技術革新が生じるまでは，FPGA 当たりの高速トランシーバ数を増やしたり，上位の通信レイヤをサポートするようなハード IP コアを充実させる方向で成長を続けるものと思われる．そこで，トランシーバ単体ではなく，FPGA デバイスそのものを対象にした通信性能の推移を**図 7・7** に示す．

ネットワークデバイスの評価において，表 7・1 に示したような信号ピン当たりの通信性能も重要だが，デバイス当たりのパケット処理能力，メモリサイズおよび

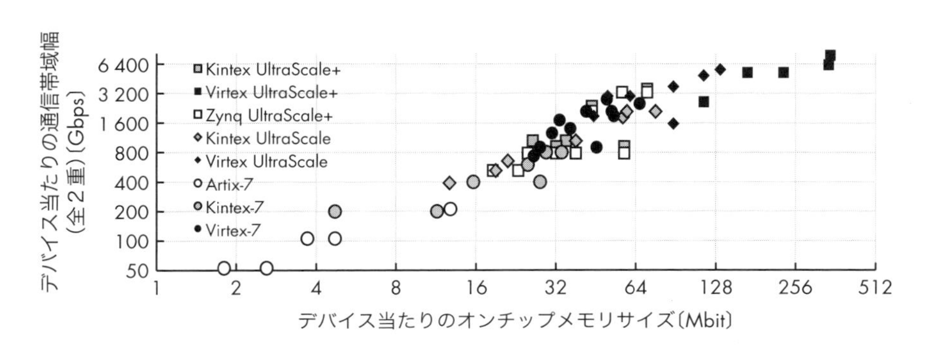

図 7・7—FPGA 当たりの最大通信帯域幅とオンチップメモリサイズの進化 (43)(44)

最大通信帯域も重要な要素である．PLD/FPGA においてパケット処理能力は実装回路に依存することから，図 7･7 では，デバイス当たりの最大通信帯域幅とオンチップメモリサイズについて図示している．評価に使用した PLD/FPGA は，2010 年以降に登場した Xilinx 社製 Artix，Kintex，Virtex シリーズの各世代 -7，UltraScale，UltraScale+ FPGA である[†20]．

図 7･7 が示すように，最大通信帯域幅（= トランシーバの最大転送速度 × 高速トランシーバ数）とオンチップメモリ量は正の相関をもつかたちで進化を続けている．つまり，その時代の高速な I/O トランシーバを豊富にもち，かつ高速な I/O に対応するオンチップメモリを備えてきたという意味で，FPGA はネットワーク用デバイスとして進化を続けてきたといっても過言ではない．ネットワークスイッチ製品には ASIC を利用することが依然多いものの，Exablaze(42) をはじめ，Arista(45)，Cisco(46)，Mellanox(47)，Simplex(48) など数多くのメーカが FPGA を用いたネットワーク製品を手掛けている．

7･3･3　SDN と FPGA

本項では，SDN（Software Defined Networking）[†21]に焦点を置きつつ，ネットワークスイッチのハードウェア化について説明を行う[†22]．現在，一般に利用されているネットワークスイッチは，送信時に設定された制御パケットの情報を用いて通信を制御する．パケット転送の高効率化は，各スイッチが自律的に収集した情報（図 7･6 に示した MAC アドレスや経路情報など）を用いて実現される．よって現方式でも，パケットの属性やネットワークに対する要求が少ない前提においては，高効率な通信が期待できる．しかし，同一のネットワーク上で転送される異なるパケットをセキュアに分離したり，パケットの流れを個別かつ動的に制御したり，ネットワークそのものを仮想化したりするような要求に応えるのは難しい．そこで，ネットワーク構成やパケットの流れの制御をプログラムする概

---

†20　最大通信帯域幅は高速通信用シリアル I/O の累算値（全 2 重通信時）．また，UltraScale+ シリーズのオンチップメモリサイズの値は BRAM と UltraRAM の値の総和．

†21　Software Defined Infrastructure (SDI)，Software Defined Data Center (SDDC) などベンダーによって呼び方が異なる．ネットワークの仮想化（NFV: Network Functions Virtualization）を指すことも多いが「ソフトウェアによってネットワークを集中的に管理する」という部分が本質であり，SDN 応用およびそのハードウェア化需要は今後も続くと思われる(49)．

†22　OpenFlow 実装は大きくインストール型とキャッシュ型に分けることができるが，ここではハードウェア量の見積もりをしやすいインストール型を前提に議論を進める．

念として，SDN に注目が集まるようになった(50)．

SDN そのものは 90 年代に提案され(51)，OpenFlow(52)と呼ばれる制御プロトコルおよびその標準化団体の Open Networking Foundation(53)が登場すると広く認知されるようになった．Xilinx 社の SDNet(54)や Arrive 社の SDN CodeChip(55)など FPGA 関連ベンダもこれを認識している†23．SDN に関連した FPGA 研究も数多く行われており(56)〜(63)，**図 7・8** に示すパケット分類処理はその主要な課題の一つである．

ヘッダ部
ペイロード部

ヘッダ処理(制御パケット処理)

分類規則	フィールド				
	送信元 IP	ポート番号	…	プロトコル	動作
規則 1	133.13.7.96/24	22	…	SCTP	Deny
規則 2	130.158.80.244/24	53	…	TCP	Accept
…	…	…	…	…	…
規則 N	0.0.0.0/0	0-65535	…	Any	Drop

図 7・8—ヘッダ処理におけるパケット分類処理（Packet Classification）の概要

パケット分類処理を概していうと，パケットのヘッダ部を読み込み，それをどの通信ポートに割り当てるか（ないし棄却するか）を決定することである(64)．パケット分類処理の性能評価には，演算遅延，通信帯域，規則の多様性の大きく三つのパラメータがある．例えば，非常に短い遅延で広い通信帯域をもつ優れた回路を設計できても，規則数に厳しい制限をもつ場合は実用に耐えないかもしれない．つまり，FPGA のハードウェア的な制約を考慮しつつこれらすべての性能をバランス良くどのように高めるか，が FPGA 設計者に要求されることである．

7・3・4　システム構成と通信パケットの処理

ネットワーク処理の具体的な内容はさておき，本項では PLD/FPGA で通信パケットを解析・処理し転送することについて考える．ネットワークパケットの解析は，ごく短時間であっても，一定の処理時間を必要とする．このため，その処理が完了し送信先のポートが決定するまでの間，通信パケットをネットワークスイッチ上のいずれかに格納する必要がある．そこで，システム構成の違いによっ

†23　アメリカでは，SDN の FPGA 設計（講義/演習）を導入している大学もある．日本では教育分野での FPGA 利用は少なく，欧米中の後塵を拝するどころか周回遅れになるかもしれない．

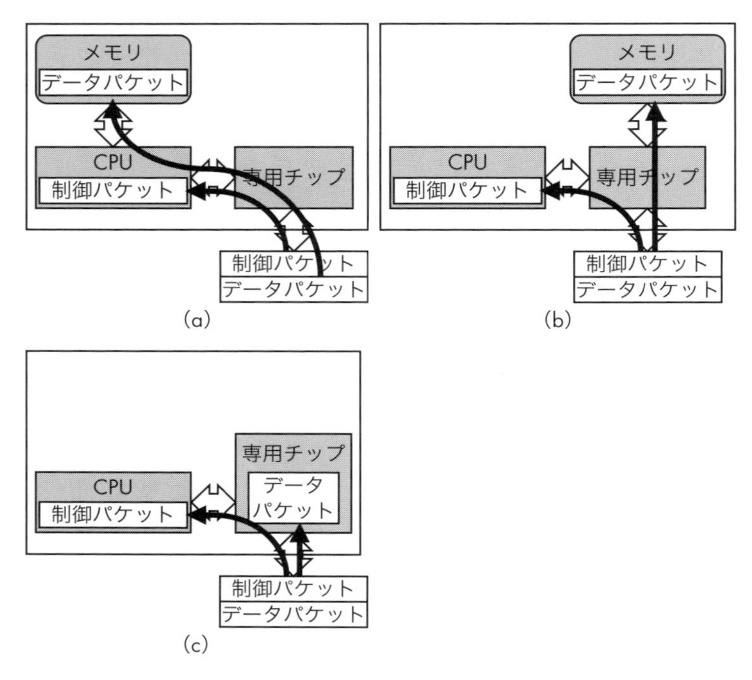

図 7・9—通信パケットの格納先とデバイス経由回数の違い（CPU でメモリ制御（a），専用チップでメモリ制御（b），専用チップ上に格納（c））

て生じる通信パケットの格納先の違いを**図 7・9** に示す．

図 7・9 では CPU がすべてのパケット処理（制御パケット解析・処理）を担当する，と仮定している．これは，TCP（Transmission Control Protocol），UDP (User Datagram Protocol), ICMP (Internet Control Message Protocol), ARP (Address Resolution Protocol) など異なるフォーマットの処理を考えると，CPU の利用は一つの解と成り得るからである[†24]．よって，この前提においては，データパケットの格納手順および場所がネットワークスイッチの性能を左右する[(65)]．

ここで，図 7・9 の各構成で生じる違いを，具体的な時間を仮定して考えてみる．図のチップ間通信（白矢印）にかかる時間を約 500 ns とする．図 (a) は，専用チップ→CPU→メモリ→CPU→専用チップ，とデータパケットの格納と読出しだけ

[†24] 1990 年代，NIC (Network Interface Card) を 3 枚挿入した PC で DMZ (DeMilitarized Zone) を構築したサーバが良くみられた．スイッチ性能を追求しないなら CPU でも機能は実装できる．また，ASIC に全部/一部の処理をオフロードすることも広くみられるがその説明は省略する．

で 2000 ns（= 2 μs）必要となる．ネットワークスイッチが 1 個だけであれば良い．しかし，実際のインターネット通信において 100 個のネットワークスイッチを経由する場合，片道分のスイッチ通過だけでも 0.2 s の時間がかかる．このため，ネットワークスイッチ単位では小さい変化に見えても，遅延時間は可能な限り減らす方が望ましい．

そこで最近のネットワークスイッチは，図 7・9(b) の構成にシフトしている．図 (b) は，専用チップ→メモリ→専用チップ，とデータパケットの格納と読出しが 1000 ns（= 1 μs）に短縮される．ここで FPGA について考えると，Intel 社は Ivy Bridge マイクロコアアーキテクチャの Xeon E5-2600 v2 シリーズと Altera 社の Stratix V を同じパッケージに組み込んだ製品を視野に入れている(66)．また FPGA ベンダも，より低遅延・高帯域を実現するために，次世代規格である HMC（Hybrid Memory Cube）(67) の利用について検討を始めている(68)(69)．半導体ファウンドリ†25や半導体製造技術の向上によっては，FPGA 上に別のメモリ規格（High Bandwidth Memory：HBM(33)）が導入されることも考えられる．

新しいメモリ規格の導入は，図 7・9(c) の構成への移行を加速させるだろう．そして，ネットワーク用デバイスとしての PLD/FPGA には，CPU と FPGA のコデザインがより強く要求され，OpenCL などをはじめとする高位言語による開発がこれまで以上に要求されるだろう(66)（4 章も参照のこと）．

7・3・5　連想メモリ（CAM）と FPGA

パケット分類処理の FPGA 実装については，ハッシュ演算を用いたテーブル圧縮(70) や n 分木検索を用いたアルゴリズム(71) など議論されているが，本項では FPGA と親和性の高い連想メモリ（Content-Addressable Memory：CAM）(72)(73) を用いた実装を紹介する†26．

連想メモリは，一般的なメモリとは異なり，データを比較してアドレスを返す．この動作の違いを**図 7・10** に示す．応用としては，例えば連想メモリに IP アド

†25　Semiconductor Foundry．半導体デバイスを生産する工場のこと．半導体ファブ（Semiconductor Device Fabrication）とも呼ばれる．

†26　連想メモリという概念はメモリの登場した 1950 年代まで遡ることができる．基礎的な概念であることから常に議論されており，本文で紹介するほかにも FPGA ベンダ(74)(75) の事例や先行研究(76) などが参考になる．また，最先端プロセスを用いたデバイス開発(77) なども面白い．

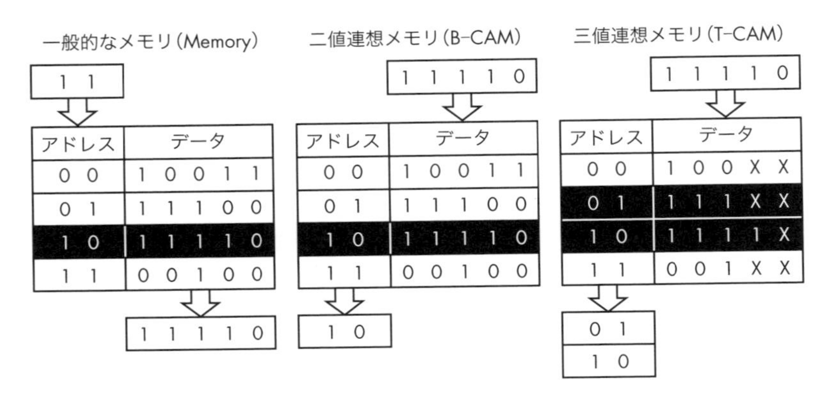

図 7・10—一般的なメモリと連想メモリの違い（X は Don't Care を意味する）

レスのリストを格納し，受信パケットの宛先 IP と連想メモリ内のリストを比較して一致しているアドレスを呼び出し，そのアドレスをキーにそのパケットの宛先ポートを通常のメモリから参照する，などが考えられる．

さて，一般に何らかのリストを検索する際，完全一致検索（Exact Match Search）を利用することは少ない．IP アドレス検索におけるサブネットなど，一部のデータをマスクして検索することが一般的である．そこで，“0” と “1” の 2 値のみで検索する連想メモリを二値連想メモリ（Binary CAM：B-CAM），これに対し，“X”（Don't Care）という “0” でも “1” でも良いという値を導入した 3 値で検索できるメモリを三値連想メモリ（Ternary CAM：T-CAM）と呼び区別することもある．

ところで，T-CAM は 3 値を利用できるため複数のエントリにヒットする可能性がある．このときは，該当する最も若いアドレスのみを返す，というのが一般的である．図 7・10 を例に説明すると，“01” と “10” がヒットしているが，実際には “01” のみが出力される．このため，本当に欲しいアドレスが “10” の場合はこれを若いアドレスに格納して置く必要があり，データ格納方法も研究対象となる．

では，連想メモリの処理性能はどの程度のものだろうか．連想メモリの検索回数は検索キーに対して 1 回で良く，また検索時間はビット幅や登録エントリ数に依らず一定という特徴をもつ．また，2010 年以降にデバイスも飛躍的に進化し，現在では1秒間に数十億エントリの検索が可能となった†27.

例えば，ルネサスエレクトロニクス社のR8A20686BG-G[79]は1秒間に最大20億エントリの検索が可能であり，検索キーのデータ幅は最大640ビットである．この連想メモリデバイスはInterlaken LAを2ポートを備えることから理論帯域幅は300 Gbps（DDR4-19200の約2倍）であり，ネットワークで利用するに魅力的な性能を提示している．また，Xilinx社はこのデバイスを利用したFPGAシステムのデモ発表を行っており[81]，FPGAと連想メモリデバイス（R8A20686BG-G）はInterlaken Look-Aside[82][83]で接続されている†28.

Xilinx社のVirtex UltraScale/UltraScale+ FPGAは150G Intelakenコアを9個までサポートしており，デモシステムではR8A20686BG-Gは1デバイスしか利用していないが，実用では複数のデバイスが利用されるだろう．先行研究[70][71]などによる格納可能なルール数，クエリ幅，転送速度がそれぞれ10 000程度，160 bit，600 Gbps程度ということを考えると，最新FPGA + T-CAMというシステム構成は非常に魅力的であり，装置市場の技術版図を大きく変える可能性を秘めている．

7・4 ビッグデータ処理：ウェブ検索

無数に存在するウェブ上の文書を，キーワードから検索できるウェブ検索のサービスはすっかり社会に浸透し，さまざまな場面になくてはならない知識基盤となっている．キーワードを入力して関連するウェブページの一覧が表示されるまでには，膨大な量のデータベースからキーワードの含まれるページを抽出し，さらに抽出されたページを関連性によってスコア付けして並べ直す，といった処理が行われる．

従来，このような処理はデータセンターに配置された多数のPCベースのサーバによる並列処理で行われてきたが，電力的な制約などからデータセンターの規模を

†27 連想メモリには，通常のメモリ（SRAM）より使用トランジスタ数が多く消費電力が大きいというデメリットがあるのは事実である．このため，文献（78）など先行研究には利用に否定的な意見があるのも事実である．しかし，IT業界の進歩は早い．LSI製造技術の向上により80 Mビットを超える連想メモリ[79]が販売され，不揮発性記憶素子を利用した低消費電力化技術開発[80]も進んでいる．FPGAも1990年代後半〜2000年代後半にかけて同じ疑問に晒されてきた．連想メモリの可能性を現時点で否定するのはいささか早計すぎるだろう．

†28 使用されているXilinx Virtex-7 FPGAがもつハードウェアIPの制約から，1ポート当たりの理論最大転送幅は150 Gbpsではなく123.75 Gbpsと推測される．それにしても十分速い．

無制限に大きくすることはできない．したがって，検索エンジンの進歩を止めないためには，電力効率のよいハードウェアが必須である．ここでは，Microsoft社が運営しているBing検索エンジンに用いられているCatapultと呼ばれるFPGAアクセラレータについて述べる．

7･4･1　Bing検索の仕組み

ユーザからの検索クエリはフロントエンドによって受けられ，ここで検索クエリのキャッシュが検索される．キャッシュミスが発生した場合にはTLA（Top Level Aggregator）と呼ばれるサーバにクエリを転送する．TLAはこれを20～40台程度のMLA（Mid Level Aggregator）に転送する．MLAはラックごとに設置されており，ラック内の48台のIFM（Index File Manager）にクエリを転送する．各IFMは2万ページ程度のドキュメントに対してクエリに基づくランクの計算を行い，結果はMLAやTLAによってまとめられてフロントエンドに返される[(84)]．

IFMではまずクエリ内の単語を含むすべてのドキュメントを選出したあと，上位のドキュメントが絞り込まれる．ここで，Hit Vectorと呼ばれるドキュメント内のクエリ内の単語の位置を表すベクトルのストリームが生成される．続いて，Hit Vectorに基づいてこれらのドキュメントのランクをスコア付けする処理を行うが，このランク計算は計算負荷が高く，FPGAによるアクセラレーションが導入された．

7･4･2　ランク計算の高速化

ランク計算の最初のステップは特徴量抽出（Feature Extraction：FE）であり，Hit Vectorをステートマシンのアレイに流すことで多数の特徴量を同時に計算する．これを文献(84)ではMISD（Multiple Instruction Stream Single Data Stream）アーキテクチャと呼んでいる．ステートマシンによる特徴量抽出はそれぞれの特徴量に専用の回路で行われ，ソフトウェアでは600 μs必要であったのに対してわずか4 μsで処理が行われる．

特徴量が抽出されると，これを用いて特徴量の合成が行われる．これの合成特徴量の計算プロセスはFFE（Free-Form Expression）と呼ばれ，その名前の通り，浮動小数点演算を含むさまざまな数式が用いられる．この処理のためにはカスタムのソフトプロセッサコアが開発され，一つの Stratix V FPGA 上に 60 のコアが構成されるメニーコアアーキテクチャをとっている．

FFE では多数の合成特徴量が算出され，これらは最終的に機械学習によるスコア付け（Machine-Learning Scoring：MLS）が行われ，ランクの値が決定される．この詳細は明らかにされていないが，自由に回路を構成できる FPGA の特徴を生かして頻繁にアルゴリズムの更新が行われている模様である．

7・4・3　Catapult アクセラレータの構成

Microsoft 社ではこのランク計算のアクセラレータとして Catapult と呼ばれる FPGA ボードを開発した．これには Altera 社の Stratix V FPGA と 8 GB の DDR3 SDRAM SO-DIMM が搭載されており，サーバとは PCIe で接続されている．Catapult ボードは PCIe でホストと接続されるだけでなく，Catapult ボード相互で 6×8 のトーラスネットワークを構成する．このネットワークは双方向それぞれ 10 Gbps の転送速度をもち，複数の FPGA 間にまたがる大きなパイプラインである「マクロパイプライン」を構成するのに使われる．

図 7・11 のように，ランク計算では八つの FPGA ボードで一つの大きなパイプラインを構成しており，最初の FPGA には FE が，続く FPGA には FFE や MLS のパイプラインが構成される．八つの FPGA はそれぞれ別の IFM ノードに接続されているため，各 FE のパイプラインをもつ FPGA に Hit Vector を送ったり，MLS で得られたランクの値を得たりするには相互接続網を経由して通信が行われる．

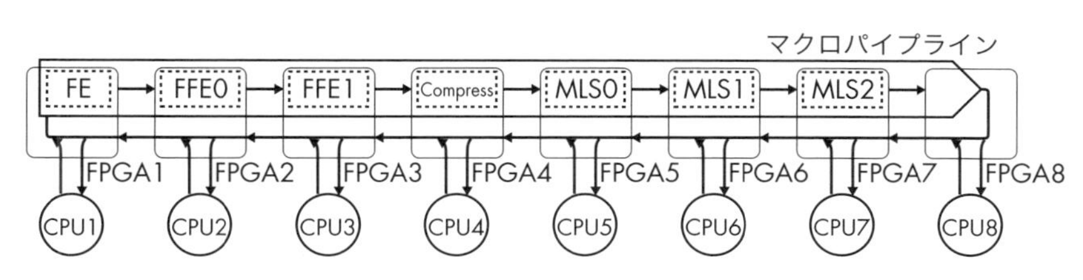

図 7・11—Catapult によるマクロパイプラインの構成

この際，マクロパイプラインを流れるデータは図 7・11 では右向き，IFM ノードからパイプラインの入口へ向かうリクエスト，あるいはパイプラインの出口から IFM へ戻る結果は左向きのリンクを経由して，すべての通信を時計回りに行うことで，双方向リンクの帯域幅を無駄なく使うことができる．また，文献(85)では6×8のトーラスを利用して，残りのノードにランク計算以外の，コンピュータビジョンなどの計算を行うためのマクロパイプラインを構成しておき，各ノードからさまざまなアクセラレーションパイプラインを利用する方法が示されている．

7·5　ゲノム科学：ショートリードアセンブリマッピング

生物のゲノムを構成する DNA 配列は A, T, C, G の 4 文字で表される 4 種類の分子で構成されており，この分析には文字列処理のさまざまなアルゴリズムが応用されている．FPGA は専用のステートマシンを構成できるため文字列処理に強いとされており，特に DNA 配列のように少ないビット数で表現できる系の場合にはマイクロプロセッサに対して大きなアドバンテージをもつため，Splash 2[86]以来，さまざまな応用が行われてきた．

ゲノム解読には長い間，1970 年代に開発された Sangar 法と呼ばれる方法による DNA シーケンサが用いられてきたが，2000 年代に入って「次世代シーケンサ」と呼ばれる新しいゲノムシーケンサが登場し，ゲノム解読のスループットが飛躍的に向上した．この種のシーケンサは大量の，比較的短い DNA 鎖の断片を同時に解読することができ，大量の断片を並列に解読することで高いスループットを実現し，近年ではこれを用いた新たなゲノム解読が盛んに行われている．

いずれのシーケンサを用いる場合にも，細胞から抽出した DNA を超音波などで細かく断片化し，それぞれの断片をシーケンサで解読する．同じゲノムをもつ多数の細胞から抽出した DNA を用いれば，断片化する際に切断される位置はそれぞれランダムに異なるので，シーケンサから出力された文字列（リード）の共通部分を探しながら繋ぎ合わせることで，もとの配列全体を復元（アセンブル）することができる．アセンブルは膨大な文字列処理を伴うため，大きな計算負荷が発生する．特に次世代シーケンサの場合，大量の短いリードを繋ぎ合わせるための計算に長い時間がかかることが問題である．

また，次世代シーケンサを用いると，比較的安価に配列を解読することができるため，例えば個人のゲノムをこれで解読し，既知の配列であるヒトゲノムにマッピングすると，個人ごとにわずかに異なる部分を捉えることができる．個人ごとの配列の相違は医療への応用が大きく期待される分野であるが，マッピングもやはり計算負荷の大きな作業である．ここでは，ショートリードからのアセンブルと，既知参照配列へのマッピングをFPGAで高速化した事例を挙げる．

7・5・1　ショートリードからの *De Novo* アセンブリ

既知の情報を用いずに，シーケンサからのリードだけを用いてゲノム全体をアセンブルすることを *De Novo* アセンブリと呼び，次世代シーケンサの登場とともにショートリードに特化した *De Novo* アセンブラのソフトウェアがいくつか登場している．いずれのソフトウェアも，大量のショートリードの共通部分を検出する処理を行うため，アセンブルには長い時間が必要である．

FAssem[87]は，Velvetというショートリードアセンブラの一部をFPGAによって高速化する実装である．Velvetでは，リードのオーバーラップを検出して繋いでいく処理と，de Brujinグラフと呼ばれるグラフを生成しながら最終的な配列を得る処理を行うが，FAssemでは前者をFPGAによって行い，もとのリードのもっている冗長性を低くしたうえで後半の処理をもともとのVelvetのコードによって行う．これによって，Core 2 Duo E4700（2.6 GHz）単独での実行に対して，Xilinx Virtex-6 LX130Tとの協調処理により2.2から8.4倍程度の高速化を実現している．

7・5・2　リファレンス配列へのショートリードマッピング

同じヒトのゲノムでも，個人の間では一塩基多型（Single Nucleotide Polymorphism：SNP）のような多様性が数多くみられることが知られている．ヒトゲノムの配列はすでに解読されており，SNPについても多くの知見が得られている．ゲノム全体の配列が既知であるので，シーケンサで読んだ個人のゲノムにみられるSNPについて知るには，ゲノム全体を再度アセンブルしなくとも，それぞれのリードが参照配列であるヒトゲノム中のどこに対応するかを順次マッピングしていけばよい．

この場合にはアセンブルが必要ないため，基本的にはそれよりも高速に処理をすることができるが，将来医療の現場で活用するようなことを想定すると，この処理は速ければ速いほどよい．しかし，マッピングの場合には必ずしもリードの配列が参照配列のどこかと100%一致するとは限らず，SNPのような原因で文字列の不一致や，あるいは文字列の挿入や欠失が存在する可能性もあるので，簡単な文字列マッチングの処理では完全にマッピングすることができない．

このような処理を行うソフトウェアは多数開発されているが，文献 (88) では，Burrows-Wheeler Transform により，Altera Stratix V FPGA を用いて，同様のアルゴリズムを用いるソフトウェア BWA を 4 コアのプロセッサで実行した場合と比べて，21.8 倍の速度向上を実現している．FAssem でもこの実装でも，多数の文字列マッチングのモジュールを FPGA 上に構成し，並列に文字列の比較を行うことで高い性能を得ている．

7・6　金融市場：FPGA が莫大な富を生む

7・6・1　高頻度取引（HFT）の概要

現在，株式市場では高頻度取引（HFT）が一般的になりつつある．HFT とは，株式相場の値動きを解析し高速に売買取引を行うことで利益を得る手法である．例えば，東京証券取引所では 500 μs（100 万分の 500 秒），ロンドン証券取引所では 125 μs，シンガポール証券取引所では 74 μs で高速に注文処理されている．また，東京証券取引所の HFT の売買件数は 2 000 万件を超え，取引全体の約 70%に至っている [(89)]．アメリカにおいても約 70%が HFT によるという報告があり [(90)]，HFT による取引は今後も世界的に増加することが予想されている．

ここで株式の取引方法について簡単に説明する[†29]．基本はザラバ方式と呼ばれるもので，「価格」と「時間」の二つの原則より取引される．**図 7・12** にこの概要を示す．図 7・12(a) に示すように，売り注文（売却希望価格の最低が 434 円）と買い注文（購入希望価格の最高が 433 円）で重なる部分がないときは取引が成立しない．これが価格優先である．次に，433 円で 1 000 株を売却する人が現れる

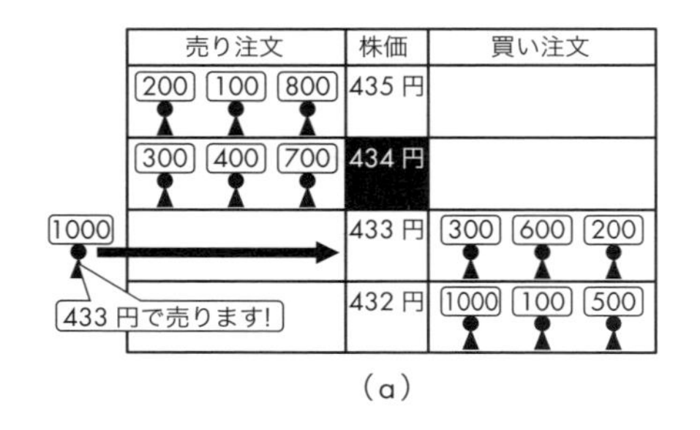

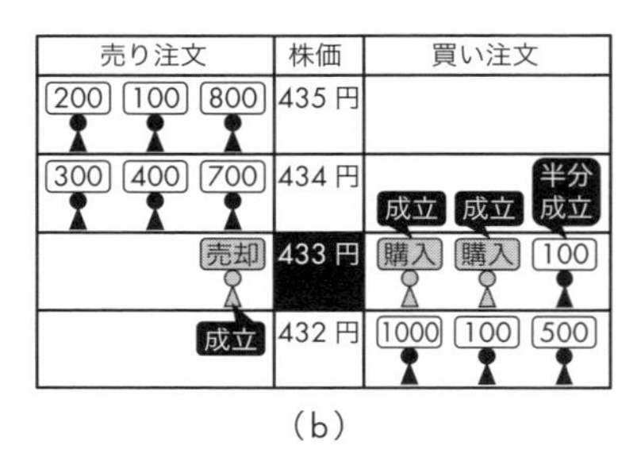

図 7・12—ザラバ方式（価格優先および時間優先の原則に基づく取引方法）

†29 指値，成行，信用，など取引方法はさまざまである．ここでは基本となる指値のみ説明する．

と，433 円に買い注文を早く入れていた人から取引が成立する．例では，300 株，600 株，200 株の順で買い注文があることから，初めの二人は取引が完了し，最後の一人は希望した 200 株のうち 100 株が購入できる（図 7・12(b)）．これが時間優先である．そして，取引が成立した価格（433 円）が新株価となり，取引が進んでいく．

さて，HFT にはさまざまなカテゴリがあるが，本章ではディレクショナル戦略取引を例に説明を続ける†30．ディレクショナル戦略取引とは，ごく短期的な価格変動を予測して差益を得る手法であり，超短時間で意思決定し売買注文を出すことが求められる．HFT における意思決定は，各証券取引所の注文処理時間から推測されるように，数十〜数百 μs 程度で行われている．では，10 μs で処理すれば十分であろうか．この回答は「否」である．なぜなら，上述したザラバ方式で注文処理されるため，相対的な速さが重要だからである．例えば，A と B の二人が 13 時にほぼ同時に注文を出したとする．しかし，株式市場では注文を確定するため A と B のどちらが先に注文したかを厳密に判断する必要がある．もし A が 13 時から 10 μs 後に，B が 9 μs と 999 ns 後に注文を出していた場合，1 ns 早く注文した B の注文が約定する．そして，約定できなかった A は大きな富を逃すかもしれない．この 1 ns が生む価値を定量的に示すことは難しいが，10 Gbps のネットワークにおいて，約 3 億円に相当するという試算も存在する．

このように HFT では，μs というごく短い時間での意思決定もさながら，ほかの注文より 1 ns でも短い時間で注文を出すという遅延の短縮が重要事項となっている．このため，巨額の富を産むシステムの相対的な高速化，という終わりのないレースに対してどのように対応していくかが研究・技術開発の興味の中心となる．

7・6・2　HFT システムの特徴と FPGA 利用の是非

ここでは，FPGA を利用した HFT システムを導入する理由と，充分な演算性能を備えたシステムをどのように構築するかについて考える．HFT システムは，ネットワークを介して各証券取引所より大量の情報を受け取り，その大量の情報

†30　HFT のほかのカテゴリにおいても FPGA の導入は進むと考えられる．例えば，裁定取引（異なる証券取引所における同一商品の価格差などを判断しその差益を得る方法）(91) では証券取引所とシステムを結ぶネットワークの遅延を減らすことが重要であるため，システムの物理的・地理的な配置や専用線の設置などの対策が必須となる．しかし，遅延時間を短くするという本質には違いがなく，システムの演算遅延を短くすることも重要だからである．

の中から重要な情報を探し出して次の取引注文にその結果を反映させる．情報を受け取ってから次の取引注文を出すまでの時間を遅延と呼ぶと，この遅延をどこまで削減できるか，が重要なポイントとなる．

ここで，HFT システムの概要を**図 7・13** に示す．HFT システムはネットワーク経由でデータを受け取り，演算を行うため，図 (a) に示すように，演算部と通信チップ（ASIC）の組合せが最小構成となる．

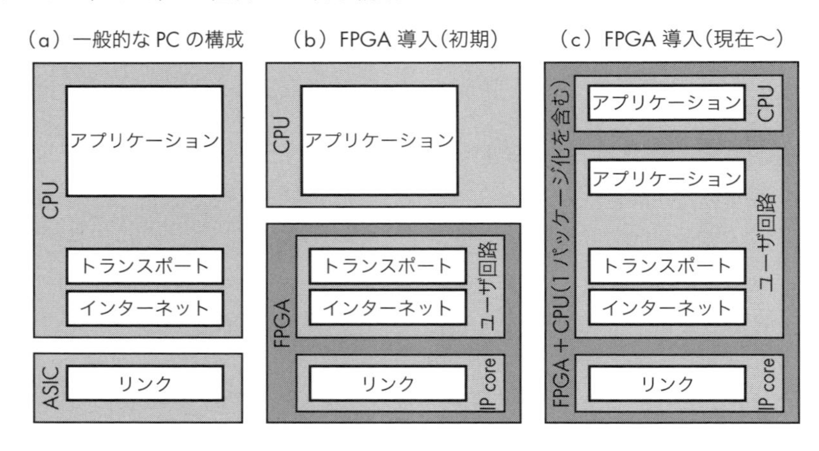

図 7・13—高頻度取引（HFT）システムと FPGA

図 7・13(a) において，ASIC でネットワークから得られた情報を受信する．受信されたデータは，ASIC から CPU（演算部）もしくは通信をサポートするブリッジチップなどに受け渡されるが，このデータ移動に 500 ns～数 μs の時間を必要とする．この時間は遅延に反映される．さらに，チップ内ではあるが，演算部の複雑なメモリ構造は複数回のデータ移動を要求する．このため，演算部のアーキテクチャも含め，遅延を削減するには抜本的な解決策が要求される．

それでは GPU のような演算加速器を利用するのはどうだろうか．GPU のような特徴をもつ演算加速器は，HFT に関していえば，利用に適さないだろう．GPU は遅延の短縮ではなく演算性能の向上を重視しており，HFT で求められる方向性と異なるからである．遅延を短縮する点では FPGA に軍配が上がる．図 7・13(b) が示すように，FPGA の導入により，ASIC 部分と CPU が行っている処理の一部を 1 チップ化し遅延を削減することができる．ネットワークスイッチの高速化に関する FPGA 利用の詳細は 7・3 節に譲るが，図 (b) に示す FPGA の導入は，デバイスをまたいだデータ転送の削減やインターネット層およびトランスポート層のオフロード処理など，遅延の削減に大きく貢献している．例えば，東京証券取引所のシステム（arrowhead）には SimplexBLAST FPGA（48）と呼ばれる FPGA エンジンが利用されており，金融システムでも FPGA は注目を集めている（92）．また，転送されるデータの塊（データパケット）を直接 FPGA で扱うようにしたことで，フィールドの異常値やフィルタリングなどの処理をハードウェア化によって高速に演算できるようになった．

ここで FPGA によるさらなる遅延の削減を考えると，① 複数のデバイス間のデータ転送をなくす（1 チップ化），② FPGA の回路容量が増加したことから取引アルゴリズムを直接ハードウェア化して処理する（ハードウェア化），③ ハードウェア化効率が低い演算については ARM などの組込みプロセッサを利用する（システムレベル最適化），などが挙げられる．そこで，今後のシステムは，文献 (93) などのように，図 7・13(c) の構成にシフトしていくと考えられる[†31]．

7・6・3　演算性能を考慮した FPGA の利用方法

最後に，HFT 以外の FPGA の利用例についても簡単に触れる．金融商品（為替，株式，債券など）から派生してできた取引として金融派生商品（デリバティブ，Financial Derivative Products）がある[†32]．これらの金融派生商品取引では，価格付けに偏微分方程式などが用いられる（94）．

偏微分方程式の数値解を求めるには膨大な計算時間を必要とするため，並列性を高めることに適したモンテカルロ法による近似計算は非常に良く利用されている．例えば，欧州オプション取引で使用される Black-Scholes 方程式（95）に対し巡回奇遇縮約法（cyclic odd-even reduction）を適用した FPGA 実装（96）や，Black-Scholes 方程式に加えて米国オプションを対象にした二項価格評価モデル（binomial options pricing model）の FPGA 実装（97），またアジアンオプション用 FPGA システム（98）なども提案されている．また，文献 (98) は高位記述によりシステムが実現されているところも興味深い．Altera 社および Xilinx 社にお

[†31] FPGA アーキテクチャに強く依存するため HDL 設計が強く求められるだろう．つまり，他社製品との差別化など，高位記述の流れとは逆に HDL 設計が重要視される可能性が高い．

[†32] 金融派生商品とは，通貨・金利・債券・株価指数・商品などを対象に，未来に執行する契約（先物取引，Futures），等価交換（スワップ取引，SWAP），売買権利（オプション取引，OPTION）の大きく三つに分類される取引について商品化したものである（94）．

いても，金融システムの高位記述設計に興味をもっていることがわかる(99)(100).

オプション計算は，HFT とは求められる性能が大きく異なり，遅延よりも演算性能が要求される．このため，競合デバイスとして，GPU やメニーコアプロセッサを視野に入れなければならない．それでは，GPU と FPGA のいずれが適しているだろう．GPU のほうが FPGA よりも数倍程度高性能という一方，エネルギー効率（消費電力）という軸を含めると，FPGA のほうがトータルバランス的に優れているという研究報告がある(101)(102)．オプション計算が FPGA のキラーアプリケーションかどうかを見極めるにはもう少し時間がかかるだろう．

7・7 人工知能：FPGA が実現する深層学習の次

7・7・1 第 3 次人工知能ブームの到来か

2016 年現在，世界各国は脳研究分野の産業応用とその成果を利用した新しい市場形成に大きな期待を寄せている．欧州による「Human Brain Project」[†33]，米国による「Brain Initiative」[†34]，中国，スイス，シンガポール，豪州，イスラエルなども脳研究分野を国家戦略の一つとして定め巨額の研究予算を計上している．これらの研究プロジェクトは基礎科学から産業応用までの幅広い分野を対象としているため，基礎と応用を繋ぎかつ各研究をサポートする情報基盤技術も重点課題に指定している[†35]．

わが国も例外ではない．文部科学省主導による「革新的技術による脳機能ネットワークの全容解明プロジェクト（通称：革新脳，Brain/MINDS)」[†36]が，また 2016 年度からは「人工知能/ビッグデータ/IoT/サイバーセキュリティ統合プロジェクト（通称：AIP)」[†37]がスタートする．経済産業省においても国内の AI 研究に関する知見を取りまとめて産業応用を加速する「人工知能研究センター」(107) を立ち上げ，「IoT・ビッグデータ，人工知能，ロボットによる変革の推進」[†38]を実施している．

これらの数多くのプロジェクトを広くサポートする情報基盤の研究・開発は

---

†33 2013 年 1 月．10 年間で総額 12 億ユーロの予算（文献 (103)）

†34 2013 年 4 月．4 千万ドル@2014，1 億ドル@2015，4 億ドル@2016-20，5 億ドル@2021-25（文献 (104)）

†35 事業計画，方向性，研究成果の見直しも既に始まっている．産業応用も含め動きが大変速い．

†36 2014 年 10 月．約 55 億円@2014，約 58 億円@2015，約 58 億円@2016 の予算（文献 (105)）

†37 2016 年度より新規．予算額約 54 億円の予算（文献 (106)）

†38 2015 年 4 月．約 50 億円@2015，約 89 億円@2016 の予算（文献 (108)）

焦眉の急を要するため，この分野の情報技術革新をみると非常に目覚ましいものがある．NVIDIA 社は，理論最大性能 7 TFLOPs の TESLA M40 (109) を発表し，深層学習トレーニング時間において Intel 社 E5-2699v3 に対し 12 倍以上の性能を実現したことをプレスリリースしている (110)．また，深層学習用の CUDA ライブラリ[†39]も充実させている (111)．Intel 社も，Xeon Phi Processor "Knights Corner" (112) に続き，理論最大性能 3 TFLOPs を超える "Knights Landing" (113) を 2015 年末よりリリースした．これは，400 GByte/s を超える転送速度をもつオンチップの MCDRAM など，メモリまわりも大幅に強化されている．また，Intel 社も NVIDIA 社と同様にデータ解析用のライブラリ "Intel Data Analytics Acceleration Library" を提供しており，Apache Spark プロジェクト[†40]の機械学習ライブラリ MLlib よりも優位性があることを示している (114)．開発環境に目を向けると，Google 社 Tensorflow (115)，IBM 社 WATSON (116)，Microsoft 社 CNTK (117) などをはじめ，企業・大学・研究機関からさまざまなライブラリが提供されている．応用事例でも，Google 社の AI が囲碁の対戦で勝利する (118)(119) などさまざまな人を魅了するアプリケーションに成長を続けている．

7・7・2　AI アクセラレータという観点からの仕様性能比較

表 7・2 に本分野で広く利用されると思われる主なアクセラレータを示す．さま

表 7・2―脳研究分野で利用されると思われる次世代アクセラレータの性能比較

	演算性能	メモリインタフェース	通信インタフェース
Knights Landing*1 Intel Xeon Phi	>3 TFLOPs 72 cores	>400 GB/s MCDRAM 16 GB	64 GB/s PCIe Gen3 x16
GeForce GTX Titan X NVIDIA GPGPU	6.1 TFLOPs 3K cores	336.5 GB/s GDDR5 12 GB	64 GB/s PCIe Gen3 x16
Virtex Ultrascale+*2 XILINX FPGA	9.6 TOPs 12K DSP cores	76.8 GB/s DDR4 24 GB	64 GB/s PCIe Gen3 x16
TrueNorth*3 IBM brain chip	0.3 TOPs 256M synapses	12.8 GB/s DDR3 1 GB	10 Mspikes/s (thru FPGA)

*1 PCIe Gen3 ポートを複数もつ．また仕様性能値として文献 (113) を参照している．
*2 ユーザ回路による演算性能は含めない．インタフェース性能も市販品をもとに常識の範囲で試算しており最大性能ではない．
*3 シナプスを 1 単位として，また，NS1E board（rev.B）の仕様をもとに算出している．

†39 疎行列（cuSPARSE），密行列（cuBLAS），深層学習（cuDNN）など．UI として DIGITS もある．
†40 http://spark.apache.org/

ざまなライブラリが提供されてもそれを実行するのはハードウェアであり，まずこれを俯瞰する．

表7·2の各アクセラレータのアーキテクチャは大きく異なるため，単純な数値比較から普遍的価値を導くのは好ましくない．しかし，この表より明らかにいえることが一つある．それは，10万ニューロン程度かつ通常のアルゴリズムであれば，オーダーが2桁以上異なるような大きな性能差はいずれのアクセラレータを使用しても生じないということである[†41]．このため，新しい手法への可用性や最適化の容易性，TrueNorthが目指しているような性能対消費電力の飛躍的な改善などが次世代AIアクセラレータにおける評価指標となっていくだろう．

最後に，2018年には表7·2の各項目は大きく変わっていることを附記して置く．Intel社からは10nmプロセスを使用したKnights Hill，NVIDIA社についてはNVLink対応や動作周波数を変更したGTX 1080 Ti，Xilinx社についてはTSMC社による7nmプロセスFPGAの販売ないし詳細仕様が発表されるだろう．この分野の技術革新は大変速いと前にも書いたが，最新情報については各読者が改めて調査することをお勧めする．

7·7·3 FPGAと人工知能

2016年3月16日，GoogleによるAlphaGoが世界トップクラスの韓国人プロ棋士に4勝1敗と大きく勝ち越し，BigData+深層学習というインパクトを改めて世界に知らしめた．FPGAは演算を空間に展開するためニューラルネットとの親和性は高い．ニューラルネットの2値化は過去にも議論されており[(120)～(124)]，これを深層学習に応用した研究が姿を見せ始めている[(125)～(128)]．この意味で，2値化された深層学習をFPGAに実装する研究は今後増加すると思われる．

一方，深層学習は一種の分類器であり，これ自体が知能をもつわけではない．真の意味の人工知能という意味では，全脳解析への応用[(129)]や生物物理学的見地からの脳動作シミュレーション[(130)]，またロボットなどへの応用を考えた実装なども考えていく必要があるだろう[(131)(132)]．人工知能をFPGAで実現するというテーマは非常にチャレンジングであり，今後の動向が注目される．

---

†41 FPGAユーザ的には残念な結果にみえるが，特定のアルゴリズムに対して特化した実装を行えばこの限りではない．ただし，ライブラリが充実しているGPGPUやMany-Core CPUを後目に，ただFPGAで実装する，という解は存在しないだろう．

7・8　画像処理：スペースデブリ探索

1955 年にはじめての人工衛星が打ち上げられて以来，60 年ほどの間に多数のロケットにより人工衛星や探査機が宇宙に送られてきた．その結果，地球のまわりには故障したり，役目を終えた人工物が多数回っている．これらの物体の速度は大気圏の外側をまわる低軌道では 8 km/s にもなり，これは地表付近での音速の 20 倍を超える速度である．したがって，たとえ小さな物体であっても大きな運動エネルギーをもっており，衛星などに衝突した際には重大な事故に繋がるとともに，新たな破片が宇宙空間に飛び散ることになる．

これらの破片はスペースデブリと呼ばれ，人工衛星や宇宙ステーションの運用上大きなリスクであるため，各国の宇宙開発機関が観測や追跡を行っており，例えば低軌道では NORAD（北米航空宇宙防衛司令部）により，8 000 以上の物体が追跡されている．現在のところこれらを回収する効率的な手段は実用化されておらず，発見・追跡と回避が必要である．ここでは，JAXA（宇宙航空研究開発機構）が行っている，光学望遠鏡を用いた連続撮影によるデブリ探索における FPGA の使用例について述べる．

7・8・1　方式の概要

JAXA では長野県伊那市の入笠山にある JAXA 入笠山光学観測所の望遠鏡を用いてこのシステムの開発を行っており，2K2K と 4K4K の CCD カメラで撮影している．望遠鏡を空に向けて一定間隔で撮影した際，既知の天体であればその軌道を計算することができるので，それにあてはまらない動きをしている天体を抽出すれば，スペースデブリか未知の小惑星である可能性が高い．

しかし，未知の天体はその軌道も未知であるうえに，小さな小惑星やスペースデブリはその明るさも暗いため，検出や追跡は困難である．この問題に対処するため，JAXA では重ね合わせ法と呼ばれる画像処理の手法を開発した[133]．

この手法では，スペースデブリが決まった軌道で地球を周回していることを利用して，一定間隔で撮影した複数の画像を，さまざまな方向に一定間隔でずらして重ね合わせてその中央値をとることで，暗くてノイズの多い画像を複数用いて，1 枚 1 枚からは検出不可能な暗い天体を抽出することを可能にするものである．撮影画像をずらさずに重ねれば**図 7・14**(a) のように，それぞれの天体の各時刻にお

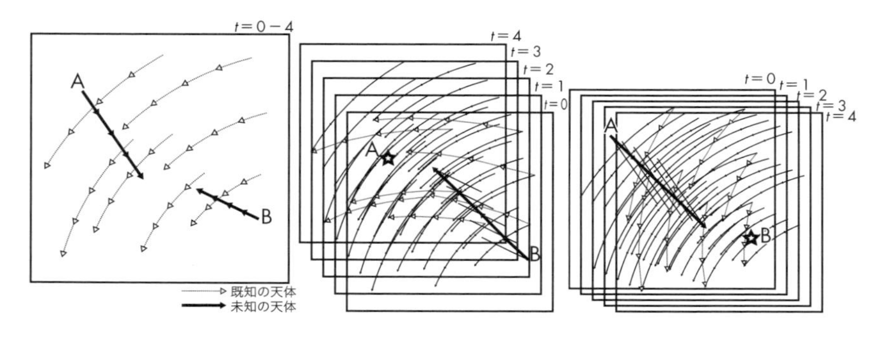

(a)ずらさないで重ねた場合　(b)ずらして重ね，天体 A の移動と一致　(c)ずらして重ね，天体 B の移動と一致

図 7・14―撮影画像の重ね合わせによるスペースデブリ検出

ける位置が写るが，実際には軌道がわかっていないものについてこのように線でつないでいくことはできない．そこで，図 7・14(b) や (c) のようにあらゆる方向と速度についてずらして重ねた画像を作成すると，例えば (b) では未知の天体 A が，(c) では未知の天体 B がそれぞれ一つの輝点となり，これらが画像の重ね合わせに用いられた一定の方向と速度で移動していることを知ることができる．しかし，いくつあるかさえ知ることのできない未知の天体が，あらゆる方向にあらゆる速度で移動する可能性を考慮すると，これは容易ではない．

例えば撮影した画像のなかで，256×256 ピクセルの範囲で移動するすべての天体を追跡しようとすると，$256 \times 256 = 65\,536$ 通りの探索回数が必要である．幸いなことに天体は急に向きを変えたりはせず，充分に短い撮影間隔であればほぼ直線上を動くため，画像の枚数が増えてもこの組み合わせが増加することはないものの，例えば 32 枚の高解像度の画像について 65 536 通りの重ね方で処理を行うことは現実的ではなく，2011 年には 16 ビット階調の画像を用いて，PC でこの処理を行うと 280 時間かかると報告されている[134]．

7・8・2　FPGA による高速化

重ね合わせ法は多数の画像を重ね合わせ，輝度の中央値をとることでノイズの影響を抑えて未知の天体を抽出することが可能であるが，しかし，多数の画像をずらして重ね合わせながら各ピクセルの中央値をとる，というのはたいへんに計算量の多い処理であり，FPGA によるアクセラレータで高速化する手法の検討が行われた．

まず，16 ビット階調の画像であるが，16 ビット階調のまま中央値を算出すると，取り扱うデータが大きいため，FPGA には不向きである．そこで，2 値化して処理を行うことが考えられた．画像を 2 値化することでノイズの影響も現れるが，重ね合わせ法はそもそもノイズの影響を抑えることのできる手法である．また，2 値化によって中央値の算出を輝点のカウントに置き換えることができ，計算量を大幅に削減するとともに，FPGA への実装を容易にすることが可能となる．なお，この場合，画像を 2 値化するときのしきい値と，何枚の画像で輝点が検出されたら天体であるとするかのしきい値の両方を適切にコントロールする必要があり，文献 (134) で検討が行われている．

このアルゴリズムは Nallatech H101-PCMXM ボード (Xilinx Virtex-4 LX100 FPGA を搭載) に実装され，オリジナルのソフトウェアの 1 200 倍の高速化を達成し，この観測手法が実用的なものとなった．FPGA 上の回路の開発には，Nallatech の C 言語ベースの設計ツールが用いられ，アルゴリズムの実装を容易にしている．

参考文献

(1) Gordon E. Moore, “Cramming more components onto integrated circuits,” In Proc. IEEE, Vol.86, No.1, pp.82–85 (1998).

(2) Xilinx Staff, “Celebrating 20 years of innovation,” Xcell J., Vol.48, pp.14–16 (2004).

(3) Altera Corp. http://www.altera.com.

(4) Xilinx Inc. http://www.xilinx.com.

(5) Achronix Semiconductor Corp., http://www.achronix.com/. Speedster 22i HD FPGA Platform, PB024 v2.7, June 2014. Product Brief.

(6) 東京計器株式会社，“DAPDNA-IM2A：ダイナミック・リコンフィギュラブル・プロセッサ，” November 2014. 製品カタログ.

(7) 井上智史，“Media embedded processor (mep) の設計技術，” 情報処理学会研究報告，Vol.113, No.2002-SLDM-107, pp.1–6 (2002).

(8) M. Motomura, “STP Engine, a C-based Programmable HW Core featuring Massively Parallel and Reconfigurable PE Array: Its Architecture, Tool, and System Implications,” In Proc. Cool Chips XII, pp.395–408 (2009).

(9) 杉山英行，“FPGA の小面積化と高速化を実現するスピン MOSFET，” 東芝レビュー，Vol.65, No.1, pp.64–65 (2010).

(10) S. Kaeriyama, T. Sakamoto, H. Sunamura, M. Mizuno, H. Kawaura, T. Hasegawa,

K. Terabe, T. Nakayama, and M. Aono, “A nonvolatile programmable solid-electrolyte nanometer switch,” IEEE J. Solid-State Circuits, Vol.40, No.1, pp.168–176 (2005).
(11) Markets and Markets, “FPGA Market by Architecture (Sram, Fuse, Anti-Fuse), Configuration (High End, Mid-Range, Low End), Application (Telecommunication, Consumer Electronics, Automotive, Industrial, Military & Aerospace, Medical, Computing & Data Centers), and Geography - Trends & Forecasts From 2014–2020,” (2015).
(12) 日本福祉用具・生活支援用具協会. http://www.jaspa.gr.jp/.
(13) 理化学研究所計算科学研究機構：京コンピュータ (富士通). http://www.aics.riken.jp/jp/.
(14) 海洋研究開発機構：地球シミュレータ (NEC). https://www.jamstec.go.jp/es/jp/.
(15) 高エネルギー加速器研究機構計算科学センター：システム A(日立)/システム B(IBM)/Suiren(PEZY). http://scwww.kek.jp/
(16) 自然科学研究機構核融合科学研究所：プラズマシミュレータシステム (富士通). http://www.nifs.ac.jp/index.html.
(17) 自然科学研究機構国立天文台：アテルイ (Cray). http://www.cfca.nao.ac.jp/.
(18) 宇宙航空研究開発機構第三研究ユニット：JSS2(富士通). https://www.jss.jaxa.jp/.
(19) 物質・材料研究機構：材料数値シミュレーター (SGI). http://www.nims.go.jp/.
(20) 東京大学情報基盤センター：Oakleaf-FX(富士通)/Oakbridge-FX(富士通)/Yayoi(日立). http://www.itc.u-tokyo.ac.jp/supercomputing/services/.
(21) 筑波大学計算科学研究センター：HA-PACS(Cray)/COMA(Cray). https://www.ccs.tsukuba.ac.jp/research/computer.
(22) 東京工業大学学術国際情報センター：TSUBAME2.5(HP)/TSUBAME-KFC(NEC). http://www.gsic.titech.ac.jp/.
(23) 名古屋大学情報連携統括本部：FX100(富士通)/CX400(富士通)/UV2000(SGI). http://www.icts.nagoya-u.ac.jp/ja/sc/.
(24) 長崎大学先端計算研究センター：DEGIMA(カスタム). http://nacc.nagasaki-u.ac.jp/.
(25) 理化学研究所計算科学研究機構. もっと知りたい. http://www.aics.riken.jp/jp/learnmore/.
(26) 内閣官房. 政府調達の自主的措置に関する関係省庁等会議. http://www.cas.go.jp/jp/seisaku/chotatsu/, December 2014. スーパーコンピューター導入手続.
(27) TOP500 – performance development, November 2015. http://www.top500.org/statistics/perfdevel/.
(28) Green500. http://www.green500.org.
(29) Tofu インターコネクト：6 次元メッシュ／トーラス結合. http://www.fujitsu.com/jp/about/businesspolicy/tech/k/whatis/network/.
(30) HA-PACS プロジェクト. https://www.ccs.tsukuba.ac.jp/research/research_promotion/project/ha-pacs.
(31) NVIDIA GPUDirect. https://developer.nvidia.com/gpudirect.
(32) NVIDIA Corporation, “NVIDIA NVlink high-speed interconnect: Application per-

formance," NVIDIA Corporation, (2014). Whitepaper.
(33) J. Kim, and Y. Kim, "HBM: Memory solution for bandwidth-hungry processors," In Hot Chips: A Symposium on High Performance Chips (2014). HC26.11-310.
(34) T. Hanawa, T. Boku, S. Miura, M. Sato, and K. Arimoto, "PEARL: Power-aware, dependable, and high-performance communication link using PCI express," In Proc. IEEE/ACM Int. Conf. Green Com. & IEEE/ACM Int. Conf. CPS Com., pp.284–291 (2010).
(35) Y. Kodama, T. Hanawa, T. Boku, and M. Sato, "PEACH2: An FPGA-based PCIe network device for tightly coupled accelerators," ACM SIGARCH Computer Architecture News, Vol.42, No.4, pp.3–8 (2014).
(36) INC AKIB Networks. Bonet switch. http://www.akibnetworks.com/product2.html.
(37) 秋葉 博（訳），Peter S. Pacheco（原著），"MPI 並列プログラミング，" 培風館 (2001).
(38) T. Kuhara, T. Kaneda, T. Hanawa, Y. Kodama, T. Boku, and H. Amano, "A preliminarily evaluation of PEACH3: A switching hub for tightly coupled accelerators," In Proc. Int. Symp. Comput. Netw., pp.377–381 (2014).
(39) MVAPICH: MPI over InfiniBand, 10GigE/iWARP and RDMA over Converged Ethernet. http://mvapich.cse.ohio-state.edu/
(40) K. Matsumoto, T. Hanawa, Y. Kodama, H. Fujii, and T. Boku, "Implementation of CG method on GPU cluster with proprietary interconnect TCA for GPU direct communication," In Proc. Accel. Hybrid Exascale Syst. in Conjunction with IEEE Int. Parallel & Distrib. Process. Symp., pp.647–655 (2015).
(41) 丸山修孝，石川拓也，本田晋也，高田広章，鈴木克信，"疎結合ハードウェア RTOS 搭載産業ネットワーク用 SoC，" 電子情報通信学会論文誌，Vol.J98-D, No.4, pp.661–673 (2015).
(42) EXABLAZE. EXALINKFUSION, September 2015. Product brochure.
(43) Xilinx, "7 Series FPGAs Overview," v1.17, May 2015. Product Specification (DS180).
(44) Xilinx, "UltraScale Architecture and Product Overview," v2.7, December 2015. Product Specification (DS890).
(45) ARISTA, "7124FX Application Switch," April 2014. Datasheet.
(46) CISCO, "Cisco Nexus 7000 Series FPGA/EPLD Upgrade," release 4.1 edition, November 14. Release Notes Release 6.2.
(47) MELLANOX, "Programmable ConnectX-3 Pro Adapter Card," rev 1.0 edition, November 2014. Product Brief 15-4369PB.
(48) シンプレクス株式会社，"エクイティソリューション SimplexBLAST，" (2014). http://www.simplex.ne.jp/.
(49) LLC SDxCentral, "Network functions virtualization report. Market Report 2015 Custom Edition for Hewlett-Packard Company," Hewlett-Packard Development Company (2015). http://www8.hp.com/ke/en/cloud/nfv-resources.html.
(50) S. Scott-Hayward, S. Natarajan, and S. Sezer, "A survey of security in software

defined networks," IEEE Commun. Surv. Tut., Vol.17, No.4, pp.2317–2346 (2015).

(51) N. Mihai, and G. Vanecek, "New generation of control planes in emerging data networks," In Proc. First Int. Working Conf., Vol.1653, pp.144–154 (1999).

(52) N. McKeown, T. Anderson, H. Balakrishnan, G. Parulkar, L. Peterson, J. Rexford, S. Shenker, and J. Turner, "OpenFlow: enabling innovation in campus networks," ACM SIGCOMM Computer Communication Review, Vol.38, No.2, pp.69–74 (2008).

(53) Open networking foundation, https://www.opennetworking.org/.

(54) SDNet development environment. http://www.xilinx.com/products/design-tools/software-zone/sdnet.html.

(55) Arrive technologies. http://www.arrivetechnologies.com/.

(56) 海老澤健太郎, "FPGA で作る OpenFlow Switch," (2015). http://www.slideshare.net/kentaroebisawa/fpgax6

(57) K. Guerra-Perez, and S. Scott-Hayward, "OpenFlow Multi-Table Lookup Architecture for Multi-Gigabit Software Defined Networking (SDN)," In Proc. ACM SIGCOMM Symp. Software Defined Networking Research, pp.1–2 (2015).

(58) J. Naous, D. Erickson, G.A. Covington, G. Appenzeller, and N. McKeown, "Implementing an OpenFlow Switch on the NetFPGA Platform," In Proc. ACM/IEEE Symp. Archit. Netw. Commun. Syst., pp.1–9 (2008).

(59) W. Jiang, V.K. Prasanna, and N. Yamagaki, "Decision Forest: A Scalable Architecture for Flexible Flow Matching on FPGA," In Proc. Int. Conf. Field Programmable Logic and Applications, pp.394–399 (2010).

(60) H. Nakahara, T. Sasao, and M. Matsuura, "A packet classifier using LUT cascades based on EVMDDS (k)," In Proc. Int. Conf. Field Programmable Logic and Applications, pp.1–6 (2013).

(61) A. Bitar, M. Abdelfattah, and V. Betz, "Bringing Programmability to the Data Plane: Packet Processing with a NoC-Enhanced FPGA," In Proc. Int. Conf. Field-Programmable Technology, pp.1–8 (2015).

(62) S. Pontarelli, M. Bonola, G. Bianchi, A. Caponey, and C. Cascone, "Stateful Openflow: Hardware Proof of Concept," In Proc. Int. Conf. High Performance Switching and Routing, pp.1–8 (2015).

(63) Y.R. Qu, H.H. Zhang, S. Zhou, and V.K. Prasanna, "Optimizing Many-field Packet Classification on FPGA, Multi-core General Purpose Processor, and GPU," In Proc. ACM/IEEE Symp. Archit. Netw. Commun. Syst., pp.87–98 (2015).

(64) P. Gupta, and N. McKeown, "Algorithms for Packet Classification," IEEE Network, Vol.15, No.2, pp.24–32 (2001).

(65) 田中信吾, 山浦隆博, "超高速 TCP/IP 通信ハードウェア処理エンジン NPEngine," 東芝レビュー, Vol.65, No.6, pp.40–43 (2010).

(66) P.K. Gupta, "Xeon+FPGA platform for the data center," http://www.ece.cmu.edu/calcm/carl/. Fourth Workshop on the Intersections of Computer Architecture and

Reconfigurable Logic in conjunction with International Symposium on Computer Architecture.
(67) Hybrid Memory Cube Consortium. http://www.hybridmemorycube.org/.
(68) Altera, "次世代メモリ要件に適合するアルテラ FPGA と HMC テクノロジ," (2014). White Paper (WP-01214-1.0).
(69) Xilinx, "The Rise of Serial Memory and the Future of DDR," v1.1, March 2015. White Paper (WP456).
(70) B. Yang, and R. Karri, "An 80Gbps FPGA Implementation of a Universal Hash Function based Message Authentication Code," In DAC/ISSCC Student Design Contest, pp.1–7 (2004).
(71) Y. Qu, and V.K. Prasanna, "High-Performance Pipelined Architecture for Tree-Based IP Lookup Engine on FPGA," In Proc. IEEE Int. Parallel Distrib. Process. Symp., Workshops and PhD Forum, pp.114–123 (2013). Reconfigurable Architectures Workshop.
(72) T. Kohonen, "Associative Memory," Springer-Verlag (1977).
(73) K.E. Grosspietsch, "Associative processors and memories: a survey," Micro, IEEE, Vol.12, No.3, pp.12–19 (1992).
(74) Altera Staff, "APEX CAM を使用したスイッチおよびルータの設計法," White Paper M-WP-APEXCAM-02/J, Altera Corporation (2000).
(75) Xilinx Staff, "Content Addressable Memory (CAM) in ATM Applications," Application Note XAPP202 (v1.2), Xilinx Inc. (2001).
(76) S.A. Guccione, D. Levi, and D. Downs, "A reconfigurable content addressable memory," In Proc. IPDPS Workshops Parallel Distrib. Process., pp.882–889 (2000).
(77) TCAMs and BCAMs: "Ternary and Binary Content-Addressable Memory Compilers," https://www.esilicon.com/services-products/products/custom-memory-ip-and-ios/specialty-memories/tcam-and-bcam-compilers/.
(78) W. Jiang, and V.K. Presanna, "A FPGA-based Parallel Architecture for Scalable High-Speed Packet Classification," In Proc. IEEE Int. Conf. Appl.-specif. Syst., Archit. Process., pp.24–31 (2009).
(79) 80Mbit Dual-Port Interlaken-LA TCAMs Achieve 2BSPS Deterministic Lookups. http://www.renesas.com/media/products/memory/nse/r10cp0002eu0000_tcam.pdf.
(80) 世界初 データ保持に電力が不要な連想メモリプロセッサを開発・実証. http://www.nec.co.jp/press/ja/1106/1302.html.
(81) Renesas Network Search Engine + Xilinx Programmable Packet Processor = Deterministic Deep Database Search Engine. https://forums.xilinx.com/t5/Xcell-Daily-Blog/Renesas-Network-Search-Engine-Xilinx-Programmable-Packet/ba-p/600651.
(82) Interlaken Alliance, "Interlaken Look-Aside Protocol Definition," 1.1 edition (2008).
(83) G.D. Shekhar, A. Yogaraj, and S. Dudam, "A Survey on Interlaken Protocol for

Network Applications," Int. J. Recent Inno. Trends Comput. Commun., Vol.3, No.4, pp.2101–2105 (2015).

(84) A. Putnam, A.M. Caulfield, E.S. Chung, D. Chiou, K. Constantinides, J. Demme, H. Esmaeilzadeh, J. Fowers, G.P. Gopal, J. Gray, M. Haselman, S. Hauck, S. Heil, A. Hormati, J.-Y. Kim, S. Lanka, J. Larus, E. Peterson, S. Pope, A. Smith, J. Thong, P.Y. Xiao, and D. Burger, "A Reconfigurable Fabric for Accelerating Large-Scale Datacenter Services," In Proc. ACM/IEEE Int. Symp. Comput. Archit. (ISCA), pp.13–24 (2014).

(85) A. Putnam, A. Caulfield, and E. Chung, et al., "Large-scale reconfigurable computing in a Microsoft datacenter," In Proc. Hot Chips 26 (2014).

(86) D.A. Buell, J.M. Arnold, and W.J. Kleinfelder, "Splash 2: FPGAs in a Custom Computing Machine," Wiley-IEEE Computer Society Press (1996).

(87) B.S.C. Varma, K. Paul, M. Balakrishnan, and D. Lavenier, "FAssem: FPGA based Acceleration of De Novo Genome Assembly," In Proc. Annual Int. IEEE Symp. Field-Programmable Custom Computing Machines, pp.173–176 (2013).

(88) H.M. Waidyasooriya, and M. Hariyama, "Hardware-Acceleration of Short-read Alignment Based on the Burrows-Wheeler Transform," IEEE Trans. Parallel Distrib. Syst., pp.1–8 (2015). http://www.computer.org/csdl/trans/td/preprint/07122348-abs.html.

(89) 岡部一詩, "東京証券取引所–自動発注の "暴走" を止める." 日経コンピュータ, 2015 年 5 月 28 日号, pp.46–51 (2015). http://itpro.nikkeibp.co.jp/atcl/column/15/031600047/081800019/?ST=system.

(90) Staff of the U.S. Securities and Exchange Commission, "Equity market structure literature review part ii: high frequency trading," Technical report, U.S. Securities and Exchange Commission (2014).

(91) マイケルルイス, "フラッシュ・ボーイズ 10 億分の 1 秒の男たち（原題：Flash Boys: A Wall Street Revolt)," 文藝春秋 (2014).

(92) M. O'Hara, "Accelerating transactions through FPGA-enabled switching: An interview with john peach of arista networks," HFT Review Ltd. (2012).

(93) J.W. Lockwood, A. Gupte, N. Meh, M. Blott, T. English, and K. Visser, "A low-latency library in FPGA hardware for high-frequency trading (HFT)," In Proc. IEEE 20th Annual Symp. High-Performance Interconnects, pp.9–16 (2012).

(94) S. Shreve, "Stochastic Calculus for Finance II," Springer-Verlag (2004).

(95) F. Black, and M. Scholes, "The pricing of options and corporate liabilities," J. Political Economy, Vol.81, No.3, pp.637–654 (1973).

(96) G. Chatziparaskevas, A. Brokalakis, and I. Papaefstathiou, "An FPGA-based parallel processor for Black-Scholes option pricing using finite differences schemes," In Proc. Design, Automation Test in Europe Conference Exhibition, pp.709–714 (2012).

(97) Q. Jin, W. Luk, and D.B. Thomas, "On comparing financial option price solvers on FPGA," In Proc. IEEE Int. Symp. Field-Programmable Custom Computing Machines,

pp.89–92 (2011).

(98) D. Sanchez-Roman, V. Moreno, S. Lopez-Buedo, G. Sutter, I. Gonzalez, F.J. Gomez-Arribas, and J. Aracil, “FPGA acceleration using high-level languages of a Monte-Carlo method for pricing complex options,” J. Syst. Archit., Vol.59, No.3, pp.135–143 (2013).

(99) D.P. Singh, T.S. Czajkowski, and A. Ling, “Harnessing the power of FPGAs using Altera's OpenCL compiler,” In Proc. ACM/SIGDA int. symp. Field Programmable Gate Arrays, pp.5–6 (2013).

(100) OpenCL running on FPGAs accelerates Monte Carlo analysis of Black-Scholes financial market model by 10x. https://forums.xilinx.com/t5/Xcell-Daily-Blog/OpenCL-running-on-FPGAs-accelerates-Monte-Carlo-analysis-of/ba-p/435490.

(101) G. Inggs, D.B. Thomas, E. Hung, and W. Luk, “Exascale computing for everyone: Cloud-based, distributed and heterogeneous,” In Proc. third Int. Conf. Exascale Appl. Softw., pp.65–70 (2015).

(102) R. Bordawekar, and D. Beece, “Financial Risk Modeling on Low-power Accelerators: Experimental Performance Evaluation of TK1 with FPGAs,” In GPU Technology Conference (2015). S5227.

(103) National Institutes of Health, “BRAIN 2025: A Scientific Vision,” (2014).

(104) The Human Brain Project - Preparatory Study Consortium, “The Human Brain Project: A Report to the European Commission,” (2012).

(105) 革新的技術による脳機能ネットワークの全容解明プロジェクト．http://brainminds.jp/.

(106) 文部科学省．平成 28 年度 予算 (案) 主要事項，December 2015.

(107) 産業技術総合研究所人工知能研究センター．https://unit.aist.go.jp/airc/index.html.

(108) 経済産業省．平成 28 年度 経済産業省関係予算案の概要.

(109) NVIDIA Staff. NVIDIA Tesla M40 GPU Accelerator. Datasheet, NVIDIA Corporation, January 2016.

(110) The world's fastest deep learning training accelerator. http://www.nvidia.com/object/tesla-m40.html.

(111) 村上真奈，“ディープラーニング最新動向と技術情報：なぜ GPU がディープラーニングに向いているのか，” NVIDIA Deep Learning Day (2016).

(112) A. Viebke, and S. Pllan, “The Potential of the Intel^{R} Xeon Phi for Supervised Deep Learning,” In Proc. IEEE Int. Conf. High Performance Comput. Commun., pp.758–765 (2015).

(113) A. Sodani, “Intel^{R} Xeon Phi^{TM} Processor Codenamed Knights Landing Architecture Overview,” International Supercomputing Conference, July 2015. The workshop on the Road to Application Performance on Intel Xeon Phi.

(114) F. Magnotta, Z. Zhang, V. Saletore, and I. Ganelin, “Accelerating machine learning with Intel tools and libraries,” Intel Developer Forum, August 2015. Optimizing for Data Center Workloads.

(115) TensorFlow – an Open Source Software Library for Machine Intelligence –. https://www.tensorflow.org/.

(116) IBM Watson (ワトソン). http://www.ibm.com/smarterplanet/jp/ja/ibmwatson/.

(117) Computational Network Toolkit (CNTK). https://cntk.codeplex.com/.

(118) E. Gibney, "Google masters Go: Deep-learning software excels at complex ancient board game," Nature, Vol.529, pp.445–446 (2016).

(119) D. Silver, A. Huang, C.J. Maddison, A. Guez, L. Sifre, G. van den Driessche, J. Schrittwieser, I. Antonoglou, V. Panneershelvam, M. Lanctot, S. Dieleman, D. Grewe, J. Nham, N. Kalchbrenner, I. Sutskever, T. Lillicrap, M. Leach, K. Kavukcuoglu, T. Graepel, and D. Hassabis, "Mastering the game of Go with deep neural networks and tree search," Nature, Vol.529, pp.484–489 (2016).

(120) M. Golea and M. Marchand, "On Learning μ-Perceptrons with Binary Weights," In Procs. Advances in Neural Information Processing Systems 5, pp.591–598 (1993).

(121) L. Pitt and L.G. Valiant, "Computational limitations on learning from examples," Journal of the Association for Computing Machinery, Vol.35, No.4, pp.965–984 (1988).

(122) I. Kocher and R. Monasson, "On the capacity of neural networks with binary weights," J. Phys. A: Math. Gen., Vol.25, pp.367–380 (1992).

(123) M. Muselli, "On Sequential Construction of Binary Neural Networks," IEEE Trans. Neural Networks, Vol.6, No.3, pp.678–690 (1995).

(124) J. Starzyk and J. Pang, "Evolvable Binary Artificial Neural Network for Data Classification," Int. Conf. Parallel and Distributed Processing Techniques and Applications (2000).

(125) I. Hubara, D. Soudry and R. El-Yaniv, "Binarized Neural Networks," Computing Research Repository, arXiv:1602.02505v2, pp.1–17 (2016).

(126) M. Courbariaux, I. Hubara, D. Soudry, R. El-Yaniv, and Y. Bengio, "Binarized Neural Networks: Training Deep Neural Networks with Weights and Activations Constrained to $+1$ or -1," Computing Research Repository, arXiv:1602.02830v3, pp.1–7 (2016).

(127) J. Zhang, M. Utiyama, E. Sumita, G. Neubig, and S. Nakamura, "A Binarized Neural Network Joint Model for Machine Translation," In Proc. 2015 Conference on Empirical Methods in Natural Language Processing, pp.2094–2099 (2015).

(128) M. Kim and P. Smaragdis, "Bitwise Neural Networks," In Proc. Int'l Conf. Machine Learning Workshop on Resource-Efficient Machine Learning, pp.1–5 (2015).

(129) A. Sandberg and N. Bostrom, "Whole Brain Emulation: A roadmap," Technical Report #2008-3, Future of Humanity Institute, Oxford University (2008).

(130) G. Smaragdos, S. Isaza, M.V. Eijk, I. Sourdis, and C. Strydis, "FPGA-based Biophysically-Meaningful Modeling of Olivocerebellar Neurons," In Procs. the 2014 ACM/SIGDA international symposium on Field-Programmable Gate Arrays, pp.89–98 (2014).

(131) H. de GARIS and M. Korkin, "The CAM-Brain Machine (CBM): an FPGA-based hardware tool that evolves a 1000 neuron-net circuit module in seconds and updates a 75 million neuron artificial brain for real-time robot control," J. Neurocomputing, Vol.42, Issues 1-4, pp.35–68 (2002).

(132) H. de Garis, C. Zhou, X. Shi, B. Goertzel, W. Pan, K. Miao, J. Zhou, M. Jiang, L. Zhen, W.U. Qinfang, M. Shi, R. Lian, and Y. Chen, "The China-Brain Project: Report on the First Six Months," In Proc. the Second Conference on Artificial General Intelligence, pp.1–6 (2009).

(133) 柳沢俊史，中島厚，木村武雄，磯部俊夫，二見広志，鈴木雅晴，"重ね合わせ法による微少静止デブリの検出，" 日本航空宇宙学会論文集，Vol.51, No.589, pp.61–70 (2003).

(134) 柳沢俊史，黒崎裕久，藤田直行，"FPGA 化による高速画像解析技術，" 第 4 回スペースデブリワークショップ講演資料集，JAXA–SP–10–011 (2011). 宇宙航空研究開発機構特別資料.

8章　新しいデバイス，アーキテクチャ

8・1　粗粒度リコンフィギュラブルアーキテクチャ（CGRA）

1章でみたように，FPGAは小規模な論理回路の試作評価用のデバイスとして誕生した．その後，トランジスタの微細化によりFPGAが大規模化するに従い，7章でみたように，さまざまな応用分野において対象とする計算処理を加速する「アクセラレータ」としての使い方が注目されるようになってきている．このようにFPGAをコンピュータの一部として扱い計算処理を分担させる技術分野は「リコンフィギュラブルシステム」や「リコンフィギュラブルコンピューティング」などと呼ばれ，CPUの性能向上が頭打ちになるとともに，システム高性能化を図る手段としてその重要性が増してきている．

論理回路の試作評価用のデバイスとしてみれば，FPGAが任意の論理ゲートを実現できるLUTのアレイから構成されているのは極めて当然の選択であるといえる．しかし，リコンフィギュラブルコンピューティング向けのデバイスとしてこれをみるとどうであろうか．どのような演算処理を実現するにも，多数のLUTを使用して演算器を組み上げざるを得ず，柔軟性はあるものの非効率であるともいえる．このような問題意識に立つと，アクセラレートする対象の計算処理に則した演算器を並べてFPGAライクなデバイスを構成すればよいという発想に行き着く．このようにして誕生したのが，粗粒度リコンフィギュラブルアーキテクチャ（Coarse Grained Reconfigurable Architectures：CGRA）である．

8・1・1　CGRAの一般的構成とその歴史

CGRAは1980年代からさまざまなアーキテクチャが主として大学やスタートアップ企業を中心に発表されてきた．著名なものとしてはCMUのPipeRenchやPACT社のXPPなどがある(1)(2)．**図8・1**に示すように，CGRAの一般的な構

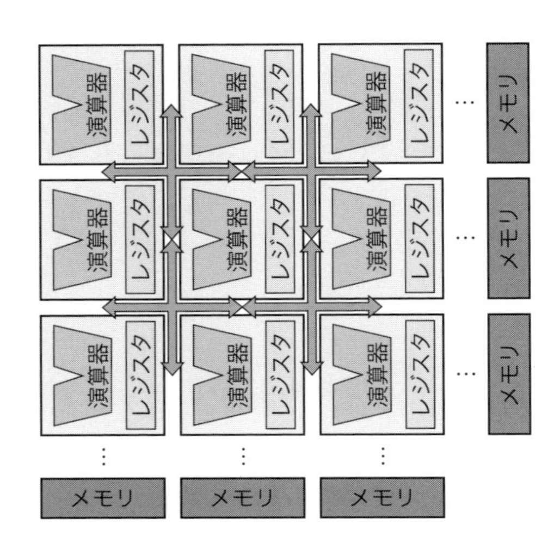

図 8・1—CGRA の一般的な構成

成は演算器およびメモリのアレイと演算器間を接続するネットワークという形で表現できる．演算器の粒度としては，4b, 8b, 16b, 32b などのバリエーションが存在し，細粒度になるほど，より FPGA 的，粗粒度になるほど，よりプロセッサ的な色合いを示す（8・2 節を参照のこと）．演算器としては，いわゆる ALU（Arithmetic Logic Unit）をベースに，応用ごとに要求される演算処理にある程度カスタマイズした演算器を追加する形をとることが一般的である．アレイの構成としては，FPGA のような 2 次元アレイだけでなく，対象とする応用分野が線形の演算処理で十分な場合には 1 次元アレイの構造をとる場合もある[1]．また，ネットワーク構成としては，バス接続やクロスバ構成などの形をとるのが一般的である．

国内でも大学を中心に活発に CGRA の研究が進められてきている．例えば，慶應義塾大学の CMA[3]，奈良先端科学技術大学院大学の LAPP[4] などがその代表的な例である．

8・1・2　CGRA の位置づけ

CGRA と FPGA とを比べたときの長所の第一は，まず，所望の演算処理にカスタマイズされた演算器を搭載しているため，当該演算の高速化や小型化を実現可能なことである（小型化できるということは，限られたシリコン面積でより多くの演算を並列処理し高性能化を達成できることを意味する）．また，構成情報

（コンフィギュレーションビット）が少なくなることも見逃してはならない．特に，FPGAにおいてはLUT間の配線をビット単位で指定するために大半の構成情報が費やされるが，CGRAでは演算器のビット幅に応じてバスやスイッチの接続関係を指定するため，大幅な削減が可能である．さらに，FPGAと比べると，より従来型のソフトウェアプログラミングとの親和性が高いこともメリットといえる．これは，そもそも試作評価用途ではなくコンピューティング用途のアーキテクチャであるので，ソフトウェア開発者向けの設計ツールを用意することが必須条件になるためである．また，対象処理アルゴリズム上に陽に現れる演算処理がCGRAの構成要素である演算器と一対一対応するので，そのような設計ツールの開発が比較的容易であるためでもある．

上記長所の裏返しがそのままCGRAの弱点となる．まず，応用分野を絞り込んで柔軟性を切り詰めているため，FPGAに比べて汎用性を失いがちである．FPGAが長い年月をかけて技術発展し市場を拡大してきた鍵はその汎用性であることを考えると，これは看過できない弱点である（優れたアーキテクチャであったとしても各種CGRAの産業化が進み難い大きな理由の一つである）．また，FPGAを利用したリコンフィギュラブルコンピューティングの利点は，問題特化型のハードウェアをFPGA上に実現することでソフトウェア処理に比して高速化・低電力化することにあるが[(7)]，粗粒度化してアーキテクチャ上に種々の制約をもち込むことで，ハードウェア化ならではの高速性・低電力性を捨て去らぬよう，アーキテクチャ設計には細心の注意が必要である．例えば，8ビットのデータの中からある1ビットを選択する動作を実現する場合，FPGAでは単に該当する1ビット配線を後段論理に繋げるだけで済むのに対し，CGRAでは，シフタないしはセレクタなどの演算器で該当ビットを選び出さなければならず，性能・面積両面でオーバーヘッドとなる．

以上のような考察を踏まえ，CGRAアーキテクチャの多くは，FPGAの代替を志向するというよりも，CPUの処理の一部を高速処理するアクセラレータとしてプロセッサと密結合する形をとることが多い．例えば，CMAやLAPPは，いずれもCPU内のレジスタから直接データを読み書きできるようにしたうえで，処理の一部（特に頻繁に実行されるループ処理の部分など）を加速処理する形の構成をとっている（このようにCPU内に組み込まれる場合は，特に「密結合型アクセラレータ」と呼ばれる）．

8・2　動的再構成アーキテクチャ

FPGAをリコンフィギュラブルコンピューティング向けのデバイスとしてみたときに，もう一つ抱くであろう自然な疑問は，対象とする計算処理がFPGAに載せきれなかった場合に果たしてどうするのか，という点である．試作評価用のデバイスであれば，必要な個数のFPGAを用意し，それらを評価ボード上で相互接続して大規模な論理回路を収容すればよい．しかし，コンピューティング応用を考えたときには，ソフトウェアがそうであるように，対象とする問題の規模によらずにロバストに対応できるアクセラレータが期待される．このような期待をもとに誕生したのが，動的再構成アーキテクチャ（Dynamically Reconfigurable Architectures）である．

動的再構成アーキテクチャの概念をいち早く提案したのは慶應義塾大学のWASMIIの研究であった(5)．この研究では，FPGA上で演算処理を行うハードウェア構成をページ単位で分割し，そのページを入れ換えることでFPGAの限られた物理的ハードウェア資源上で大規模な演算処理を実行するという先進的な概念を提唱している．**図8・2**にその概念を示す．ちょうど仮想メモリと物理メモリの間で，ページ単位でメモリを入れ換えることで，物理的なメモリサイズに入りきら

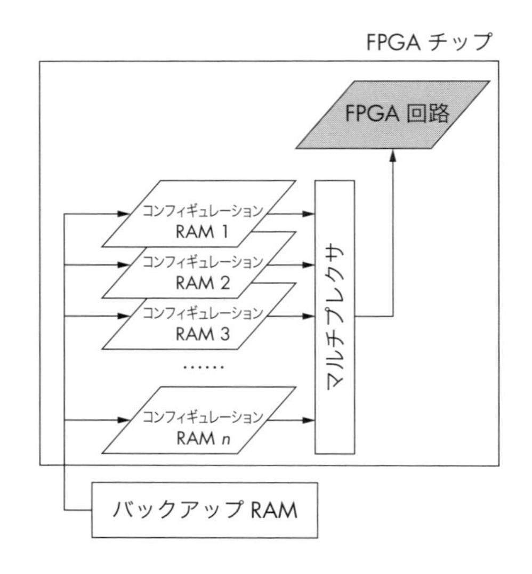

図8・2―WASMIIの動作概念図

ないメモリ空間を利用可能としているように，仮想的に大きなハードウェアを物理的に小さなデバイス上で実現する，いわば，「仮想ハードウェア」の概念である．

8・2・1　事例：DRP

DRP（Dynamically Reconfigurable Processor）は，日本電気（NEC）が2002年に発表した粗粒度・動的再構成のリコンフィギュラブルアーキテクチャである[6]．主に，IPコアとしてSoC内にインテグレートすることを想定して設計されている．本項では，このアーキテクチャを例にとって，動的再構成アーキテクチャの概念とその実際を説明する（DRPは8・1節のCGRAの例でもある）．

図8・3にそのアーキテクチャ構成を示す．2次元アレイの構成要素であるPE（Processing Element）は汎用性を意識した2種類の8b演算器とレジスタファイ

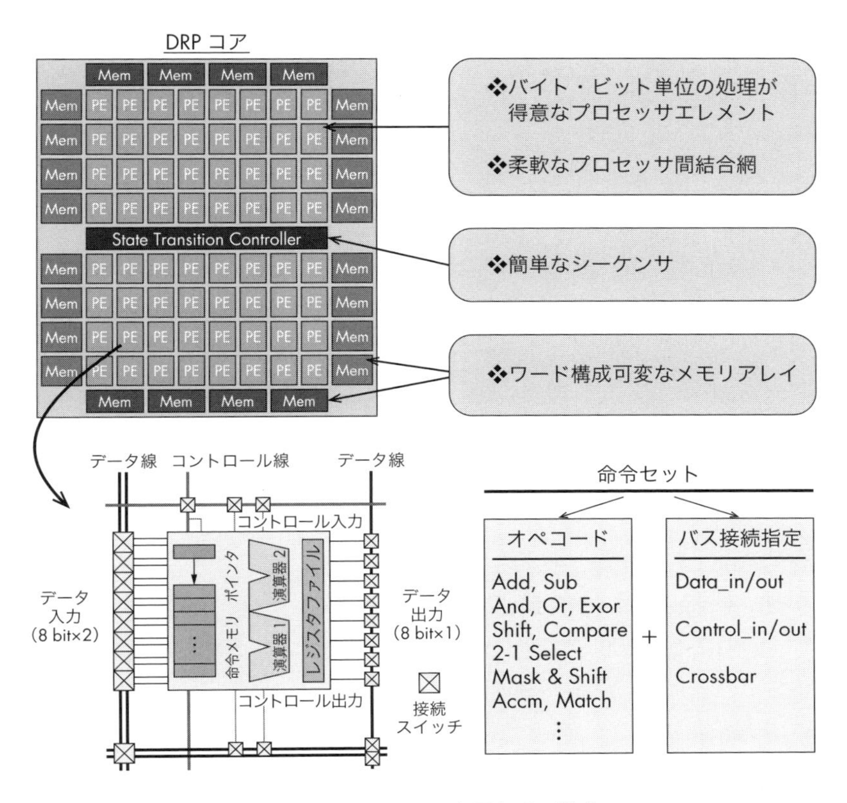

図8・3—DRPのアーキテクチャ構成

ル，命令メモリから構成される．2種類の演算器には，通常のALUの基本演算に加えてビットマスク，ビットセレクトなどのビット処理系の演算命令も用意することで，FPGA的なビット単位処理に対応できる工夫が施してある．PE間は縦横に張り巡らされた8ビット幅の階層バスにより相互接続される．接続スイッチは，PE内の演算器やレジスタファイルとPEの周りを縦横に走るデータバスとの入出力接続を指定するものである．

命令メモリは複数の構成情報を格納するメモリであり，どの構成情報を使用するかを変えることでハードウェア構成を動的に再構成する仕組みとなっている．命令メモリには，PEが実行する命令コードを複数個蓄えておく．それぞれの命令コードは，二つの演算器が実行する演算を示すオペレーションコードのほかにバスセレクタの制御コードも含んでおり，例えば，レジスタファイルをバイパスしてほかのPEにフロースルーでデータを渡すなど，複数のPEを連結して柔軟なデータパスを構築できるようになっている．

通常のプロセッサでは，あるサイクルの実行結果をレジスタに蓄え，そのレジスタを参照しながら以降のサイクルの演算を行っていく．これに対し，DRPのPEでは複数のPEを空間的に接続した「データパス」で演算を行っていくため，PE間で柔軟にデータを受け渡すための仕組みが非常に重要となる．

PEの2次元アレイ内にはSTC（State Transition Controller）と呼ばれるブロックがあり，これが動的再構成を指示する制御部となっている．STCの基本的な働きはアレイ内に命令ポインタを発行することである．各PEは受け取った命令ポインタの値に従って，各自の命令メモリに蓄えられた複数の命令コードの中から所望の命令コードを選択する．STC内には状態遷移マシンをトレースするシーケンサが存在し，状態が切り換わるごとに異なる命令ポインタをアレイ内に発行する仕組みとなっている．

命令ポインタの値を切り換えると，アレイ内のすべてのPEが実行する命令，およびPEやメモリ間の相互接続関係が切り換わることになる．これは，あたかも，アレイ内にあらかじめプログラムされたデータパス面が複数個存在し，状態が遷移するたびに，データパス面が切り換わることを意味している（図8・2のWASMII動作概念図を参照）．なお，STCがトレースする状態遷移マシンにおいて状態分岐が存在する場合，その判断材料が必要となるが，これはPEアレイからSTCへイベント信号を送ることで実現されている．

IP コアとしてシステム LSI に集積される DRP コアはこのようなタイルを複数個並べて構成される．一つのタイルごとに STC とアレイ部が組み合わされているため，各タイルが独立して別々の状態遷移マシンの制御下で動作することが可能となっている．また，タイル同士を連携動作させることで全体が一つの状態遷移マシンのもとで一括動作することも可能となっており，スケーラブルなアレイ構成を実現している．

STC の動作モデルは，実は高位合成ツールの合成手法を下敷きにしている．高位合成ツールとは，C 言語などの高級言語で書かれたプログラムをハードウェア構成に合成するツールである．一般に，プログラムは条件分岐やループなどの組合せからなる制御フローと，データ処理演算の組合せからなるデータフローから構成されると定義できるが，高位合成ツールは，これら二つのフローをプログラムから抽出したうえで，制御フローを状態遷移マシンに，データフローをデータパスへと合成する．DRP のアーキテクチャは，このような高位合成ツールと呼応して，状態遷移マシンを STC が担当し，データパスを PE アレイが担当する形となる．各状態に付随するデータパスを「コンテキスト」と呼ぶ．コンテキスト分割は，(1) 状態分岐やメモリアクセスなどによりコンテキストに分けざるを得ない，(2) 物理的な計算資源が足りないため複数コンテキストに分けざるを得ないなどの判断基準による．

高位合成ツールの適用を主旨としてアーキテクチャが開発されたこともあり，DRP は GUI を完備した高度に整えられた開発ツールをもつことがその大きな特徴である（**図 8・4**）．複数コンテキスト間のハードウェアの動的再構成は，ツールが自動的に分割・生成するため，設計者が意識する必要はない．

DRP は，これまでビデオカメラ，ディジタルカメラなどに応用されたことが知られており[(7)]，これまでのところ産業化事例をもつほぼ唯一の動的再構成アーキテクチャであるといえる．現在も，NEC から技術継承したルネサスエレクトロニクスにおいて技術改良とビジネス展開が続いており，今後の発展が期待される．

8・2・2　並列プロセッサ技術との関連性

動的にハードウェアの構成を入れ換える際に最も注意が必要なのは，大量の構成情報を瞬時に入れ換える必要がある，という点である（動的再構成アーキテクチャにおける再構成時間は一般には 1 サイクル未満から数クロックサイクル程度

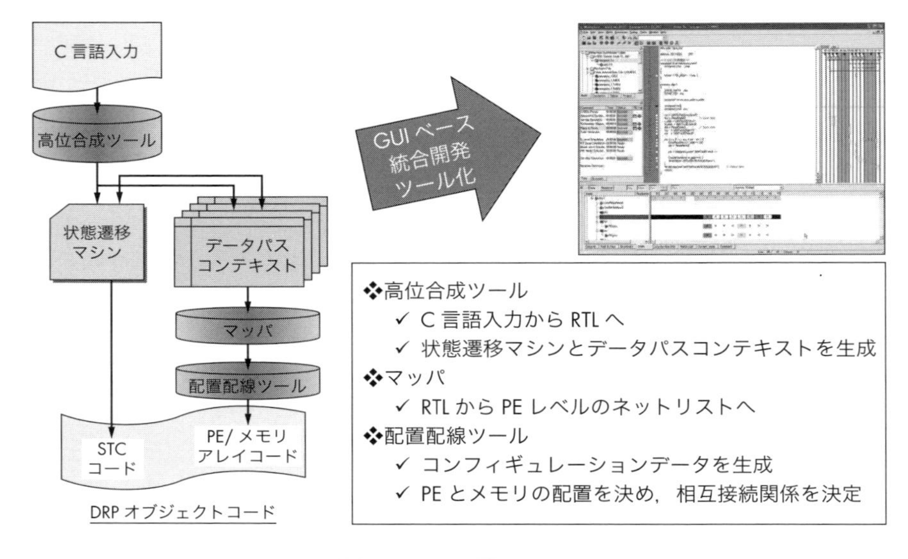

図8・4—DRP開発ツール

であり，上記DRPの例では1サイクル未満である)．このため，極力構成情報を減らしたほうが有利であり，DRPのように必然的にCGRAの形をとるアーキテクチャが多い（例えばIP-Flex社のDAP/DNA[(2)]など）．

粗粒度の演算器をアレイ上に並べ，かつ時間的に処理を切り換えながら実行するという点では，アレイ型のオンチップメニーコアプロセッサ（例えばIntel社のXeon Phiなど）とどこが違うかという疑問が生じるであろう．その区別は一部曖昧なところがあるのは事実であるが，対象処理を個々のプロセッサにマッピングする手順に注目するとその違いが見えてくる．

動的再構成アーキテクチャ：ひとかたまりの命令列をプロセッサアレイ上に空間的にマッピングしてハードウェア的に処理させる（ハードウェアコンテキスト）．次に，そのハードウェアコンテキストを時間的に切り換える（空間 → 時間）．

メニーコアプロセッサアーキテクチャ：ひとかたまりの命令列を単体プロセッサ上で逐次的に実行するスレッドとしてアサインする．次に，複数のスレッドが必要に応じて同期しながら並列に処理されるよう，プロセッサアレイ上に空間的にマッピングする（時間 → 空間）．

8・2・3　ほかの動的再構成アーキテクチャ

CGRA 型ではない動的再構成アーキテクチャとしては，Tabula 社のアーキテクチャがあり，これは細粒度の FPGA を動的再構成にした形をとっていた(1)．Tabula 社のアーキテクチャでは，8・2・2 項の DRP とは違い，FPGA を高速に動作させるための手段としてハードウェアコンテキストを使っている．すなわち，一つのクロックドメイン内のクリティカルパスが，例えば長大な配線を経由するなどの理由により非常に遅くなってしまう場合，これを複数クロックサイクルに分割し，それらの間でコンテキストを切り換えて動作速度を高速化させるという手法である．GHz クラスの FPGA を実現する手法として注目されたが，ビジネス的にはうまくいかず 2015 年初頭に開発中止となった．

8・3　非同期式 FPGA

8・3・1　同期式 FPGA の問題点

近年の集積回路の微細化・大規模化に伴い，同期式回路ではさまざまな問題が顕在化しつつある．同期式回路では，**図 8・5** に示すように，レジスタには共通のクロック信号が制御信号として接続される．クロックの立ち上がりに同期して，各

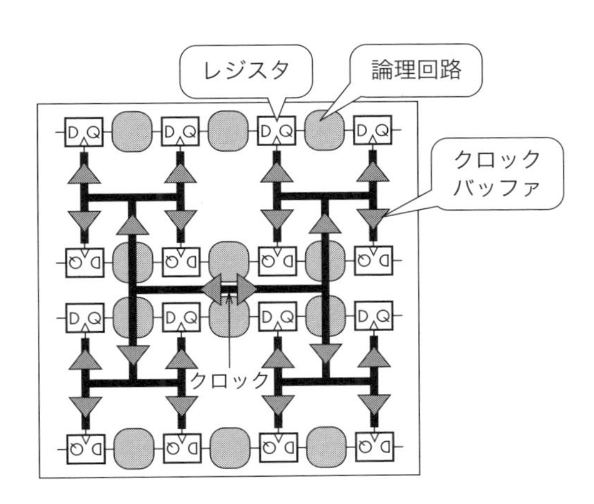

図 8・5―同期式 FPGA のグローバルクロックネットワーク

レジスタでは入力を取り込み，その出力が論理回路で処理された後，次のレジスタの入力となる．通常の ASIC（Application Specific Integrated Circuits）と比較して，FPGA ではチップサイズが大きく，またレジスタ数が多いため，クロック網の寄生容量が大きくなる．また，クロックスキューを低減するために，多くのクロックバッファを挿入する必要が生じる．そのため

- クロックネットワーク自体の消費電力が大きくなる
- クロックネットワークのスキューにより性能向上が律速される

などの問題が生じる．

また，低消費電力化という観点から ASIC と比較した場合の FPGA の問題として，以下の問題がある．

クロックゲーティングを使うのが難しい：クロックゲーティングは，回路ブロックが使われない時間帯ではその回路ブロックへ入力されるクロックの信号変化を止めることにより，データパスの活性化を防ぐことにより動的消費電力を低減する技術である．FPGA では，さまざまな回路構成をとり，これらに対して動作を保証するために，基本的にクロックネットワークの構成を動的に変更するのが推奨されない．そのため，ASIC で用いられるクロックゲーティングを使うことが難しい．

パワーゲーティングを使うのが難しい：パワーゲーティングは，回路ブロックが使われない時間帯にその回路ブロックへの電源供給を遮断することにより，リーク電流に起因する静的消費電力を削減する技術である．パワーゲーティングのためには，回路の電源スイッチとして使われるトランジスタへの制御信号を生成する回路と，その制御信号のための配線網が必要となる．さまざまな回路構成に対してパワーゲーティングを可能にするためには，従来の同期式 FPGA では，これらのオーバーヘッドが大きくなるため，パワーゲーティングを使うことは難しい．

8・3・2　非同期式 FPGA の概要

同期式 FPGA の問題を解消するために非同期式回路に基づく FPGA が提案されている．非同期式回路では，**図 8・6** に示すように演算モジュール間のハンド

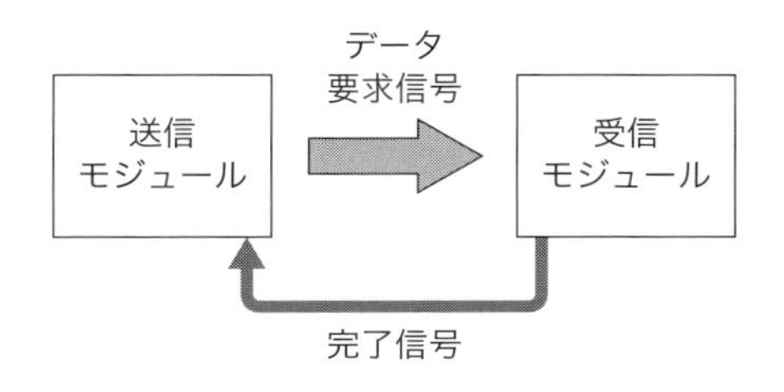

図 8・6―非同期方式

シェークによりデータが転送される．まず，送信側モジュールから受信側モジュールに，データと要求信号が送られる．受信側モジュールでデータ取込みが完了すると，受信側モジュールから送信側に完了信号を送付する．送信側モジュールでは完了信号を受け取った後に，同様の手順で新しいデータの送信を行う．

非同期式回路の主な利点として次のものがある．

非稼働時の動的消費電力がない：クロック信号が不要であるため，データ転送がない場合の動的消費電力はない．そのため，回路の稼働率が低い応用ほど，非同期式回路の方が消費電力の観点から利点がでやすい．

ピーク電力・電流が低い：非同期式回路では，各モジュールはデータを受け取ってから動作を開始するため，モジュールごとに動作タイミングがずれており，ピーク時の電力・電流が低くなる．

電磁放射が少ない：ピーク電流が少なくなるため，それに伴う電磁放射も低減される．

電源電圧の動的な変動に対してロバストである：電源電圧が動的に変動した場合でも，コンフィギュレーションメモリなどの動作範囲内の変動であれば，各モジュールの遅延が変動するだけで，論理的な回路動作は正常である．

一方，非同期式回路の欠点としては，同期式回路と比較して，回路面積・トランジスタ数が多くなることがあげられる．これは，モジュールごとにデータ到着検出のための制御回路などのオーバヘッドが必要となったり，後述するようにデータ１ビット当たり２本の信号線が必要となる場合があるためである．

非同期方式のための代表的なハンドシェークプロトコルとしては以下のようなものがある．

- 束データ方式
- 4相2線方式
- LEDR（Level-Encoded Dual Rail）方式[8]

束データ方式はデータ1ビットを1本の信号線で表現する方式であり1線方式とも呼ばれる．束データ方式では，要求信号とデータを分離し，1ビットの要求信号と複数ビットのデータ信号を用いており，要求信号のオーバーヘッドが小さいため非同期式回路ではよく用いられる．束データ方式では，データの取込みを確実にするため，データよりも要求信号が遅れて受信側に到着することを保証する必要があり，**図8・7**に示すように，要求信号線に遅延素子を挿入することによりそれを実現している．一方，4相2線方式およびLEDR方式は，データ1ビットを2本の信号線で表現する方式であり，2線方式に分類される．1ビット当たりの配線数は2本になるものの，要求信号とデータをまとめて符号化することにより，束データ方式で必要であった遅延素子を不要にできる．

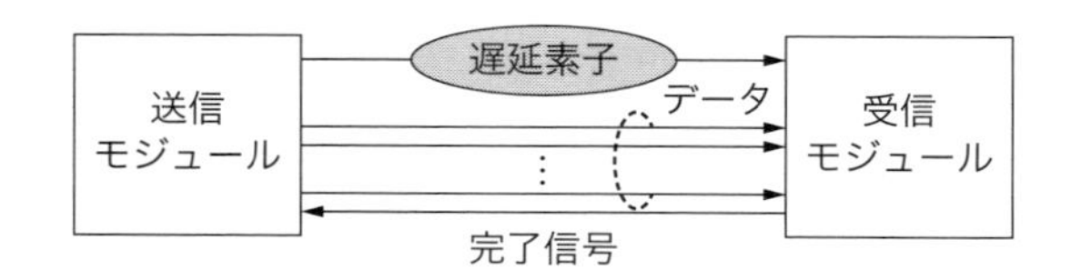

図8・7—束データ方式

図8・8に4相2線方式の符号化とデータ転送の様子を示す．図(a)に示すように，送信側からはデータ1ビットと要求信号1ビットが符号語として転送され，受信側からは，完了信号1ビットが戻される．より一般的には，複数の符号語に対して1ビットの完了信号を用いることができる．図(b)に示すように，データ“0”および“1”は，それぞれ$(D_t, D_f) = (0,1)$および$(D_t, D_f) = (1,0)$で表現される．データ間の区切りを表現するためにはスペーサ$(D_t, D_f) = (0,0)$が使われる．$(D_t, D_f) = (1,1)$は使われない．図(c)にデータ転送の例として，データ“1”, “1”, “0”, “0”を転送する例を示す．データを転送した後にスペーサを転送することにより，受信側ではデータの区切りを検出することができる．各符号語

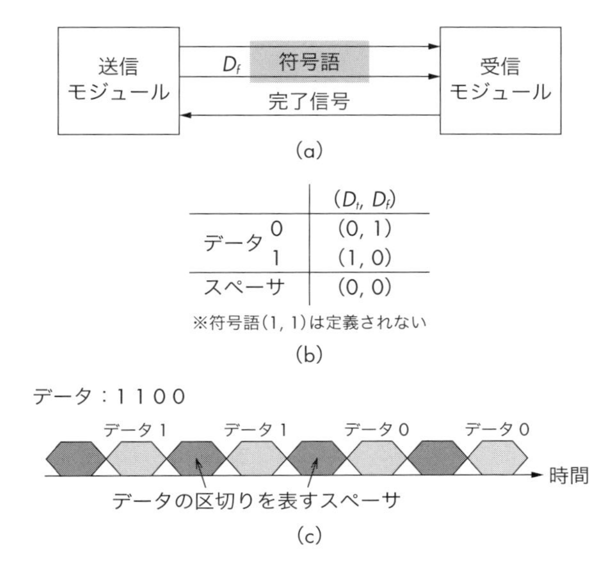

図 8・8—4 相 2 線方式

とスペーサはハミング距離が 1 になるように定義されているため，D_t と D_f が同時に変化することはなく，信号の到着順番に起因するレーシングの問題は生じない．4 相 2 線方式では，データ "0" または "1" に対して 1 種類の符号割当てですむため，次に述べる LEDR 方式と比較して，演算回路を簡単にできるというメリットがある一方，スペーサの挿入によりスループットが低下するという問題もある．

図 8・9 に LEDR 方式の符号化とデータ転送の様子を示す．4 相 2 線方式と同様に，送信側からはデータ 1 ビットと要求信号 1 ビットが符号語として転送され，受信側からは完了信号 1 ビットが戻される．図 (b) に示すように，データ "0" には，フェーズ 0 の "0" ($(V, R) = (0,0)$) と，フェーズ 1 の "0" ($(V, R) = (0,1)$) がある．データ "1" も同様に，フェーズ 0 の "1" ($(V, R) = (1,1)$) と，フェーズ 1 の "1" ($(V, R) = (1,0)$) がある．図 (c) にデータ転送の例として，"1", "1", "0", "0" を転送する例を示す．LEDR 方式では，フェーズ 0 と，フェーズ 1 のデータ転送を交互に行うことにより，フェーズの変化でデータの区切りを識別でき，データ転送のスループットを高くできる．その一方で，一つのデータに対して 2 種類の符号があるため，演算回路が複雑になるという問題がある．

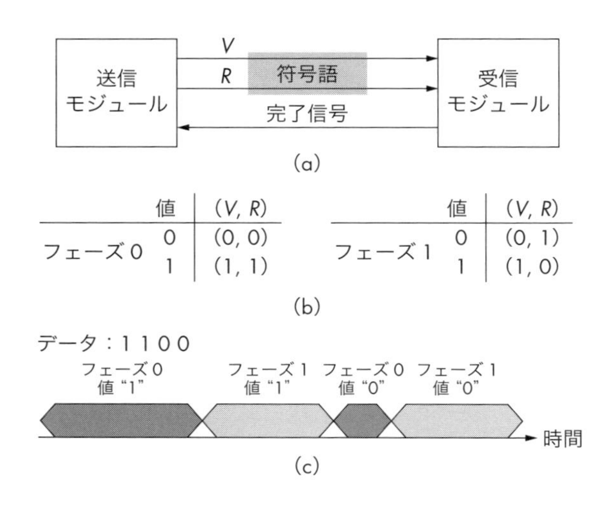

図 8・9—LEDR プロトコル

束データ方式に基づく非同期式 FPGA(9)(10) では回路面積が小さいという利点がある．しかしながら，FPGA では応用に応じてデータパスが変わるため，さまざまなデータパスに対して要求信号とデータの到着タイミングを保証するために，大きなマージンを考慮した複雑な遅延素子を用いる必要があり，その結果，性能は低くなるという課題がある．

非同期式 FPGA のプロトコルとしては，データと要求信号のスキューの問題を生じないという理由から 2 線方式が望ましい．**図 8・10** に 2 線方式に基づく非同期式 FPGA の基本的なアーキテクチャを示す(11)．通常の同期式 FPGA と同様にロジックブロック（LB）がコネクションブロック（CB）およびスイッチブロック（SB）で接続された構成である．配線は，同期式 FPGA とは異なり，データ線と完了信号線から構成される．2 線方式のなかでも，4 相 2 線方式は演算回路を小型にできるため用いられることが多い(12)(13)．**図 8・11** に，4 相 2 線方式の LUT の実装例を示す．ここでは，簡単のために 2 入力 1 出力の例を示している．回路規模を削減するためにダイナミック回路に基づく回路構成を示す．4 相 2 線方式では，スペーサ信号を用いて容易に Pre-charge 信号や Evaluate 信号を生成することができるため，ダイナミック回路との相性がよい．通常の同期式 FPGA の LUT と同様に N 入力 LUT の場合には 2^N ビットのコンフィギュレーションメモリが使われる．この例では，$N = 2$ であるため，4 ビット（M00, M01, M10,

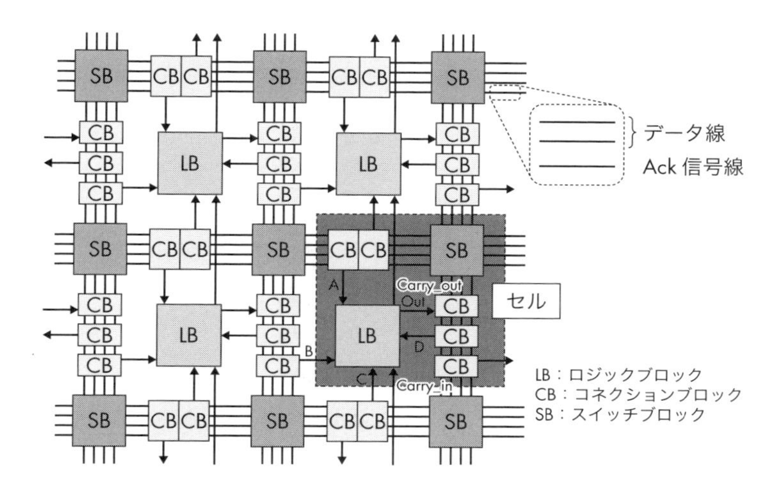

図 8・10—2 線方式に基づく非同期式 FPGA の基本アーキテクチャ

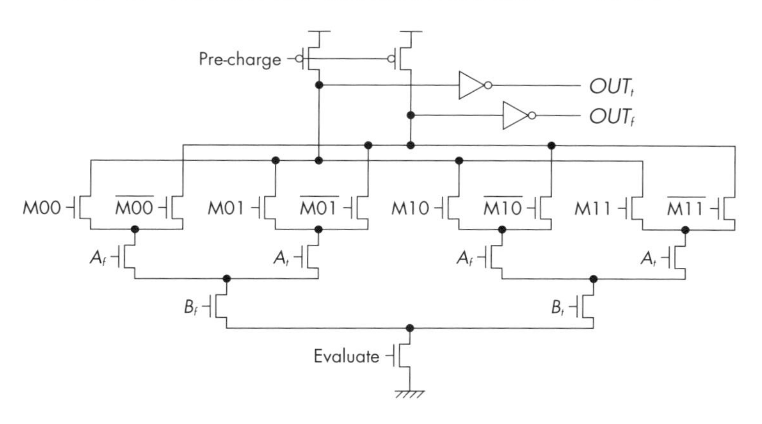

図 8・11—4 相 2 線プロトコル用の LUT の回路例（2 入力 LUT の例）

M11）のコンフィギュレーションメモリが使われている．コンフィギュレーションメモリの出力と入力 (A_t, A_f)，(B_t, B_f) の値に応じて，出力 (OUT_t, OUT_f) が決定される．

8・3・3　非同期式 FPGA の高性能化・低消費電力化・設計容易化

非同期式 FPGA では，制御信号（要求信号および完了信号）を活用して，演算モジュールごとに，データの到着を検出したり，データの送信先のモジュールがデータを取り込む準備ができているか検出することができる．このような性質を利用することにより，低消費電力化のためのさまざまな高度な制御を，小さい制御回路で実現できる．動的消費電力削減のために，送信先モジュールの状況に合わせて動的にロジックブロックの電源電圧を調整することにより，ロジックブロックごとに最適な電源電圧を自律的に割り当てることができる(14)．また，トランジスタのリーク電流に起因する静的消費電力を削減するために，ロジックブロックごとに，データの到来を検出し，データが一定期間来ない場合には自律的にモジュールの電源電圧をオフにし，データが到来したときに再び電源を自律的にオンすることができる(15)．

高性能化のためには，スループットを高めることが重要となる．スループットを高める最も基本的な方法として，データパスのパイプラインステージを細粒度にすればそれに応じてスループットを高めることが可能となる(12)(16)〜(18)．さらに，データ転送に着目したアプローチとして，データ転送のスループットを高めることができるLEDR方式と，ロジックブロックを簡単化できる4相2線方式を組み合わせたアーキテクチャなども提案されている(11)(19)．

また，非同期式と同期式を組み合わせて高性能化・低消費電力化を行うという方式も提案されている(20)．大量のデータが連続して入力されるような場合には回路の稼働率が高くなり，同期式回路の方が非同期式回路よりも低消費電力になる．一方，非同期式回路は，稼働率が低い場合に消費電力において有利となる．そこで同期式FPGAと非同期式FPGAの両方に対して同じ回路で利用できるLUT回路により，LUTブロックごとに同期式か非同期式かを切り換えることで，同一チップ内に処理ごとに適材適所で同期式回路と非同期式回路を割り当てることができ高性能化・低消費電力化を両立できる．非同期式回路の課題の一つは設計が難しいという点である．この問題を解決するために，ハンドシェークコンポーネントを用いた設計手法が提案されている(21)(22)．この設計手法では，基本的な制御フローとデータフローがハンドシェークコンポーネントというマクロブロックで与えられ，非同期式回路の設計はハンドシェークコンポーネントを接続することにより容易に行える．この設計手法に着目し，ハンドシェークコンポーネントを効率よくできるようにロジックブロックを設計したFPGAが提案されている(23)．

8・4 FPGA システムの低消費電力化技術

8・4・1 FPGA を用いた計算システム

ここでは FPGA の低消費電力化技術をシステム的な観点を交えて概説する．**図 8・12** に FPGA を用いた典型的な計算システムの概要を示す．FPGA は，プログラマブルな論理回路および DSP ユニットから構成されるブロック，内部メモリブロック，および回路構成情報を記憶するためのコンフィギュレーションメモリから構成される．コンフィギュレーションデータは，通常，電源 ON 時に，外部のコンフィギュレーション ROM から FPGA 内部のコンフィギュレーションメモリにダウンロードされ，それに従い回路が構成される．内部メモリの容量は，現在の標準的な FPGA で数 M バイト程度と限られているため，内部メモリは頻繁に使うデータを記憶するために用いられ，それ以外のデータは外部メモリに記憶される．また，複雑なアルゴリズムを処理する画像処理システムでは，FPGA のみを用いてシステムを構成するのは，開発期間や回路面積などの観点から効率的ではないため，汎用 CPU もあわせて用いられることがある．

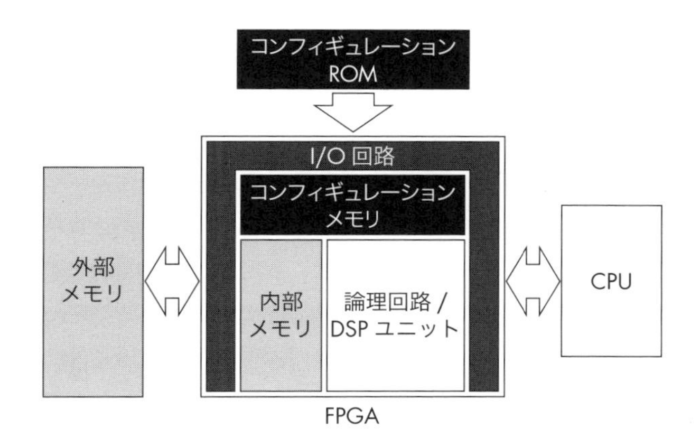

図 8・12—FPGA システム概要

8・4・2 FPGA デバイスの低消費電力化

FPGA デバイス単体の低消費電力化技術は，通常のシステム LSI の低消費電力化と同様の手法が基本となる．現在主流である CMOS 集積回路の消費電力は

動的消費電力：回路が動作する，すなわち，トランジスタがON/OFFする際に消費される消費電力である．トランジスタや配線における寄生容量の充放電により消費される電力である．

静的消費電力：トランジスタがOFFしている場合のリーク電流に起因する消費電力である．

に大別される．以下では，それぞれの消費電力を削減する技術を概説する．

CMOS回路の動的消費電力 P_{dynamic} は次式で与えられる．

$$P_{\mathrm{dynamic}} \propto C_{\mathrm{load}} \cdot V_{DD}^2 \cdot f \cdot \alpha \tag{8・1}$$

ここで，V_{DD} は電源電圧，f は動作周波数，α は回路の活性化率，C_{load} は回路の寄生容量でありトランジスタのゲート容量，ジャンクション容量，配線容量などが含まれる．消費電力を下げるためには，各パラメータを小さくすればよい．ただし，周波数 f や，電源電圧 V_{DD} の低下は性能の低下を引き起こすので，消費電力と要求性能のトレードオフを慎重に検討する必要がある．以下では性能を落とさずに低消費電力化を実現する技術について述べる．

電源電圧は，式(8・1)より，低消費電力化に最も効果的なパラメータであるといえる．しかしながら電源電圧の低下は回路の遅延時間の増加につながる．このトレードオフの問題を解決するための方法として，複数電源電圧方式を活用したアーキテクチャが提案されている(24)．FPGAの各セルでは，高い電源電圧（V_H）および低い電源電圧（V_L）が選択できるようになっている（**図8・13**(a)）．図(b)に，プログラム（データフローグラフ（DFG））のマッピング例を示す．データフローグラフにおいて，入力から出力まで最も時間がかかるパス（クリティカルパス）上の演算・データ転送に対しては，遅延時間を増加させないように高い電源電圧を割り当てる一方，非クリティカルパス上の演算・データ転送に対しては，全体の遅延時間を増加させない範囲で低い電源電圧を割り当てる．式(8・1)より，低い電源電圧が割り当てられたセルでは，消費電力を削減できる．複数電源電圧方式を用いる場合には，電源電圧変換回路のオーバーヘッドに注意する必要がある．CMOS回路では，通常低い電源電圧の回路の出力を高い電源電圧の回路の入力に接続する場合には，電圧を昇圧するための変換回路が必要になる．文献(24)

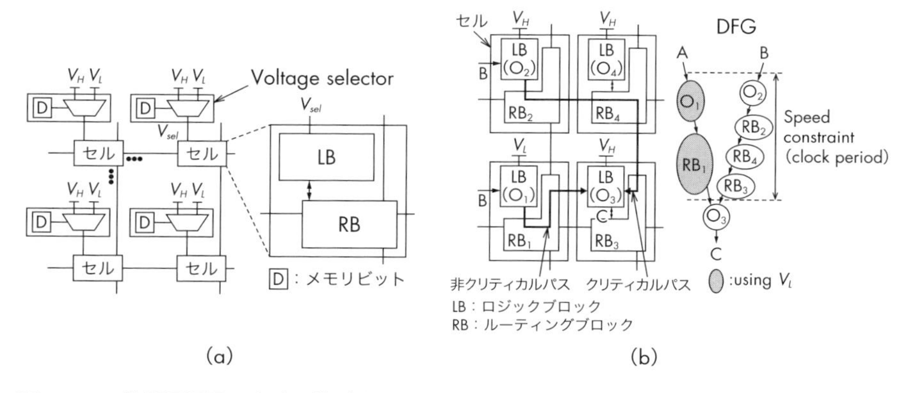

図 8・13—複数電源電圧方式に基づく FPGA のアーキテクチャとデータフローグラフのマッピング例

では，ダイナミック回路に基づく電源電圧変換回路を不要とする方式により，電源電圧変換回路のオーバーヘッドを削減している．

寄生容量 C を小さくする代表的な技術としては，回路や配線網の簡単化が重要となる．商用の FPGA においては，ロジックブロックや DSP ユニットの回路として性能を確保しながら回路を簡単化することにより，寄生容量の削減を図っている．また，プログラマブル結合網を簡単にするためのアーキテクチャレベルの工夫も提案されている．商用の FPGA では，広範なアプリケーションに対して対応できるようにするために，スイッチブロックとして冗長性の高い複雑な構成を取らざるを得ない．この問題を解決するために，信号処理・画像処理などの応用分野に特化し，近傍のロジックブロックの接続に限定するなどにより，プログラマブル結合網の複雑さを大幅に削減するアーキテクチャが種々提案されている(25)(26)．なお，FPGA デバイスにおいては，複雑なプログラマブル結合網の遅延が性能の低下にもつながるため，プログラマブル結合網の簡単化は低消費電力化のみならず，高性能化においても効果がある．FPGA の消費電力において，外部メモリなどの外部デバイスとのデータ転送に関する I/O 回路の消費電力も大きくなっている．近年の商用 FPGA では，I/O 回路における消費電力を削減するために，I/O ピンの寄生容量を小さくする工夫が行われている．これにより，データ転送のための動的消費電力を削減できることに加えて，データ転送の信頼性（シグナルインテグリティー）を高められる．

動作周波数 f を低くすると消費電力を削減できる一方で，性能が低下するいう問題が生じる．そこで性能を保つためには並列処理の導入が必要となるが，そのために回路規模が増加し消費電力の増加につながる．このような理由から，性能を落とさずにFPGAを低消費電力化するという観点からは，動作周波数を低下させる技術は，現在まで積極的に導入している事例がみられない．

回路の活性化率 α を低くするための代表的な技術としてはクロックゲーティングがあげられる．クロックゲーティングの基本的な方式では，**図8・14**(a) に示すように，レジスタのクロック入力（Clk）にクロック信号（Clock）とイネーブル信号（Enable）の論理和が入力される．回路を動作させる場合（Enable = 1）には，Clk = Clock となり，レジスタのクロック入力にはクロック信号が入力される．レジスタはクロック信号の立ち上がりでデータを取り込み，組合せ回路では演算が行われる．回路を動作させない場合（Enable = 0）の場合には，Clock の値にかかわらず Clk = 0 となるため，レジスタではデータが取り込まれず，前のデータが保持されることになる．組合せ回路の入力が変化しないため，組合せ回路での信号遷移は生じず，活性化率は0となる．その結果，組合せ回路での動的消費電力は0になる．FPGAにおいては，通常，図 (a) に示す方法は用いられず，図 (b) に示す方法が用いられる．これは，もし図 (a) の方法を用いて，さまざまな応用に対して対応可能なクロックゲーティング回路を作ろうとすると，クロック分配ネットワークが複雑になりスキュー制約の保証が難しいためである．図 (b)

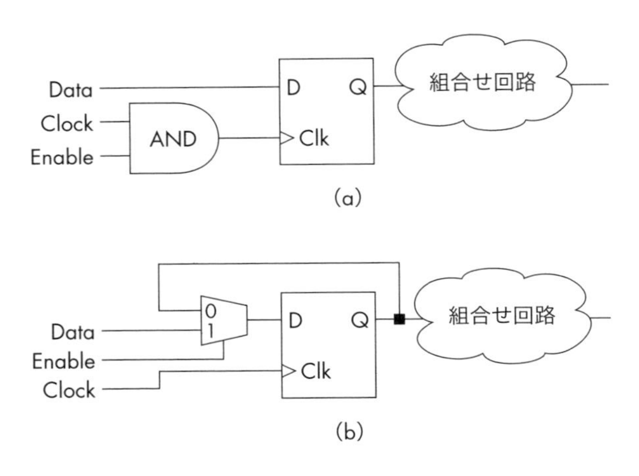

図8・14—クロックゲーティングの概念図

では，回路を動作させない場合には，レジスタ出力をレジスタ入力にフィードバックし入力として取り込むことにより，レジスタの出力を変化させないようにしている．この方式ではレジスタのクロック信号には通常のクロック信号が入力されているため，通常の FPGA 回路で HDL 設計により容易に実現可能であり，実際に利用されている．

ここからは FPGA デバイスの静的消費電力の削減手法について説明する．CMOS 回路の静的消費電力 P_{static} は次式で与えられる．

$$P_{\mathrm{static}} \propto I_{\mathrm{leak}} \cdot V_{DD} \cdot n \tag{8・2}$$

ここで，V_{DD} は電源電圧，I_{leak} はトランジスタが OFF している場合でも流れるリーク電流，n は素子数である．FPGA では素子数が多いため ASIC に比べ静的消費電力も大きくなる傾向がある．MOS トランジスタのリーク電流 I_{leak} にはいくつかの要素があるが，最も大きな要素はサブスレッショルドリークであり，それを削減する有効な方法としては，MOS トランジスタのゲート長を長くする，しきい値の高い MOS トランジスタを用いるなどの方法がある．ただし，どちらの方法も回路の遅延時間を増加させるため，遅延時間が問題にならない部分のみに適用するなどの考慮が必要となる．

商用の FPGA におけるそのような代表的な事例としては，FPGA 内部のコンフィギュレーションメモリのメモリセル回路があげられる．FPGA ではコンフィギュレーションメモリの素子数が多いため，そのリーク電流の削減は全体のリーク電流の削減に極めて効果的である．さらに，コンフィギュレーションメモリの出力は動作時に固定となるためその遅延時間が問題となることはない．そのため，コンフィギュレーションメモリのメモリセルとして高しきい値かつゲート長が長いトランジスタを用いることにより，トランジスタのリーク電流を削減できる．また，ロジック部分においては，**図 8・15** に示すように，未使用のロジックブロックに対してパワーゲーティングを適用する．すなわち電源を OFF することにより，未使用のロジックブロックのリーク電流を削減できるアーキテクチャが導入されている．電源スイッチトランジスタはリーク電流を削減するために高しきい値のトランジスタ，ロジックブロックは高速性のために低しきい値のトランジスタ，またはクリティカルパスに低しきい値トランジスタそれ以外に高しきい値のトランジスタを用いて構成される．未使用時にはコンフィグレーションメモリの

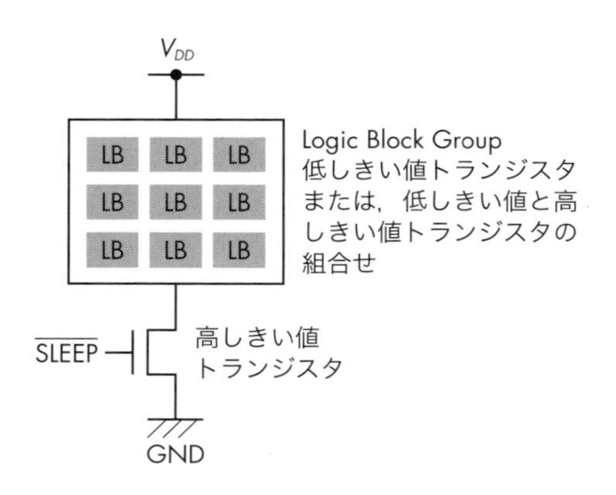

図 8・15—ロジックブロック（LB）グループごとのパワーゲーティング

情報に基づき，スイッチトランジスタのスリープ信号 $\overline{\text{SLEEP}} = 0$ とすることで回路の電源を OFF し，リーク電流を削減できる．

より先進的なロジック部分のリーク電流削減手法として，しきい値を電気的に制御できる半導体製造プロセスを活用したアーキテクチャが提案されている(27)．このアーキテクチャでは，回路上でクリティカルパスとなる部分のトランジスタのみ高しきい値に，それ以外の非クリティカルパス部分のトランジスタを低しきい値にプログラムすることによりリーク電流を大幅に削減できる．

8・4・3　FPGA システムの高性能化・低消費電力化

システム的な観点から低消費電力化技術を俯瞰する．システムの低消費電力化の最も基本的な方向性は，これまで FPGA の外部に置いていた周辺デバイスなどを FPGA 内部に取り込むことである．周辺デバイスを FPGA 内部に取り込むことにより，そのデバイスと FPGA の間のデータ転送が FPGA チップ内部に閉じ込められるため，寄生容量の大きい I/O パッドやプリント基板上の配線などを駆動する必要がなくなる．そのためシステム全体の動的消費電力を削減できる．さらに，FPGA 内部での広帯域な結合網を用いてデータ転送が行えるため，高速化にも有用となる．また，部品点数の削減による低コスト化，プリント基板の小型化などのメリットもある．そのような代表的な事例として，汎用 CPU として ARM コアを内蔵した FPGA が登場している(28)(29)．また，コンフィギュレーションメモリをFPGA内部に取り込む事例としては，不揮発性メモリを活用したFPGA（以下では不揮発FPGAと呼ぶ）が近年着目されている．通常のFPGAシステムでは図8・12に示したように，コンフィギュレーション情報はFPGA外部のROMに記憶されており，システムの電源が入るとFPGA内部のコンフィギュレーションメモリに転送される．FPGAが大規模になるに従いコンフィギュレーション時の消費電力も増大している．コンフィギュレーションの消費電力が問題になる応用例としては，ディジタルビデオカメラや通信機器などのシステム電源のON/OFFを頻繁に繰り返し，かつバッテリー駆動するシステムがあげられる．システム電源をON/OFFするたびにFPGAの電源をON/OFFし，FPGAをコンフィギュレーションすると，コンフィギュレーションの消費電力によりバッテリーを著しく消費してしまう．このような理由により，上記のようなバッテリー駆動のシステムでは，通常のSRAM型のFPGAを利用するのが難しい．この問題の解決には不揮発FPGAが用いられる．不揮発FPGAは以下の2種類に大別される．

不揮発性メモリ混載型：通常のSRAM型のFPGAチップ内に，コンフィギュレーションROMとして利用する不揮発性メモリ（フラッシュメモリなど）を混載したFPGAである[30]．通常のFPGAシステムと同様に，FPGA回路の使用前にコンフィギュレーションROMからの回路情報をFPGA回路に転送する必要があるが，同一チップ内のデータ転送であるため，その転送は高速かつ低消費電力である．既存のプロセスで実現可能であるためコストが安いというメリットがある．

不揮発性メモリ直接利用型：FPGA回路のロジック回路に不揮発性メモリ素子を組み込み，回路構成を直接FPGAロジック回路内に記憶する．そのため，コンフィギュレーションROMからFPGA回路へのデータ転送は不要であり，不揮発性メモリ混載型と比較してさらに高速かつ低消費電力にできる．また，不揮発性メモリのメモリセルはSRAMメモリセルに比べ小型にできるため，FPGAロジック回路の小型にできるというメリットもある．利用される不揮発性メモリにより，フラッシュメモリを用いたもの[31]，強誘電体メモリを用いたもの[32][33]，MRAMのメモリ素子であるMTJ記憶素子を用いたもの[34][35]などさまざまな不揮発FPGAが提案されている．特に，近年はプロセス微細化に対応でき，かつSRAMと同等の書換えやすさをもつという理由からMTJ記憶素子を用いたFPGAが注目されている．また，強誘電体やMTJ記憶素子のように書き換えやすい不揮発性メモリ素子を活用すると，コンフィギュレーションメモリに加えて，レジスタも不揮発化することができるため，パワーゲーティングなどのより高度な低消費電力化技術を導入できるという利点がある．

8・5　3次元FPGA

これまで述べたように，FPGAは高いプログラマビリティを実現するために，回路の構成情報を記憶するコンフィギュレーションメモリ，プログラマブルな配線リソース，プログラマブルな論理演算回路などから構成される．そのため，応用に特化したカスタムLSIと比較して，1チップ当たりに実装できる回路規模が小さい，プログラマブルな配線リソースの複雑さに起因する配線遅延が大きいなどの弱点がある．近年，ムーアの法則に代表される微細化に頼った高性能化が物理的な限界に近づきつつあるため，このような問題が特に顕在化してくると考えられる．

このような背景に基づき，TSV（Through Silicon Vias）などに代表される3次元集積回路技術[(36)~(38)]を活用したFPGAへの注目が急速に高まっている．3次元FPGAは**図8・16**に示すようなヘテロジーニアスアーキテクチャと，**図8・17**に示すようなホモジーニアスアーキテクチャに分類される．

ヘテロジーニアスアーキテクチャでは，従来の2次元FPGA（図8・16(a)）にお

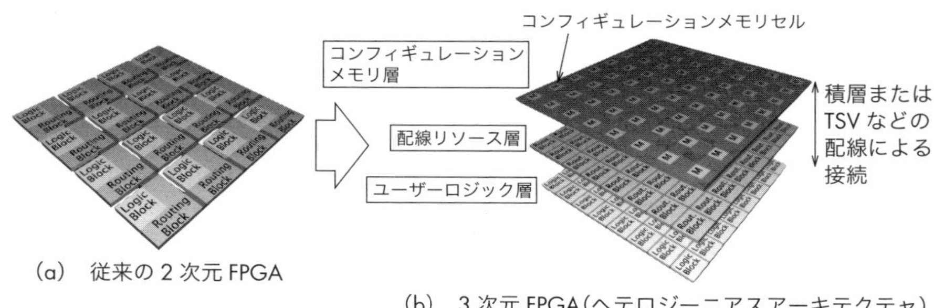

(a)　従来の2次元FPGA

(b)　3次元FPGA（ヘテロジーニアスアーキテクチャ）

図8・16—3次元FPGA（ヘテロジーニアスアーキテクチャ）

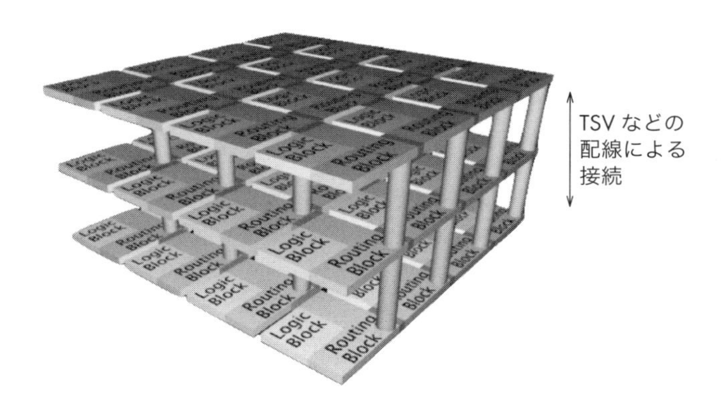

図 8・17—3 次元 FPGA（ホモジーニアスアーキテクチャ）

いては同一の層に実装していた論理回路 (Logic Block)，配線リソース (Routing Block)，コンフィギュレーションメモリなどのリソースを，図 8・16(b) に示すように異なる層に分散して実装し，それらを積層や TSV などの配線により接続した構成になっている．そのため，フットプリント当たりのリソース密度を高めることが可能となる(39)〜(42)．しかしながら，層の数の上限がリソースの種類で制約されるため，垂直方向へのスケーラビリティーは次に説明するホモジーニアスアーキテクチャと比較して低くなる．

ホモジーニアスアーキテクチャに基づく 3 次元 FPGA の構成を図 8・17 に示す．各層では，基本的には 2 次元 FPGA と同様の機能，すなわち論理回路，配線リソース，コンフィギュレーションメモリが実装される．配線リソースは，同一層内の論理回路を接続するとともに，垂直方向の配線により異なる層間の配線リソースを接続できるようになっている(43)〜(46)．このように，ホモジーニアスアーキテクチャは 2 次元 FPGA を 3 次元へ拡張したものとなっているため，3 次元実装技術の進展に伴ってスタックできる総数が増えた場合に，それに伴ってスケーラブルに回路規模を増やす事ができる．また，2 次元 FPGA と比較して高速化も期待できる．トポロジーが複雑な回路を 2 次元 FPGA にマッピングする場合には，接続されている回路同士を近くにマッピングできず，回路間の配線長が長くなる場合がある．ホモジーニアスアーキテクチャであれば，垂直方向の配線を活用することで，そのような回路を近くにマッピングでき配線長を短くできる可能性が高い．

3次元FPGAの課題としては，安価で信頼性が高い垂直配線技術が望まれる．また，ホモジーニアスアーキテクチャにおいて総数を増やした場合には，回路で発生する熱を効率よく放熱するアーキテクチャが重要となる．設計CADの整備も重要となる(47)〜(53)．処理時間・消費電力に加えて熱の発生を抑制する回路設計が重要となる．

8・6　高速シリアルI/O

7章で紹介している通り，Microsoft社がBing検索に用いるデータセンターに対してStratix V FPGAを用いたサーバを開発したと発表した(54)．FPGAの導入により，消費電力が10%増しとなったが，スループットはソフトウェア比で95%改善され，FPGAの有効性が示されている．この実装では，データセンターにおいて必須となる相互ネットワークにFPGAの10 Gbpsの高速通信ポートを活用している．このような事例からも，近年，FPGAの応用においても，ネットワークの重要度が益々増しつつあるといえる．

3章で紹介されているように，近年のFPGAにはメモリなどのさまざまなデバイスに対応できる汎用入出力（GPIO：General Purpose Input/Output）が多数実装されている．このGPIOを用いることでFPGAと接続するさまざまなデバイスへのインタフェースを高いバンド幅で容易に実現できる．しかし，近年のFPGAでは，先のデータセンターの事例にもあるように，GPIOに加えてGビット/秒の高速通信が可能なシリアル通信用のI/Oが用意されるようになり，より高速なFPGAチップ間の通信や，システム間での通信，ネットワーク通信が可能になってきた．Xilinx社，Altera社ともに互いに性能を競い合いながら，自社の最新FPGAに対して，より高速なシリアル通信用I/Oを実装する開発競争を続けており，近年，その性能は飛躍的に向上してきた．今後，FPGAのシリアル通信用I/Oの重要度はさらに増していくことが予測される．本節ではStratixの例を用いて，それら高速シリアル通信用I/Oを紹介する．

8・6・1　LVDS

Stratixは小振幅差動方式のインタフェースとしてLVDS (Low Voltage Differential Signaling) (55)，Mini-LVDS(56)，RSDS（Reduced Swing Differential Signaling) (57) などをサポートしている．Mini-LVDS，RSDSはLVDSから派

生した規格であり，それぞれ Texas Instruments 社，National Semiconductor 社が定めたディスプレイ向けの規格である．ここでは ANSI/TIA/EIA-644 で標準化されている LVDS についてとり上げる．Stratix ではこの規格を満足する LVDS をもっている[58][59]．

LVDS とは，**図 8・18** に示すように，送信側から 2 本の線路を用いて受信側へと信号を伝送する単方向の信号伝送規格のことである．例えば，送信側から「1」を送信する場合，図の①②のトランジスタを ON にして送信する．この場合，送信回路の電流源から①のトランジスタを経由し，上側の線路に電流が流れていく．受信回路側には終端抵抗が実装され，電流の大部分はその終端抵抗に流れ，その後，もう一方の線路を伝わり，送信回路に戻っていき，②のトランジスタを経由し VSS へと流れていく．このとき，受信側の終端抵抗の両端の電圧は約 +350 mV となり，受信回路の差動アンプがこの状態を検出し，受信回路は 1 の信号とみなす．一方で，「0」の値を伝えるときには，送信回路の③④のトランジスタを ON にして，電流源の電流を下側の線路に流す．先ほどと同じように電流は終端抵抗を経由後，今度は上側の線路を経由し，送信端に戻り，③のトランジスタを経由後，VSS へと流れていく．このとき，終端抵抗には −350 mV の電位差が生まれる．送信する値が「1」か「0」かにより，電流の流れる向きが変わり，受信回路側で ±350 mV の電位差が生じる．受信回路は，この電位差を検出することで送信された値が「0」なのか「1」なのかを判断する．振幅が小さいので高速，低消費電力の通信が可能である．

40 nm プロセスの Stratix IV GX FPGA には 1.6 Gbps までの高速通信をサ

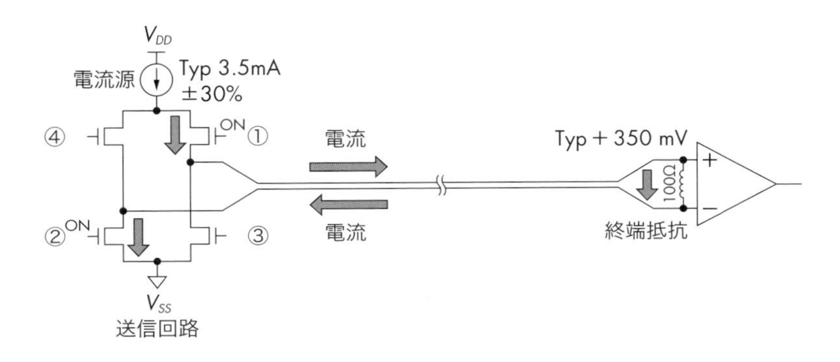

図 8・18—LVDS 送信回路と受信回路の概略

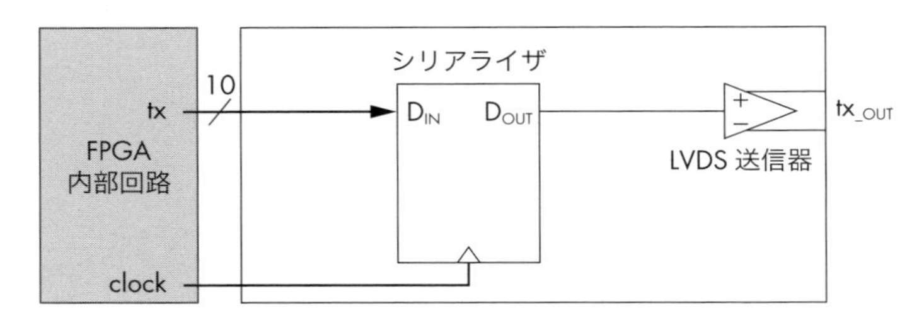

図 8・19—Stratix V LVDS 送信回路の簡易ブロック図

ポートできる LVDS ポートが 28～98 個実装されている(58)．上記ポート数は送受信を同時に行う全二重で示してあり，例えば 28 と示してあれば，送信用 LVDS ポートが 28，受信用 LVDS ポートが 28 あることを意味する．同じサイズの FPGA でも使用できるポート数には違いがあり，パッケージに依存する．一方，28 nm TSMC プロセスにて製造される Stratix V では 1.4 Gbps までの LVDS ポートがサポートされている(59)．Stratix V GX デバイスの場合，全 2 重の LVDS が 66～174 ポート実装されている．

Stratix の場合，これらの高速通信用 I/O にはハードマクロで 10 ビット長までのシリアライザ/デシリアライザ（SERDES）回路が備えられている．FPGA 内部で 1.4～1.6 Gbps もの高速な回路を作るのは難しいが，シリアライザのハードマクロにより，低周波数で動作する例えば 10 ビットの FIFO を用いたパラレル送信回路から 1.4～1.6 Gbps もの高速シリアル信号に容易に変換することができる．**図 8・19** に送信用回路のブロック図を示す．受信回路も同様にデシリアライザにより，1 ビットの高速なシリアル信号から 10 ビットのパラレル信号に変換でき，比較的低速に動作する FIFO により受信回路を構成できる．加えて，Stratix V では LVDS の受信側に差動信号を終端する 100 Ω の抵抗もプログラムできるようになっており，インピーダンスなどに注意してボード設計を行えば，外付け部品なしに FPGA チップ間の高速通信が容易に実現できる．ボード設計のガイドラインも Altera 社から提供されており，ボードを設計する際には参考文献 (60) を読むことを勧める．

8・6・2　28 Gbps 高速シリアル I/O

Stratix には LVDS に加えてさらに高速なシリアル I/O がサポートされている．

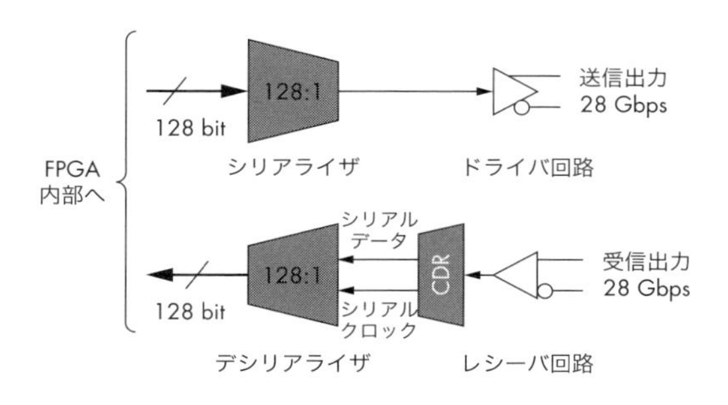

図 8・20—Stratix V 28 Gbps の送信回路

Stratix V GX FPGA，Stratix V GS FPGA では，12.5 Gbps で動作する高速通信ポートが最大で 66 個実装されており，Stratix V GT FPGA では 14.1 Gbps の通信ポート 32 本に加えて，28 Gbps の高速通信ポートが四つ実装されている．Stratix の場合，128 bit⇔1 bit のシリアライザ/デシリアライザのハードマクロが実装されており，先の LVDS と同じように，FIFO などから与えられた 128 bit のパラレルデータが，ハードマクロのシリアライザにより 1 bit の高速シリアル信号に変換され，最終的にドライバ回路を経由して送信される（**図 8・20**）．受信側も同様に，デシリアライザにより，受信した高速な 28 Gbps のシリアル信号を 128 bit にパラレル化することで低速な FIFO へと接続する．このとき，CDR（Clock Data Recovery）回路を経由することで，受信データに生じた内部クロックとの位相のずれを検出し，それを絶えず補正し続けることでエラーの生じない受信が可能になる．このような高速シリアル通信をサポートする FPGA は Xilinx 社にもあり，例えば，Virtex-7 HT FPGA は 28 Gbps の通信ポートをもっており，高い通信性能を誇る．

8・6・3　120 Gbps 光 I/O をもつ FPGA

先に記述したようにメタル配線でも Gbps の転送レートは実現できる．しかし，Altera 社のレポートにも示されるように 10 m 以上の距離となれば消費電力などの面で光通信のほうが有利となる．近年，Xilinx 社や Altera 社の FPGA ボード上には光モジュールが実装されるようになり，ボードレベルで光通信をサポートしている．しかし，Altera 社と Avago Technologies 社は，光通信インタフェースを FPGA チップ内に実装した先駆的な光 FPGA を開発し，2011 年 3 月に発表した(61)．現在のところ試作チップのみで市販化される予定はないが，ここでは，その先進的なアーキテクチャを紹介する．

この光 FPGA は 11.3 Gbps の高速通信用 I/O をもつ Stratix IV GT FPGA をベースに試作されている．この光 FPGA がこれまでの FPGA と異なる点は，**図 8・21** に示すように，FPGA パッケージの 4 端のなかの二つに 0.7424 mm ピッチのランドグリッドアレイ（LGA）のソケットが設けられたことである．一つが送信用で，もう一つが受信用である．それぞれのソケットには Avago Technologies 社製の光通信用の専用光学モジュールがセットされる．この Stratix IV GT FPGA には全二重の高速通信用 I/O が 32 ポート実装されており，そのなかの 12 ポートをこの光 I/O に配分している．FPGA からの 11.3 Gbps の高速シリアル I/O の送信ポート，12 ポートが送信用のソケットに接続され，同じく 11.3 Gbps の高速シリアル I/O の受信ポート，12 ポート分が受信用のソケットに接続される．光通信モジュールのサイズは，**図 8・22** に示すように 8.2 mm × 7.8 mm とコンパクトである．送信側の光通信モジュールの中には 12 個の VCSEL（Vertical Cavity Surface Emitting LASER）が実装され，受信側の光通信モジュールの中には 12 個の GaAs PIN フォトダイオードが実装され，12 芯のファイバーケーブルを介して光通信を行う．ここで，VCSEL とは東工大で生まれた日本生まれの面発光レーザのことで，集積回路上のトランジスタのように 2 次元状に多数のレーザが実

図 8・21—Stratix IV パッケージ上に実装された 0.7424 mm ピッチ Land Grid Array（LGA）ソケット（左）と，Avago 社 MicroPOD 光モジュールをセットした様子（右）

図 8・22—MicroPOD 光モジュールは LGA ソケットを介して FPGA パッケージに実装される．実装面積は **8.2 mm × 7.8 mm** である．

装できる特徴があり，コンパクトなレーザアレイを作ることができる(62)．この光モジュールでは，一つのVCSELと一つのGaAsPINフォトダイオードから成る1チャネルで10.3125 Gbpsのデータ転送が可能で，モジュール内には12チャネルあるので，総合的な通信速度は120 Gbpsに達する．このような高速通信でありながら，OM4グレードのマルチモードファイバを用いると150 mもの長距離伝送が可能である．将来，28 Gbpsを超える超高速通信向けI/Oが必要となれば，このような光技術が必須になる可能性が高い．

8・7　光再構成アーキテクチャ

8・7・1　カリフォルニア工科大学の光再構成アーキテクチャ

1999年4月，カリフォルニア工科大学より，ホログラムメモリを用いた光再構成型ゲートアレイが発表された(63)．この光再構成型ゲートアレイは，ホログラムメモリ，レーザアレイ，フォトダイオードアレイ部，FPGA部から構成されており，光学的に再構成が可能な世界初のFPGAである．ゲートアレイ部は既存のFPGAと全く同じ細粒度のゲートアレイ構造をもつため，デバイスを使用するユーザから見れば，基本的な機能は既存のFPGAと同じである．ただし，プログラミングの手法が既存のFPGAとは異なり，光再構成となっている．あらかじめホログラムメモリには複数の回路情報が記憶され，それらの回路情報はレーザアレイによってアドレッシングされ，2次元の回折パターンとして読み出される．この回折パターンがフォトダイオードアレイにより読み取られ，それがFPGAに対してシリアル転送され，再構成が行われる．ホログラムメモリの大容量性が活用でき，複数の回路情報をもつことができること，それらを16～20 μsでプログラミングできるといった光再構成アーキテクチャの利点が示された．

8・7・2　わが国の光再構成型ゲートアレイ

2000年1月からは九州工業大学においても光再構成型ゲートアレイの研究が開始され，その後，研究拠点が静岡大学に移り，現在も研究が進められている．カリフォルニア工科大学は，その後，光再構成デバイスの研究を進めておらず，現在ではわが国が世界で唯一の光再構成型ゲートアレイの研究拠点となっている．以下では，現在開発が進められている光再構成型ゲートアレイを紹介する．

光再構成型ゲートアレイには，電気的に書換えが可能な空間光変調素子をホロ

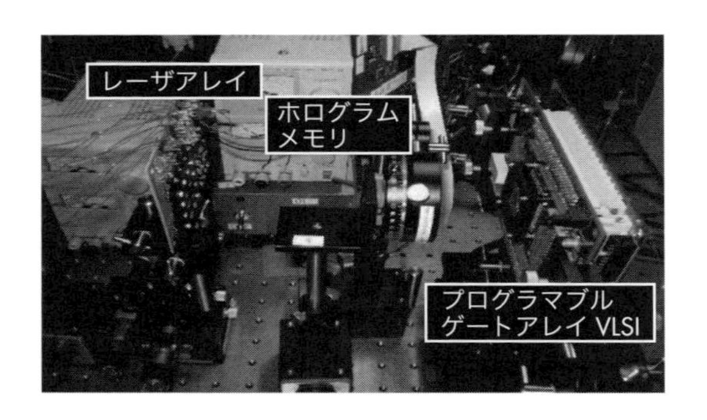

図 8・23—光再構成型ゲートアレイの例（静岡大学）

グラムメモリとして使用する光再構成型ゲートアレイ(64)(65)，レーザアレイとMEMS（Micro Electro Mechanical Systems）を併用してホログラムメモリをアドレッシングする光再構成型ゲートアレイ(66)など，いくつかタイプがある．ここでは，カリフォルニア工科大学のものに近い，ホログラムメモリ，レーザアレイ，ゲートアレイ VLSI で構成されるシンプルな光再構成型ゲートアレイについて紹介する．

図 8・23 に静岡大学で開発された光再構成型ゲートアレイのプロトタイプを示す．わが国で開発が進む光再構成型ゲートアレイもカリフォルニア工科大学の光再構成型ゲートアレイと同様に細粒度のゲートアレイを使用しており，ゲートアレイの機能は既存の FPGA と同じである．ただ，完全並列の構成法を用いている点がカリフォルニア工科大学のものとは異なる．ゲートアレイにはフォトダイオードが多数実装されており，ホログラムメモリから生成される 2 次元の光パターンが完全並列にて，それらのフォトダイオードにより読み取られる．このような光再構成手法をとるので，ホログラムメモリ内にあらかじめ記憶された多数の回路情報を用いて，10 ns 周期でゲートアレイを動的に再構成することができる．これまでに，256 個の回路情報をもつ光再構成型ゲートアレイまで開発が進められている．

ホログラムメモリは，理論的には角砂糖 1 個分の大きさに 1 T ビットもの情報を記憶することができ，高容量である点から次世代の光メモリとしても期待されている(67)．光再構成型ゲートアレイではこのホログラムメモリの大容量性を活用し，ホログラムメモリ内に多数の回路情報を蓄え，仮想的に大規模なゲートアレイを実現することを目指している[68][69].

ホログラムメモリは既存のSRAM，DRAMやROMのような微細な構造をもたないメモリであり，ただ単にフォトポリマーなどの材料を固めるだけでつくることができる．よって，製造は非常に単純で価格も安価である．ホログラムメモリへの情報の書込みは，光の干渉現象を利用した専用のライタにて行われる．ライタ内ではコヒーレントなレーザ光を2光路に分け，一方で回路情報の2値パターンを表す物体光を作り，もう一方で参照光を作り，その2光波の干渉パターンをホログラムメモリ上に記録する．ホログラムへの参照光の入射角度や照射場所を変えることで複数の情報を記録することができる．読み出すときには記録時と同じ波長のコヒーレントなレーザ光を用い，記録したときと同じ角度，同じ場所に参照光を入射させることで記憶情報を読み出すことができる．光再構成型ゲートアレイでは，通常，デバイスが動作する前にライタを用いて回路情報を書き込んでおき，デバイスが動作している間，ホログラムメモリは読出し専用メモリとして使用される．ただ，ホログラムメモリ内には多数の回路情報を記憶できることから，それらをレーザアレイにて選択し，動的に再構成を行うことができる．

また，ホログラムメモリには，不純物の混入や特定の箇所に不良があっても使用できる特徴がある．任意の点の光の強弱は，ホログラムメモリ全体からどのような位相の光が集まったかによって決まる．同位相の光が多く集まれば明るくなり，位相の異なる光が集まれば暗くなる．ホログラムメモリではこのように多数の光波の重ね合わせで情報を読み出すので，古くから不良があっても使える頑強なメモリとして知られてきた．このホログラムメモリの頑強さを利用して，耐放射線・光再構成型ゲートアレイの研究が進められている．

光電子デバイスはまだ普及していないデバイスであるが，このように光技術を集積回路に導入することで，集積回路だけでは解決が困難な課題をクリアできるかもしれない．ただ，実用化はまだ先であり，未来のデバイスと言える．

参考文献

(1) R. Tessier et al., “Reconfigurable Computing Architectures,” In Proc. IEEE, Vol.103, No.3, pp.332-351 (2015).

(2) 弘中哲夫，“粗粒度リコンフィギュラブルプロセッサの動向,” 電子情報通信学会技術研究報告，CA2005-73, pp.19-23 (2006).

(3) N. Ozaki et al., "Cool Mega Arrays: Ultralow-Power Reconfigurable Accelerator Chips," IEEE Micro., Vol.31, No.6, pp.6-18 (2011).
(4) J. Yao, Y. Nakashima, N, Devisetti, K. Yoshimura, and T. Nakada, "A Tightly Coupled General Purpose Reconfigurable Accelerator LAPP and Its Power States for HotSpot-Based Energy Reduction," IEICE Trans., Vol.E97-D, No.12, pp.3092-3100 (2014).
(5) X.-P. Ling and H. Amano, "WASMII: a data driven computer on a virtual hardware," IEEE Workshop on FPGAs for Custom Computing Machines, pp.33-42 (April 1993).
(6) 本村真人，他，"動的再構成プロセッサ (DRP)，" 情報処理学会誌，Vol.46, No.11, pp.1259-1265 (2005).
(7) "動的再構成技術がついにデジカメに，" 日経エレクトロニクス，2011 年 8 月 22 日号 (2011).
(8) T.E. Williams, M.E. Dean, and D.L. Dill, "Efficient self-timing with level-encoded 2-phase dual-rail (ledr)," In Proc. Univ. California/ Santa Cruz Conf. Adv. Res. VLSI, pp.55-70 (1991).
(9) R. Payne, "Self-timed fpga systems," In Proc. Int. Workshop Field Program. Logic Appl., pp.21-35 (1995).
(10) V. Akella and K. Maheswaran, "PGA-STC: programmable gate array for implementing self-timed circuits," Int. J. Electronics, Vol.84, No.3, pp.255-267 (1998).
(11) M. Hariyama, M. Kameyama, S. Ishihara, and Y. Komatsu, "An asynchronous fpga based on ledr/4-phase-dual-rail hybrid architecture," IEICE Trans. Electronics, Vol.E93-C, No.8, pp.1338-1348 (2010).
(12) R. Manohar and J. Teifel, "An asynchronous dataflow fpga architecture," IEEE Trans. Computers, Vol.53, No.11, pp.1376-1392 (2004).
(13) R. Manohar, "Reconfigurable asynchronous logic," In Proc. IEEE Custom Integr. Circuits Conf., pp.13-20 (2006).
(14) M. Hariyama, M. Kameyama, S. Ishihara, and Z. Xia, "Evaluation of a self-adaptive voltage control scheme for low-power fpgas," J. Semicond. Tech. Sci., Vol.10, No.3, pp.165-175 (2010).
(15) M. Kameyama, S. Ishihara, and M. Hariyama, "A low-power fpga based on autonomous fine-grain power gating," IEEE Trans. VLSI Syst., Vol.19, No.8, pp.1394-1406 (2011).
(16) B. Devlin, M. Ikeda, and K. Asada, "A gate-level pipelined 2.97ghz self synchronous fpga in 65nm cmos," In Design Automation Conference (ASP-DAC), 2011 16th Asia and South Pacific, pp.75-76 (2011).
(17) B. Devlin, M. Ikeda, and K. Asada, "A 65 nm gate-level pipelined self-synchronous fpga for high performance and variation robust operation," IEEE J. Solid-State Circuits, Vol.46, No.11, pp.2500-2513 (2011).
(18) Achronix speedster22i hp.
http://www.achronix.com/products/speedster22ihp.html.

(19) M. Kameyama, Y. Komatsu, and M. Hariyama, "An asynchronous high-performance fpga based on ledr/four-phase-dual-rail hybrid architecture," In Proc. the 5th Int. Symp. HEART, pp.111-114 (2014).

(20) Y. Tsuchiya, M. Komatsu, M. Hariyama, S. Kameyama, and R. Ishihara, "Implementation of a low-power fpga based on synchronous/asynchronous hybrid architecture," IEICE Trans. Electronics, Vol.E94-C, No.10, pp.1669-1679 (2011).

(21) M. Roncken, R. Saeijs, F. Schalij, K. van Berkel, and J. Kessels, "The vlsi-programming language tangram and its translation into handshake circuits," In Proc. European Conf. In Design Automation. EDAC., pp.384-389 (1991).

(22) A. Bardsley, "Implementation balsa handshake circuits," Ph. D. Thesis, Eindhovan University of Technology (1996).

(23) M. Kameyama, Y. Komatsu, and M. Hariyama, "Architecture of an asynchronous fpga for handshake-component-based design," IEICE Trans. Information and Systems, Vol.E96-D, No.8, pp.1632-1644 (2013).

(24) M. Kameyama, W. Chong, and M. Hariyama, "Low-power field-programmable vlsi using multiple supply voltages," IEICE Trans. Fundamentals, Vol.E88-A, No.12, pp.3298-3305 (2005).

(25) 大澤尚学，張山昌論，亀山充隆，"コントロール／データフローグラフの直接アロケーションに基づくフィールドプログラマブル vlsi プロセッサ，" 電子情報通信学会論文誌，Vol.J85-C, No.5, pp.384-392 (2002).

(26) Y. Yuyama, M. Ito, Y. Kiyoshige, Y. Nitta, S. Matsui, O. Nishii, A. Hasegawa, M. Ishikawa, T. Yamada, J. Miyakoshi, K. Terada, T. Nojiri, M. Satoh, H. Mizuno, K. Uchiyama, Y. Wada, K. Kimura, H. Kasahara, and H. Maejima, "A 45nm 37.3gops/w heterogeneous multi-core soc," In Solid-State Circuits Conference Digest of Technical Papers (ISSCC), 2010 IEEE International, pp.100-101 (2010).

(27) H. Koike, C. Ma, M. Hioki, Y. Ogasahara, T. Kawanami, T. Tsutsumi, T. Nakagawa, and T. Sekigawa, "The first sotb implementation of flex power fpga," In SOI-3D-Subthreshold Microelectronics Technology Unified Conference (S3S), 2013 IEEE, pp.1-2 (2013).

(28) http://japan.xilinx.com/products/silicon-devices/soc.html.

(29) https://www.altera.co.jp/products/soc/overview.highResolutionDisplay.html.

(30) https://www.altera.co.jp/products/fpga/max-series/max-10/overview.highResolutionDisplay.html.

(31) http://www.microsemi.com/products/fpga-soc/fpgas.

(32) M. Oura and S. Masui, "A secure dynamically programmable gate array based on ferroelectric memory," FUJITSU SCIENTIFIC & TECHNICAL JOURNAL, Vol.39, No.1, pp.52-61 (2002).

(33) M. Hariyama, M. Kameyama, S. Ishihara, and N. Idobata, "A switch block architecture for multi-context fpgas based on ferroelectric-capacitor functional pass- gate

using multiple/binary valued hybrid signals," IEICE Trans. Information and Systems, Vol.E93-D, No.8, pp.2134-2144 (2010).

(34) D. Suzuki, M. Natsui, A. Mochizuki, S. Miura, H. Honjo, H. Sato, S. Fukami, S. Ikeda, T. Endoh, H. Ohno, and T. Hanyu, "Fabrication of a 3000-6-input-luts embedded and block-level power-gated nonvolatile fpga chip using p-mtj-based logic-in-memory structure," In IEEE Symp. VLSI Technology, pp.C172-C173 (2015).

(35) K. Zaitsu, K. Tatsumura, M. Matsumoto, M. Oda, S. Fujita, and S. Yasuda, "Flash-based nonvolatile programmable switch for low-power and high-speed fpga by adjacent integration of monos/logic and novel programming scheme," In Symp. VLSI Technology (VLSI-Technology): Digest of Technical Papers, pp.1-2 (2014).

(36) K. Banerjee, S.J. Souri, P. Kapur, and K.C. Saraswat, "3-d ics: a novel chip design for improving deep-submicrometer interconnect performance and systems-on-chip integration," Proc. IEEE, Vol.89, No.5, pp.602-633 (2001).

(37) A.W. Topol, D.C.La Tulipe, L. Shi, D.J. Frank, K. Bernstein, S.E. Steen, A. Kumar, G.U. Singco, A.M. Young, K.W. Guarini, and M. Ieong, "Three-dimensional integrated circuits," IBM J. Research and Development, Vol.50, No.4.5, pp.491-506 (2006).

(38) G. Katti, A. Mercha, J. Van Olmen, C. Huyghebaert, A. Jourdain, M. Stucchi, M. Rakowski, I. Debusschere, P. Soussan, W. Dehaene, K. De Meyer, Y. Travaly, E. Beyne, S. Biesemans, and B. Swinnen, "3d stacked ics using cu tsvs and die to wafer hybrid collective bonding," In Electron Devices Meeting (IEDM), 2009 IEEE International, pp.1-4 (2009).

(39) M. Lin, A. El Gamal, Yi-Chang Lu, and S. Wong, "Performance benefits of monolithically stacked 3-d fpga," IEEE Trans. Computer-Aided Design of Integrated Circuits and Systems, Vol.26, No.2, pp.216-229 (2007).

(40) Roto Le, Sherief Reda, and R. Iris Bahar, "High-performance, cost-effective heterogeneous 3d fpga architectures," In Proc. the 19th ACM Great Lakes Symp. VLSI, GLSVLSI '09, pp.251-256 (2009).

(41) T. Naito, T. Ishida, T. Onoduka, M. Nishigoori, T. Nakayama, Y. Ueno, Y. Ishimoto, A. Suzuki, W. Chung, R. Madurawe, S. Wu, S. Ikeda, and H. Oyamatsu, "World's first monolithic 3d-fpga with tft sram over 90nm 9 layer cu cmos," In Symp. VLSI Technology (VLSIT), pp.219-220 (2010).

(42) Y.Y. Liauw, Z. Zhang, W. Kim, A.E. Gamal, and S.S. Wong, "Nonvolatile 3d-fpga with monolithically stacked rram-based configuration memory," In Solid-State Circuits Conference Digest of Technical Papers (ISSCC), 2012 IEEE International, pp.406-408 (2012).

(43) M.J. Alexander, James P. Cohoon, J.L. Colflesh, J. Karro, and G. Robins, "Three-dimensional field-programmable gate arrays," In ASIC Conference and Exhibit, 1995., Proceedings of the Eighth Annual IEEE International, pp.253-256 (1995).

(44) A. Gayasen, V. Narayanan, M. Kandemir, and A. Rahman, "Designing a 3-d fpga:

Switch box architecture and thermal issues," IEEE Trans. Very Large Scale Integration (VLSI) Systems, Vol.16, No.7, pp.882-893 (2008).

(45) S.A. Razavi, M.S. Zamani, and K. Bazargan, "A tileable switch module architecture for homogeneous 3d fpgas," In 3D System Integration, 2009. 3DIC 2009. IEEE International, pp.1-4 (2009).

(46) F. Furuta, T. Matsumura, K. Osada, M. Aoki, K. Hozawa, K. Takeda, and N. Miyamoto, "Scalable 3d-fpga using wafer-to-wafer tsv interconnect of 15 tbps/w, 3.3 tbps/mm^2," In Symp. VLSI Technology (VLSIT), pp.C24-C25 (2013).

(47) A.J. Alexander, J.P. Cohoon, J.L. Colflesh, J. Karro, E.L. Peters, and G. Robins, "Placement and routing for three-dimensional FPGAs," in Proc. 4th Canadian Workshop Field-Programmable Devices, Toronto, ON, Canada, pp.11-18 (1996).

(48) A. Rahman, S. Das, A.P. Chandrakasan, and R. Reif, "Wiring requirement and three-dimensional integration technology for field programmable gate arrays," IEEE Trans. Very Large Scale Integration (VLSI) Systems, Vol.11, No.1, pp.44-54 (2003).

(49) Y. su Kwon, P. Lajevardi, A.P. Ch, and D.E. Troxel, "A 3-d fpga wire resource prediction model validated using a 3-d placement and routing tool," In Proc. of SLIP '05, pp.65-72 (2005).

(50) M. Lin and A. El Gamal, "A routing fabric for monolithically stacked 3d-fpga," In FPGA '07: Proc. the 2007 ACM/SIGDA 15th international, pp.3-12 (2007).

(51) C. Ababei, H. Mogal, and K. Bazargan, "Three-dimensional place and route for fpgas," IEEE Trans. Computer-Aided Design of Integrated Circuits and Systems, Vol.25, No.6, pp.1132-1140 (2006).

(52) M. Amagasaki, Y. Takeuchi, Qian Zhao, M. Iida, M. Kuga, and T. Sueyoshi, "Architecture exploration of 3d fpga to minimize internal layer connection," In Very Large Scale Integration (VLSI-SoC), 2015 IFIP/IEEE International, pp.110-115 (2015).

(53) N. Miyamoto, Y. Matsumoto, H. Koike, T. Matsumura, K. Osada, Y. Nakagawa, and T. Ohmi, "Development of a cad tool for 3d-fpgas," In 3D Systems Integration Conference (3DIC), 2010 IEEE International, pp.1-6 (2010).

(54) A. Putnam, et al., "A reconfigurable fabric for accelerating large-scale datacenter services," ACM/IEEE 41st International Symposium on Computer Architecture, pp.13-24 (2014).

(55) The Telecommunications Industry Association (TIA), "Electrical Characteristics of low voltage differential signaling (LVDS) interface circuits," PN-4584, May 2000, http://www.tiaonline.org/

(56) Texas Instruments, "mini-LVDS Interface Specification," (2003).

(57) National Semiconductor, "RSDS Intra-panel Interface Specification," (2003).

(58) Altera Corporation, "Stratix IV Device Handbook, Volume 1," (2015).

(59) Altera Corporation, "Stratix V Device Handbook, Volume 1," (2015).

(60) アルテラ, "高速ボード・レイアウト・ガイドライン Ver. 1.1," Application Note 224

(2003).

(61) M.P. Li, J. Martinez, and D. Vaughan, "Transferring High-Speed Data over Long Distances with Combined FPGA and Multichannel Optical Modules," https://www.Altera.com/content/dam/Altera-www/global/en_US/pdfs/literature/wp/wp-01177-av02-3383en-optical-module.pdf (2012).

(62) H. Li and K. lga, "Vertical-Cavity Surface-Emitting Laser Devices," Springer Series in Photonics, Vol.6 (2003).

(63) J. Mumbra, D. Psaltis, G. Zhou, X. An, and F. Mok, "Optically Programmable Gate Array (OPGA)," Optics in Computing, pp.1-3 (1999).

(64) H. Morita and M. Watanabe, "Microelectromechanical Configuration of an Optically Reconfigurable Gate Array," IEEE Journal of Quantum Electronics, Vol.46, Issue 9, pp.1288-1294 (2010).

(65) N. Yamaguchi and M. Watanabe, "Liquid crystal holographic configurations for ORGAs," Applied Optics, Vol.47, No.28, pp.4692-4700 (2008).

(66) Y. Yamaji and M. Watanabe, "A 4-configuration-context optically reconfigurable gate array with a MEMS interleaving method," NASA/ESA Conference on Adaptive Hardware and Systems, pp.172-177 (2013).

(67) H.J. Coufal, D. Psaltis, and G.T. Sincerbox, "Holographic Data Storage," Springer Series in Optical Sciences, Vol.76 (2000).

(68) S. Kubota and M. Watanabe, "A four-context programmable optically reconfigurable gate array with a reflective silver-halide holographic memory," IEEE Photonics Journal, Vol.3, No.4, pp.665-675 (2011).

(69) A. Ogiwara and M. Watanabe, "Optical reconfiguration by anisotropic diffraction in holographic polymer-dispersed liquid crystal memory," Applied Optics, Vol.51, Iss.21, pp.5168-5177 (2012).

索引

〈編者略歴〉
天 野 英 晴 （あまの　ひではる）
昭和58年　慶應義塾大学大学院修士課程修了
昭和61年　慶應義塾大学大学院博士課程修了
工学博士
現　在　慶應義塾大学理工学部情報工学科教授

〈主な著書〉
『だれにもわかる　ディジタル回路（改訂4版）』（共著/オーム社，2015）
『ヘネシー&パターソン　コンピュータアーキテクチャ　定量的アプローチ（第5版）』（共監訳/翔泳社，2014）
『マンガでわかるディジタル回路』（単著/オーム社，2013）
『作りながら学ぶコンピュータアーキテクチャ（改訂版）』（共著/培風館，2011）
『ディジタル回路設計とコンピュータアーキテクチャ』（共訳/翔泳社，2009）
『リコンフィギャラブルシステム』（共編/オーム社，2005）
『ディジタル設計者のための電子回路（改訂版）』（単著/コロナ社，2004）

FPGAの原理と構成

2016 年 4 月 25 日　第 1 版第 1 刷発行
2020 年 11 月 10 日　第 1 版第 7 刷発行

編　者　天 野 英 晴
発行者　村 上 和 夫
発行所　株式会社 オ ー ム 社
郵便番号　101-8460
東京都千代田区神田錦町 3-1
電 話　03(3233)0641(代表)
URL https://www.ohmsha.co.jp/

印刷・製本　三美印刷
ISBN978-4-274-21864-4　Printed in Japan

現代電子情報通信選書

知識の森

画像入力とカメラ

◎寺西 信一 監修 ◎電子情報通信学会 編 ◎A5判・404頁 ◎定価(本体5000円【税別】)

●主要目次

■ **1部 撮像デバイス** 撮像デバイスの歴史と基礎／代表的な撮像デバイス／特徴ある撮像デバイス／撮像デバイスを支える技術 ■ **2部 カメラ** カメラの基礎／カメラの光学系／放送用・家庭用カメラ／各種カメラ／カメラ機能 ■ **3部 不可視画像入力** 赤外線／テラヘルツ／生体認証 —デバイスと応用／超音波／pH，イオン —デバイスと応用

宇宙太陽発電

◎篠原 真毅 監修 ◎電子情報通信学会 編 ◎A5判・312頁 ◎定価(本体3800円【税別】)

●主要目次

宇宙太陽発電／宇宙太陽発電のためのマイクロ波無線電力伝送技術／地上受電システム／マイクロ波無線電力伝送の地上応用／ SPS無線送電の影響

電子システムの電磁ノイズ －評価と対策－

◎井上 浩 監修 ◎電子情報通信学会 編 ◎A5判・240頁 ◎定価(本体3400円【税別】)

●主要目次

電子システムを取り巻く電磁環境／電磁波ノイズ発生と伝搬の基礎理論／システムと回路の電磁環境設計／放電と電磁ノイズ／電磁環境用材料の設計と評価手法／電磁ノイズの計測と評価

マイクロ波伝送・回路デバイスの基礎

◎橋本 修 監修 ◎電子情報通信学会 編 ◎A5判・200頁 ◎定価(本体3000円【税別】)

●主要目次

マイクロ波伝送・回路デバイスの概要／伝送線路理論と伝送モード／平面導波路／各種導波路／受動回路素子／能動回路

将来ネットワーク技術 －次世代から新世代へ－

◎浅見 徹 監修 ◎電子情報通信学会 編 ◎A5判・248頁 ◎定価(本体3600円【税別】)

●主要目次

通信網の発展とNGN，新世代ネットワーク／NGNアーキテクチャ／NGNのQoS技術とセキュリティ／SIP，IMSと品質基準／アプリケーション提供基盤／NGNの管理／NGNの標準化と通信事業者の取組み／新世代ネットワーク／新世代ネットワーク研究プロジェクトとテストベッド

ネットワークセキュリティ

◎佐々木 良一 監修 ◎電子情報通信学会 編 ◎A5判・256頁 ◎定価(本体3600円【税別】)

●主要目次

ネットワークセキュリティの動向／不正侵入手法／マルウェア／侵入検知システム／アクセス制御／セキュリティプロトコル／セキュリティシステムの構築と運用／情報セキュリティマネジメント／ネットワークセキュリティの新しい動向

無線通信の基礎技術 －ディジタル化からブロードバンド化へ－

◎村瀬 淳 監修 ◎電子情報通信学会 編 ◎A5判・224頁 ◎定価(本体3200円【税別】)

●主要目次

無線通信の発展／無線伝搬路／ディジタル無線方式の基礎／ディジタル変調／誤り訂正技術／ダイバーシチ技術／MIMO伝送／復調技術／無線回線の設計・基準／送信機／受信機／送受信機の性能試験／無線機構成の方向性／多様な無線通信システム

A-1511-140